TRAITÉ

DE

PHYSIQUE.

Par IACQVES ROHAVLT.

A PARIS,

Chez la Veuve de Charles Savreux Libraire Juré,
au pied de la Tour de Noftre-Dame,
à l'Enfeigne des trois Vertus.

M. DC. LXXI.

AVEC PRIVILEGE DV ROY.

A SON ALTESSE
MONSEIGNEUR
LE DUC
DE GVISE.

ONSEIGNEVR,

Dans l'obligation où je me suis trouvé de procurer une puissante protection à cet Ouvrage, qui est menacé d'un grand nombre de contradicteurs, je n'ay pas eu lieu de balancer long-temps sur le choix. Les faveurs dont VOSTRE ALTESSE m'a comblé, depuis que j'ay l'honneur de l'approcher, & l'attention qu'elle a daigné prêter à l'explication que

je luy ay faite de la pluſ-part des choſesqui ſont com-
priſes dans ce Traité, m'ont fait eſperer qu'elle n'auroit pas deſagreable que je le fiße paroître au jour ſous
de ſi favorables Auſpices. Ie puis meſme dire qu'une
des plus fortes raiſons qui m'ait engagé à le rendre
public, a eſté l'approbation que *V. A.* y a donnée.
Car je n'ay pû douter que des veritez qui s'eſtoient
trouvées à l'épreuve des lumieres vives & penetrantes de ſon Eſprit, ne fuſſent auſſi generalement receuës de toutes les Perſonnes raiſonnables. L'autorité de voſtre Nom, que j'ay pris la liberté de mettre
comme une ſauve-garde au frontiſpice de cet Ouvrage, arrêtera ſans doute l'irruption temeraire de ceux
que le defaut de connoiſſance, ou l'opiniâtreté invincible à ſoûtenir de vieilles erreurs, auroit pû engager à décrier ce qu'ils ignorent, ou ce qui leur fait
ombrage. Et c'eſt pour cela que je ſuis bien-aiſe qu'il
ſoit connu de tout le monde, non ſeulement que *V. A.*
honore l'Auteur de ſa bienveillance, mais qu'elle
agrée, & qu'elle aprouve l'Ouvrage, par la connoiſſance particuliere qu'elle en a bien voulu prendre, &
par le jugement favorable qu'elle en a fait. Ce n'eſt pas
icy le lieu, MONSEIGNEVR, de faire valoir
les grands & ſublimes avantages de voſtre Perſon-

ne, & de voſtre Sang ; Ce ſeroit une preſomption bien vaine, de pretendre renfermer dans les bornes étroites d'une Epitre une matiere ſi vaſte, à laquelle on a dans tous les ſiecles conſacré des volumes entiers ; & que V. A. rend ſi feconde dans celuy-cy, par la réünion en ſa Perſonne de toutes les Vertus & de toute la gloire de ſes Anceſtres, que les veilles des plus habiles à peine y pourront ſuffire. Ie laiſſe donc à ces grands Maîtres de l'Art l'honneur de l'ébauche, auſſi bien que des derniers traits de ce portrait heroï-que qu'on doit à la poſterité ; Ie leur laiſſe à déployer & toutes les grandeurs preſentes de V. A. & tou-tes les eſperances à venir de ſa maiſon, dans le glo-rieux rejetton, dont la Naiſſance a depuis peu répan-du la joye par tout le Royaume, & dans lequel le Sang Royal, déja mêlé pluſieurs-fois avec le Voſtre, entre à ce coup pour la troiſiéme fois dans voſtre Nom. Pour moy, ma profeſſion de Philoſophe me diſpenſe & me defend meſme d'employer la pompe des orne-mens exterieurs, & toutes ces diverſes couleurs qui ſeroient neceſſaires à l'éclat d'un ſi Auguſte Tableau ; Mais je puis au moins ſans ſortir de mon caractere, qui m'aplique uniquement à la recherche & à la con-ſideration du vray, me complaire en ma bõne fortune,

* iij

qui me faisant pourvoir à la seureté de mon Ouvrage,
me fournit aussi un moyen de satisfaire en quelque façon à mon devoir. En effet, MONSEIGNEVR,
la Personne vous estant si absolument dévoüée, l'Ouvrage ne pouvoit paroître sous un autre Nom que le
vostre. Mais quand il m'auroit esté libre de déliberer
sur le choix; quelle autre protection aurois-je pû ména-
ger aux veritez Naturelles que je dŏne au public, que
celle d'un Nom qui de tout temps a esté destiné à soûtenir les plus grandes veritez du monde ? Vos Ances-
tres ont defendu avec une pieté digne d'estre à jamais
proposée pour exemple, les veritez Divines de la Foy,
contre ceux qui s'en sont déclarez les ennemis ; Ces
Illustres Heros ont maintenu aux dépens de leur sang
& de leur vie, les veritez Politiques, je veux dire les
Loix fondamentales de l'Estat, & les droits immüa-
bles de nos Souverains, contre les attaques du dehors,
& contre les fureurs intestines de la rebellion ; Et il
estoit reservé, pour surcroist de partage, à V. A.
d'estre encore le Protecteur des veritez de la Nature,
aprés avoir succedé dans le reste à tous les nobles sentimens de ses Ayeuls. Nous verrions mesme à leur
exemple éclater encore aujourd'huy ce mesme zele en
la Personne de V. A. avec la mesme ferveur, si le

defaut d'occafion n'en fufpendoit l'exercice , fous le regne glorieux du plus grand & du plus fage Monarque du monde , qui aprés avoir forcé tous fes voifins à recevoir la paix, la fçait conferver au dehors par la terreur perpetuelle de fes armes, & au dedans par les côtinuelles effufions de fes bontez fur fes peuples. Dans cette profonde tranquillité , qui n'eft fuportable au grand cœur de V. A. que par la gloire de fon Maître, & par le bonheur de l'Eftat , elle n'a pas jugé que ce fuft une occupation indigne d'elle , de s'apliquer à la connoiffance des fecrets de la Nature ; Elle a pris plaifir d'en voir les preuves & les experiences ; & je dois avoüer que la fatisfaction qu'elle m'en a témoignée , n'a pas peu contribué à me donner courage d'y travailler, & de les aprofondir de plus en plus ; De forte qu'on peut attribuer à fa curiofité, une partie des dernieres découvertes que je me perfuade avoir faites, entre celles qui font ramaffées dans cet Ouvrage; Mais fi V. A. n'a pas eu de part à toutes pour l'invention , elle y aura la meilleure pour les mettre en credit, & les autorifer dans le monde, par la protection de fon Nom. Entre les veritez que j'expofe il y en a de nouvellement découvertes, & d'autres qui ont efté connuës par les anciens Philofophes, qui dans leurs temps ont trouvé, aussi bien que moy, les plus grands Princes de leur âge, & les plus fameux Conquerans du monde, pour les soutenir & les favoriser. VOSTRE ALTESSE, aprés eux, ne sera point deshonorée d'accorder sa protection à un Ouvrage qui comprend tout ensemble les veritez Physiques Anciennes & Modernes; Et par la mesme generosité officieuse qui luy fera agréer & proteger les inventions de son siecle, elle aura encore la joye d'ajouter un nouveau lustre à la memoire de ces anciens & puissans Genies qui ont osé les premiers en ouvrir la carriere; Dans laquelle mesme je me persuade avoir déja avancé avec beaucoup de succez, puisque mon travail a eu le bonheur de ne pas déplaire à V. A. & qu'il m'a fait naître l'occasion de luy donner des preuves du profond respect & de la veneration avec laquelle je suis,

MONSEIGNEUR,

DE VOSTRE ALTESSE,

Le tres-humble & tres-obeïssant serviteur, ROHAULT.

PREFACE.

OMME les Traitez de Physique qui
ont paru jusqu'à present, ont esté pres-
que tous semblables, soit pour la matiere, soit pour la methode, je prévoy
qu'entre ceux qui liront celuy-cy, il s'en
trouvera beaucoup qui d'abord pourront estre étonnez
de la grande difference qu'ils remarqueront entre ce
Traité-cy & les autres; C'est pourquoy pour prévenir
aucunement leur surprise, & tâcher de les satisfaire là
dessus, je me trouve en quelque façon obligé de leur
rendre raison des observations que jay faites sur la
Physique des Anciens, & de la conduite que j'ay gar-
dée dans tout cet ouvrage.

Il y a déja quelques années que faisant reflexion sur
les differens effets du temps, comme il est favorable à
certaines choses, dont il avance toûjours la perfection,
& comme il est nuisible à d'autres, qu'il dépouille des
beautez & des graces qu'elles avoient dans leur commencement, je concluois que les Arts & les Sciences ne
pouvoient estre de ces dernieres, & que le temps au contraire, bien loin de leur faire outrage, ne leur pouvoit
estre que tres-avantageux: Car pendant qu'un tres-

á

grand nombre de personnes, qui dans la suite des siecles cultivent une mesme science, ou un mesme art,
ajoûtent leur propre industrie, & leurs nouvelles lumieres, aux anciennes découvertes de ceux qui les
ont précedez, il paroist comme impossible que cet art,
ou cette science, ne reçoive de grands accroissemens,
& n'aproche de plus en plus de sa derniere perfection.

En effet, je voyois que les Mathematiques s'estoient
de cette façon peu à peu augmentées, comme il est
aisé à chacun de s'en convaincre, si l'on considere seulement les notables progrez qui s'y sont faits de nostre
temps, par ces grands Genies qui y ont excellé, & qui
ont surmonté des difficultez, où les plus Sçavans des
siecles passez avoient avoüé qu'ils s'estoient trouvez
courts. Je voyois aussi que la plufpart des Arts s'estoient
perfectionnez par le temps, les Ouvriers ayant de jour
en jour trouvé une infinité de belles Inventions, qu'on
n'estime pas autant qu'elles le meritent, parce qu'elles
sont devenuës fort communes, & qu'on n'y fait pas
d'attention ; Quoy qu'entre les seules machines qui
servent à la fabrique des choses qui sont à nostre usage,
Il y en ait telle qui n'a esté inventée que depuis peu, qui
contient tant d'artifice, qu'elle seule merite plus nostre admiration, que toutes celles que l'antiquité a trouvées.

Mais venant à considerer la Philosophie, & particulierement la Physique, je demeuray étrangement
surpris, de la voir si sterile qu'elle n'eust produit aucun
fruit pendant plus de vingt siecles, qui se sont écoulez
sans qu'on y ait fait la moindre découverte.

PREFACE.

Cependant il ne me pouvoit pas tomber en l'esprit qu'on eust negligé l'étude des choses naturelles, comme si elles n'eussent esté d'aucun usage, sçachant qu'on a de tout temps consideré la santé, comme l'un des plus grands biens de la vie; & que l'on n'a jamais ignoré que la Medecine qui n'a point d'autre fin que de l'entretenir, & de la reparer lors qu'elle est alterée, ne dûst estre fondée sur la Physique.

Je ne pouvois pas non plus m'imaginer, que ceux qui ont cultivé cette science, eussent esté moins spirituels que de simples artisans, l'experience faisant assez connoître, que dans les familles, où il y a plusieurs enfans, lors qu'il s'agit du choix des professions, ce sont d'ordinaire ceux en qui il paroist plus de vivacité d'esprit que l'on destine à l'étude, ou qui s'y portent d'eux-mesmes; Et qu'il n'y a gueres que ceux dont l'intelligence est plus bornée, que l'on applique aux divers arts, & qui se contentent de ce partage.

Sur cela, il me vint en pensée, que peut-estre la connoissance des choses Naturelles surpassoit la capacité de l'esprit humain, & qu'ainsi vainement se travailloit-il, pour atteindre à ce qui estoit au dessus de sa portée; Mais je rejettay bien-tost cette imagination, considerant les surprenantes productions de quelques Philosophes de nostre siecle, qui depuis quarante ou cinquante années ont trouvé des choses qu'on jugeoit des plus difficiles, & que quelques-uns mesme doutoient qu'on pûst jamais découvrir.

Ainsi, je me vis forcé de conclure, qu'il faloit que ce fust dans la maniere de philosopher qu'on se fust mé-

PREFACE.

pris juſques icy, & que les defauts qui s'y eſtoient introduits, tant que perſonne n'avoit penſé à y remedier, avoient eſté comme une eſpece de barriere qui avoit empêché qu'on n'approchât de la verité.

Ie m'appliquay donc à tâcher d'approfondir, en quoy la conduite des Philoſophes auroit pû eſtre defectueuſe ; Et aprés avoir examiné le plus ſoigneuſement qu'il me fut poſſible, celle que l'on a tenüe depuis les écoles d'Athenes juſques à nos temps, il me ſembla que l'on y pouvoit trouver quatre choſes à redire.

La premiere, eſt ce grand credit qu'on a toûjours donné aux Anciens dans les écoles : Car outre que cette prodigieuſe difference qu'on met entr'eux & les Modernes, n'a aucun fondement, veu que la raiſon eſt de tout païs & de tout âge, il eſt certain qu'une ſoûmiſſion ſi aveugle à tous les ſentimens de l'Antiquité, eſt cauſe que les meilleurs Eſprits, recevant ſouvent ſans y penſer des opinions comme vrayes, qui peuvent eſtre fauſſes, ne ſont plus en eſtat de connoître celles qui leur ſont oppoſées, ny par conſequent de trouver toutes les autres veritez, dépendantes de celles qu'un ſi pernicieux préjugé les empêche d'appercevoir. Et deplus, cette forte perſuaſion d'eſtre ſi fort inferieur aux Anciens, engendre une eſpece de pareſſe, ou de défiance, qui ne permet pas de rien entreprendre ; On croit que la raiſon eſt bornée par tout où ils ſont demeurez, & qu'on fait tout ce qu'il eſt poſſible de faire humainement, quand on va juſqu'où ils ont eſté. Ainſi les meilleurs Eſprits contens de repaſſer les raiſonnemens des Anciens, n'exercent point leur propre raiſon ;

& tout capables qu'ils font par eux-mefmes d'inventer, ils ne contribüent non plus à l'avancement de la Phyfique, que s'ils ne fe mêloient point du tout de philofopher.

Je ne parleray point en particulier de la veneration que l'on a euë pour Ariftote, quoy qu'elle aille quelquefois à tel excez, qu'il fuffit d'alleguer qu'il a dit une chofe, pour faire non feulement douter de ce que la raifon perfuade au contraire, mais mefme pour le faire condamner. Je feray feulement remarquer, que l'imagination que plufieurs ont euë qu'il fçavoit tout ce qui fe peut fçavoir, & que toute la fcience eftoit contenuë dans fes Livres, a fait que la plus-part des plus Grands Hommes qui ont philofophé depuis luy, fe font inutilement appliquez à lire fes ouvrages, pour y trouver ce qui n'y eftoit pas, & ce qu'ils auroient peut-eftre rencontré, s'ils n'avoient fuivy que leurs propres lumieres. Que fi quelques-uns, un peu moins paffionnez que les autres, ont moins efperé de cette lecture, toûjours eft-il arrivé, que le defir de fe rendre recommandables, en expliquant les endroits qu'il a laiffez obfcurs, ou de propos déliberé, comme quelques-uns le pretendent, ou faute de plus grandes lumieres, leur a fait employer tres-inutilement toutes les forces de leur Efprit, & tout le loifir qu'ils ont eu, à commenter ce qu'il a écrit de la Phyfique, fans rien avancer dans cette fcience : Car ceux qui fe font mêlez d'interpreter Ariftote, l'ont entendu fi diverfement, qu'ils ont partagé toutes les écoles fur le fens d'une infinité de Textes ; Et s'ils ont pû s'accorder fur quelques-uns, c'eft que les notions

en sont si communes, qu'elles ne sçauroient estre ignorées que de tres peu de personnes. Ainsi, l'on s'est plus
occupé à étudier Aristote que la Nature, qui peut-estre
n'est pas à beaucoup prés si mysterieuse que luy ; Il
y a mesme mille choses qu'elle dit nettement, à qui les
veut entendre ; Mais quoy ! ce n'est pas la coûtume ;
on ayme mieux écouter Aristote, & les Anciens, &
c'est ce qui fait que l'on avance si peu.

La seconde chose qui empêche le progrez de la Physique, est qu'on la traite trop metaphysiquement, &
qu'on ne s'arrête souvent qu'à des questions si abstrai-
tes & si generales, que quand bien mesme tous les Philosophes seroient de mesme avis sur chacune, cela ne
pourroit servir à expliquer en particulier le moindre
effet de la Nature ; Cependant une science d'usage doit
bien tost descendre dans le particulier. A quoy bon,
par exemple, ces longues & subtiles disputes touchant
la divisibilité de la Matiere ? Car quand bien mesme on
ne pourroit pas décider nettement, si elle se peut ou
non diviser à l'infiny, ne suffit-il pas de connoître qu'-
elle se peut diviser en des parties assez petites, pour servir à tous les besoins qu'on en peut avoir?

Il est bon sans doute de rechercher la nature du mouvement en general ; Il pourroit mesme n'estre pas tout-
à-fait inutile d'examiner un peu s'il a esté bien ou mal
définy, *l'Acte d'un Estre en puissance, entant qu'il est en
puissance* ; Mais sans perdre trop de temps à décider
cette question, & autres semblables, je voudrois qu'a-
prés s'estre un peu arrêté sur la notion generale du mouvement, l'on en examinât en détail & dans le particu-

lier toutes les proprietez , en forte que ce que l'on en diroit fe pûft rapporter à l'ufage ; En un mot , je voudrois qu'on recherchât foigneufement ce qui peut déterminer la matiere à un tel effet plûtoft qu'à un autre, fans s'accoûtumer à dire en general que cet effet eft produit par une qualité: Car de cette coûtume vient celle de fe payer de mots , cóme fi c'eftoient des raifons, & la fotte vanité de croire fçavoir plus que le commun, quand on fçait des mots que le commun ne fçait pas,& qui ne fignifient rien de particulier. Sans mentir, c'eft avoir l'Efprit bien petit,& bien aifé à contenter,que de fe perfuader que l'on connoift mieux la nature que le refte des hommes, quand on a appris qu'il y a des Qualitez Occultes, & qu'on en fait une réponfe prefque generale à toutes les queftions que l'on peut faire fur les differens effets que la Nature produit. Et en effet,quelle difference peut-il y avoir entre la réponfe que peut faire un païfan & celle d'un Philofophe, fi leur ayant demandé à tous deux , d'où vient, par exemple, que l'ayman attire le fer, l'un dit qu'il n'en fçait pas la caufe, & l'autre dit que cela fe fait par une vertu & qualité occulte ? N'eftce pas en bon françois dire la mefme chofe en differens termes ? Et n'eft-il pas vifible que toute la difference qu'il y a entre l'un & l'autre, c'eft que l'un a affez de bonne foy pour avoüer fon ignorance , & l'autre affez de vanité pour la vouloir cacher.

Un troifiéme defaut que jay trouvé dans la conduite des Philofophes , eft que quelques-uns veulent toûjours raifonner, & fe fient tellement aux raifonnemens, fur tout quand ils les ont empruntez des Anciens, qu'ils ne veulent faire aucune experience; D'autres au contraire, ennuyez de ces grands raisonnemens, dont la plus-part sont fautifs, ou qui ne conduisent à rien, ont crû qu'il faloit tout reduire en experience , & ne raisonner de quoy que ce soit; Or ces deux extremitez ont esté également contraires au progrez de la Physique. En effet, ceux qui tombent dans la premiere de ces erreurs , retranchent le plus beau moyen de faire de nouvelles découvertes, & d'assurer mesme leurs raisonnemens; Et ceux qui tombent dans la seconde, ostant la liberté de tirer des conclusions , empêchent de reconnoître une grande suite de veritez, qui souvent se peuvent déduire d'une seule experience; Ainsi, il ne peut estre qu'avantageux de mêler les experiences au raisonnement. Car enfin raisonner toûjours , & ne raisonner que sur des choses aussi generales que celles sur lesquelles on raisonne ordinairement , sans descendre à rien de particulier, ce n'est pas le moyen d'acquerir des connoissances fort étenduës & fort certaines ; Aussi voyons-nous qu'on a toûjours rebattu les mesmes choses, sans en découvrir de nouvelles; & que l'on n'est pas encore assuré de celles dont on traite, pour generales qu'elles soient. On voit mesme que ceux qui se fient le plus aux raisonnemens qu'ils croyent estre d'Aristote sont en continuelle dispute , & qu'ils soûtiennent des choses qui sont formellement opposées, sans que les raisons dont les uns se servent, puissent attirer les autres à leur party; Ce qui marque combien ces raisonnemens seuls ont peu de certitude & d'évidence.

Les

PREFACE.

Les experiences font donc neceffaires pour l'établif-
fement de la Phyfique ; Et c'eft une chofe qu'Ariftote
mefme tenoit fi certaine, que la raifon pour laquelle il
eftimoit qu'on ne devoit pas appliquer les enfans fi jeunes à l'étude de la Phyfique, eftoit, parce que cet âge
ayant peu d'ufage des chofes, ils ne pouvoient pas encore avoir fait beaucoup d'experiences ; Et il jugeoit au
contraire qu'affez facilement ils pourroient avoir ouverture aux Mathematiques, parce que cette fcience confifte dans de purs raifonnemens, dont l'efprit humain
eft naturellement capable, & qu'elle eft independante
des experiences.

Mais d'un autre côté de vouloir abfolument rejetter
le raifonnement pour ne faire que des experiences ; c'eft
fe jetter dans une autre extremité beaucoup plus préju-
diciable que la premiere : Car enfin c'eft s'écarter entierement de la raifon pour donner tout au fens, & renfermer nos connoiffances dans des bornes bien étroites ; puifque les experiences ne peuvent fervir qu'à nous
faire connoître les chofes groffieres & fenfibles ; De
forte que pour proceder jufte dans la recherche des
chofes naturelles, il faut neceffairement allier ces deux
moyens de connoiffance, & joindre enfemble le raifonnement avec l'experience.

Mais pour faire mieux connoître l'heureux effet de
cette alliance, & l'ufage qui s'en peut tirer à l'avantage
de la Phyfique, il faut remarquer qu'il y a de trois
fortes d'experiences ; La premiere, à proprement parler,
n'eft qu'un fimple ufage des fens, comme lors que par
hafard & fans deffein, jettant les yeux fur les chofes qui

font alentour de nous, nous ne faifons que les regarder, fans penfer à appliquer ce que nous voyons à aucun ufage. La feconde forte, eft, lors que de propos délibeté, mais fans fçavoir ny prévoir ce qui pourra arriver, l'on fait épreuve de quelque chofe ; Comme lors qu'à l'exemple des Chymiftes, l'on prend avec choix tantoft un fujet, & tantoft un autre, & que l'on fait fur chacun d'eux toutes les tentatives dont l'on fe peut avifer, retenant avec foin ce que l'on a vû réüffir à chaque fois, & la maniere par laquelle on eft parvenu à un certain effet, afin de pouvoir une autre fois employer les mefmes moyens, pour parvenir à la mefme fin. C'eft encore faire des experiences de cette feconde maniere, quand pour connoître les fecrets des Arts on va chez divers Ouvriers, comme dans les Verreries, & chez ceux qui compofent les émaux, chez les Teinturiers, les Orfevres, & ceux qui manient les differens Metaux, pour obferver comment ils preparent leurs matieres, & comme enfuite chacun d'eux travaille fur celles qui leur font particulieres. Enfin, les experiences de la troifiéme forte font celles que le raifonnement previent, & qui fervent à juftifier enfuite s'il eft faux, ou s'il eft jufte; Ce qui arrive, lors qu'aprés avoir confideré les effets ordinaires d'un certain fujet, & formé une certaine idée de fa Nature, c'eft à dire, de ce qui eft en luy qui le rend capable de ces effets, nous venons par raifonnement à connoître que fi ce que nous croyons de fa nature eft veritable, il faut neceffairement qu'en le difpofant d'une certaine maniere, il en arrive un nouvel effet, auquel nous n'avions pas encore penfé; & que

pour éprouver ce raiſonnement, nous faiſons ſur ce ſujet ce que nous avions crû capable de luy faire produire cet effet.

Or il eſt tres évident, que cette troiſiéme ſorte d'experience eſt particulierement utile aux Philoſophes,
parce qu'elle leur peut faire découvrir la verité ou la
fauſſeté des opinions qu'ils ont conceuës. Et quant aux
deux autres, bien qu'elles ne ſoient pas ſi nobles, on
ne les doit pas neantmoins rejetter comme inutiles aux
Phyſiciens: Car outre qu'elles étendent toûjours leurs
connoiſſances, elles ſervent auſſi à leur donner occaſion
de faire les premieres conjectures touchant la nature
des ſujets ſur leſquels ils s'occupent, & à les empêcher
de tomber dans quelques penſées fauſſes, où ils auroient pû tomber ſans cela ; On ſe ſeroit, par exemple, bien gardé de conclure generalement que le froid
reſſerre & condenſe, ſi auparavant, par hazard, ou autrement, on avoit connu qu'il y a des choſes qui ſe di-
latent par le froid.

Le quatriéme defaut que j'ay remarqué dans la methode des Philoſophes, eſt qu'ils ont negligé les Mathematiques juſqu'à tel point, que dans les écoles on
n'en enſeigne pas meſme les premiers Elemens ; Et ce
que j'admire, eſt, que dans la diviſion qu'ils font de
toute la Philoſophie, ils ne manquent jamais de mettre les Mathematiques entre ſes parties.

Cependant cette partie de la Philoſophie eſt peut-
eſtre la plus utile de toutes, ou du moins celle dont
l'utilité eſt d'une plus vaſte étenduë : Car outre que les
Mathematiques nous apprennent un grand nombre de

-veritez qui peuvent avoir leur ufage quand on fçait bien s'en fervir, elles nous apportent encore cet avantage confiderable, qu'en exerçant l'efprit à plufieurs demonftrations, elles le forment peu à peu, & l'accoûtument incomparablement mieux à difcerner le vray d'avec le faux, que ne peuvent faire tous les preceptes d'une Logique fans ufage. En effet, ceux qui cultivent les Mathematiques fe trouvant à tous momens convaincus par des raifonnemens aufquels il eft impoffible de refifter, apprennent infenfiblement à connoître la verité, & à ceder à la raifon; De forte que, fi au lieu de les negliger, comme l'on fait d'ordinaire, l'on prenoit & rétabliffoit la coûtume d'appliquer d'abord les enfans à cette fcience, & de les y faire avancer à proportion des autres études, elle ferviroit infiniment à les empêcher de contracter cette opiniâtreté invincible qui fe remarque dans la plufpart de ceux qui ont achevé leur cours de Philofophie, & qui probablement ne font tombez dans une fi pernicieufe difpofition d'efprit, que parce qu'ils ne font pas accoûtumez à des veritez convaincantes, & qu'ils voyent que ceux qui foûtiennent en public quelque doctrine que ce foit, triomphent toûjours de ceux qui tâchent de prouver le contraire; De maniere qu'à leur égard toutes chofes ne paffent que pour des Probabilitez. Ils ne regardent pas l'étude comme un moyen pour parvenir à la découverte de nouvelles veritez; mais comme un jeu d'efprit dans lequel on s'exerce, & dont toute la fin n'eft que de confondre tellement le vray avec le faux, par le moyen de quelques fubtilitez, qu'on puiffe également foûtenir

PREFACE.

l'un & l'autre, fans paroître jamais forcé à fe rendre par
aucune raifon, quelque opinion extravagante que l'on
puiffe defendre. Et c'eft en effet le fuccez ordinaire de
toutes les actions publiques, où fouvent dans la mefme chaire des opinions toutes contraires font alternativement propofées, & triomphent également, fans que
les matieres en foient plus éclaircies, ny qu'aucune verité en refte mieux établie.

Mais l'utilité la plus naturelle que les Phyficiens peuvent tirer en particulier des Mathematiques, eft qu'elles
les accoûtument à la confideration des figures, & les rendent plus propres à en connoître les differentes proprietez. Je fçay qu'il y en a qui difent qu'on ne doit pas
s'arrêter aux figures, par ce qu'elles ne font point actives; Mais encore que d'elles-mefmes elles n'agiffent
pas, il eft certain neantmoins que leurs differences rendent les corps que l'on met en action, capables de
certains effets qu'ils n'auroient pû produire fans cela.
Ainfi, un coûteau eftant aiguifé, devient capable
de couper autrement qu'il n'auroit fait; & les divers
outils des ouvriers deviennent, par leurs differentes figures, propres à produire les differentes chofes que l'on
fait par leur moyen. Or fi la figure des corps que leur
groffeur foumet à nos fens, fert tant aux effets qu'ils produifent, la raifon veut que l'on croye que les parties les
plus imperceptibles de la matiere, ayant chacunes leurs
figures, font auffi capables de certains effets à proportion de leur groffeur, femblables à ceux que nous
voyons eftre produits par les corps les plus groffiers.

Mais fans entrer dans un plus grand détail touchant

l'utilité des Mathematiques, ne devroit-il pas suffire, pour obliger à s'y appliquer davantage que l'on n'a fait par le passé, de considerer que c'est par leur moyen que les Philosophes Modernes ont découvert tout ce que l'on sçait de plus beau, & de plus particulier dans la Physique? Et de mesme, que ç'a esté par leur secours, que dans tous les siecles, les plus celebres Artisans ont fait toutes ces belles découvertes, dont nous avons l'avantage de joüir aujourd'huy, & qui font toute la richesse de nos Arts, & toute la commodité de nostre vie. Peut-estre croira-t-on au contraire, que ces mesmes Artisans, dont il y a grande apparence que la plus-part ne se sont pas trop appliquez à l'étude de cette science, justifient qu'elle n'est pas si necessaire que je le voudrois persuader; Mais sur cela il y a deux choses à considerer; La premiere, que comme il y a une Logique Naturelle dans tous les hommes, il y a aussi une Mathematique Naturelle, qui selon que leurs genies se trouvent disposez les rend plus ou moins capables d'inventer; La seconde, que si le genie seul, conduit par les seules lumieres naturelles, peut mener si loin, l'on doit beaucoup plus esperer du mesme genie, s'il joint l'étude des Mathematiques à ses lumieres, que s'il neglige cette étude. En effet, toutes les propositions des Mathematiques ne sont que des veritez que le bon sens a fait connoître à ceux qui s'y sont appliquez; Et ceux qui s'y trouvent naturellement propres, feroient mal de negliger ce que les autres ont déja trouvé: car c'est le moyen le plus seur pour trouver quelque chose de nouveau, que de sçavoir ce qui a déja esté trouvé, & comment il l'a esté, par les autres.

PREFACE.

Toutesfois, je ne mets pas au rang des Inventeurs
ceux à qui le hazard a fait rencontrer ce qu'ils ne cher-
choient pas ; comme il arriva à cet Ouvrier, qui refroidissant tout à coup dans de l'eau un morceau d'acier,
qu'il avoit auparavant fait rougir dans le feu, s'apper-
ceut que cet acier estoit en un moment devenu incomparablement plus dur qu'il n'estoit auparavant. Sans
doute que cette maniere dont on a trouvé la trempe
de l'acier est heureuse, & utile ; Mais l'Ouvrier à qui ce
bonheur est arrivé ne merite pas le nom ny le titre
d'inventeur, comme le meritent beaucoup d'autres,
qui ne sont point redevables au hazard de la gloire de
leurs inventions, comme par exemple celuy qui a inventé le fuzil qui s'applique ordinairement à une arque-
buse ; Estant certain que celuy-là avoit, pour ainsi dire,
toute la machine du fuzil dans sa teste, avant que d'en
faire effectivement la moindre piece ; au lieu que celuy
qui a le premier trouvé le moyen de tremper l'acier, a
rencontré, comme j'ay dit, une chose qu'il ne cher-
choit pas.

Enfin, que les Mathematiques soient d'une tres grande utilité pour les autres parties de la Philosophie, je n'en
veux point d'autre témoignage que celuy des plus celebres Philosophes de l'Antiquité, qui ne se sont pas con-
tentez d'en parler avantageusement dans leurs écrits,
mais qui en ont fait usage eux-mesmes. L'on sçait assez
que Platon avoit fait écrire sur la porte de son Ecole, que
personne n'y entrast qu'il ne fust Geometre ; Et ceux qui
ont pris la peine de lire les ouvrages d'Aristote, ont pû
remarquer les diverses applications qu'il fait des Mathe-

matiques en plufieurs endroits ; De forte que ceux qui n'en fçavent pas au moins les Elemens, ne fçauroient fe vanter de pouvoir entendre les écrits de ce Philofophe.

Plus je confidérois ces quatre defauts de la conduite des Philofophes, & plus je voyois qu'il eftoit impoffible de parvenir à la connoiffance des veritez Phyfiques, à moins que de s'en corriger ; Et il me fembloit que cela ne me devoit pas eftre fort difficile: Car outre que j'avois déja quelque habitude aux Mathematiques, & que je m'eftois affez accoûtumé à fuivre plus en cela la raifon que l'autorité, je ne me fentois pas affez amateur de mes raifonnemens pour negliger les experiences, ny affez attaché aux experiences, pour ne pas laiffer aller mes raifonnemens au delà de ce qu'elles découvrent.

Mais fi cela fuffifoit pour me devoir porter à cultiver la Phyfique, & mefme pour me faire efperer de pouvoir fervir en quelque façon au progrez de cette fcience, je remarquois un Cinquiéme Defaut, non pas dans la côduite de ceux qui s'y apliquent, mais dans celle de plufieurs qui lifent leurs ouvrages, qui me faifoit croire qu'il n'eftoit pas avantageux d'écrire pour le public fur les matieres de Phyfique, & que c'eftoit trop s'expofer. En effet, cette jaloufie qui s'éleve ordinairement contr'eux, & cette maniere defobligeante, avec laquelle ceux qui font incapables de trouver rien d'eux-mefmes reçoivét les productions d'efprit de ceux qui tâchent d'aller plus loin que le commun, mettent le plus fouvent leur reputation au hafard: Car à peine un Philofophe a-t-il fait prefent au public de quelque fruit de fes veilles, qu'auffi-toft quelque inconnu, qui fe veut fignaler, s'applique plûtoft à le

combattre

combattre qu'à l'entendre ; Et delà viennent ces petits
difcours, ou differtations, pour la plus-part Anonimes,
qui ne manquent pas de paroître au jour, où l'on ne
trouve pour l'ordinaire que des injures & des railleries
froides, & dans lefquelles ne pouvant détruire des veritez folidement établies, on prend le party de tâcher de
les tourner en ridicule, par l'oppofition de quelque
vieille maxime, ou erreur populaire, qui flate les oreilles
du commun des demy-fçavans, & qu'ils font accoûtumez de receuoir fans preuve. Mais ce qu'il y a en cecy
de plus fingulier, eft, que ces Ecrivains n'attaquent pour
l'ordinaire les ouvrages des autres, que parce qu'ils les
croyent contraires à Ariftote; Et cependant, comme ils
n'ont rien lû bien fouvent des écrits de ce Philofophe,
hors les citations qu'ils ont trouvées dans leurs leçons
de Phyfique, il arrive fort ordinairement que ce qu'ils
s'efforcent ainfi de refuter, font des chofes qu'Ariftote
mefme a dites en termes exprés.

On peut dire affurement que l'Antiquité a rendu
plus de juftice à l'induftrie des hommes,& c'eft fans doute en partie pour cela que dans ces premiers fiecles la
Philofophie a fait quelque progrez; Bien loin de fouffrir
alors que témerairement & fans raifon on décriaft ceux
qui faifoient de nouvelles découvertes, chacun fçait
qu'il y avoit des recompenfes publiques deftinées pour
eux, jufqu'à leur élever quelquesfois des ftatües, tant on
eftoit perfuadé en ces temps-là, que l'honneur eftoit en
effet la nourrice des Arts.

Il eft vray que dans noftre fiecle cette maxime femble fe réveiller & fe rétablir; Mais quoy que les Puif-

sances autorisent & favorisent les Arts & les Sciences, le long engourdissement dans lequel ont vêcu depuis tant de siecles tous ceux qui se sont appliquez à la Physique, les a tellement accoûtumez à se contenter de ce qu'ils ont receu de leurs Prédecesseurs, qu'il suffit de leur proposer une chose nouvelle, pour rendre & la chose & la personne mesme odieuse. Mais pour détruire ce fondement, ou plûtost ce pretexte d'aversion, il faut leur faire comprendre qu'on se trompe ordinairement dans ce reproche que l'on fait de la Nouveauté : Car si une chose est vraye, elle ne sçauroit estre nouvelle, n'y ayant rien de si ancien que la verité; Et c'est la seule découverte de l'erreur qui luy est opposée, qu'on peut dire estre nouvelle. Faute de bien distinguer ces deux choses, nous voyons quelquesfois certaines gens qui s'écrient ridiculement qu'on renverse la Nature, lors qu'on ne fait que renverser une fausse opinion dont ils sont prévenus; Mais quoy que ces gens-là ne soient pas trop bien fondez en raison, le credit & l'autorité qu'ils peuvent avoir sur les autres, est toûjours cause que leurs exclamations font impression sur l'Esprit de plusieurs ; Et c'est toûjours un sujet de déplaisir pour ceux qui n'ont point d'autre volonté que celle de contribuer à l'utilité du public.

Quelle douleur n'a-ce pas esté, par exemple, à Hervée, de voir que pendant sa vie on ait si mal receu la découverte qu'il avoit faite de la circulation du sang, dont le mouvement est tout autre que l'Antiquité ne l'avoit creu? Certainement on ne pouvoit témoigner trop de reconnoissance à un homme qui desabusoit le monde d'une vieille erreur, & qui par la verité qu'il établissoit, faisoit

PREFACE.

voir plus clair que le jour, que presque toute la Theorie
de l'ancienne Medecine estoit fausse. Cependant au lieu
de remercimens, combien sa doctrine luy a-t-elle fait
d'ennemis? J'avouë donc encore un coup, que voyant
combien on s'élevoit ayſément contre les meilleures
choses, quand le malheur d'avoir esté de tout temps ignorées les faiſoit paſſer pour nouvelles, je ne me propoſois
pas d'entretenir jamais le public de celles que je pourrois
un jour apprendre, ſoit de moy-meſme, ſoit par la lecture des ouvrages de quelques Modernes. Mais je crû
au moins qu'il ne feroit pas impoſſible que j'avançaſſe
un peu plus que l'on ne fait communement dans la connoiſſance des choſes Naturelles, ſi je m'empêchois ſoigneuſement de tomber dans aucun des defauts que j'a-
vois remarquez dans la maniere dont on avoit fait cette
étude juſqu'à preſent. Et en effet, ayant paſſé quelques
années à lire les Anciens & les Modernes, mais avec une
ferme reſolution de ne les ſuivre, qu'autant que je verrois
que les uns ou les autres auroient raiſon, il me ſembla
que je n'avois pas eſté entierement fruſtré de mon atten-
te. Mais pendant que je tâchois ainſi à m'inſtruire par
la lecture des livres, & par la converſation des Sçavans,
& de ceux qui excellent dans les Arts, je ne laiſſois pas
d'exercer toûjours ma raiſon, meditant en moy-meſme
ſur divers ſujets, & tâchant toûjours de fonder mes raiſonnemens ſur des veritez de Mathematique, & ſur des
experiences certaines; Et heureuſement il ſe trouva que
j'avois conduit ce deſſein juſqu'à tel point, que pluſieurs
de mes Amis, de l'Eſprit deſquels je voyois que tout le
monde faiſoit une eſtime ſinguliere, me conſeillerent

d'en faire part aux autres dans des conferences, ou du moins dans des entretiens familiers. Je puis dire que j'eu bien de la peyne à m'y resoudre, parce que je me defiois de moy-mesme, & ne me croyois pas assez bon orateur pour entreprendre ainsi la cause de la verité devant plusieurs. Cependant je me laissay vaincre; & bien que je sentisse qu'il me manquoit bien des talens, je crû mes amis, qui m'assurerent que proposant les choses simplement, & dans un ordre Mathematique, elles pourroient plaire du moins aux Esprits les mieux faits. En effet ce conseil a réüssi: Car non seulement on a pris plaisir à ces conferences, mais mesme on a souhaité que j'en misse les sujets par écrit. Et c'est pour avoir encore acquiescé à ce sentiment de mes amis que je me suis à la fin apperceu qu'insensiblement j'avois fait un Livre; Mais parce que les copies s'en estoient tellement multipliées, qu'il estoit comme devenu public, & qu'il s'y estoit glissé beaucoup de fautes, cela m'a fait resoudre à le revoir plus serieusement, afin de luy donner toute la perfection dont je suis capable. Ceux qui le liront pourront aisément reconnoître que je n'ay rien negligé de ce que les Anciens nous ont appris de bon.

J'ay pris d'Aristote toutes les notions generales, soit pour l'établissement des principes des choses naturelles, soit aussi pour ce qui regarde leurs principales proprietez. Et me contentant de rejetter le Vuide, & les Atomes, ou Insecables d'Epicure, qui estoient des choses contraires à ce que je croyois solidement étably par Aristote, j'ay appris de luy à considerer, avec le plus de soin qu'il m'a esté possible, les differentes grosseurs, les figu-

res, & les mouvemens des parties infenfibles, dont les
Eftres fenfibles font compofez. Ce que j'ay fait d'autant
plus volontiers que toutes ces chofes ont une liaifon &
une relation neceffaire avec la divifibilité de la matiere,
que je reconnoiffois avec Ariftote, qui ne refout luy
mefme gueres de queftions particulieres, qu'il ne faffe
confiderer la groffeur, la figure, & le mouvement des
parties des corps, & les pores qui font entr'elles; Mais
ce qui m'a le plus déterminé à m'attacher à cette confideration, a efté, que pouvant ce me fembloit douter avec
fondement de la verité de certaines qualitez & vertus
que l'on a de coûtume d'attribuer à divers Eftres, je ne
croyois pas que l'on euft mefme raifon de douter qu'il y
euft en eux des parties infenfibles, ny que je pûffe me
tromper en affurant que toutes ces parties avoient chacune leur groffeur & leur figure particuliere.

Outre ces premieres lumieres que j'ay tirées de l'Antiquité, j'ay recueilly encore plufieurs autres veritez des
plus Illuftres Philofophes Modernes, dont les noms fe
liront dans leurs lieux. Mais celuy qui a le plus contribué
à la compofition de cet Ouvrage, duquel cependant
le nom ne fe trouvera nulle-part, parce qu'il l'euft falu
trop fouvent repeter, eft le celebre Monfieur Defcartes,
dont le merite fe faifant de plus en plus reconnoître chez
toutes les Nations de l'Europe, comme il l'eft déja chez
plufieurs des principaux Eftats, fera avoüer à tout le
monde, que la France eft du moins auffi heureufe à produire & à élever de grands hommes, dans toutes fortes
de profeffions, que l'a efté l'ancienne Grece.

J'ay divifé tout mon Ouvrage en quatre parties. Dans

la premiere, je traite en general du Corps Naturel, &
de ſes principales proprietez, comme de la Diviſibilité,
du Mouvement, & du Repos, des Elemens, & des Qualitez ſenſibles; Et je me ſuis particulierement arrêté à
expliquer les qualitez de la veuë; Et ſur ce ſujet ſeul, je
me flate d'avoir plus ramaſſé de veritez dans huit ou
neuf Chapitres, que n'en contiennent pluſieurs gros volumes qui traitent de l'Optique, de la Dioptrique, &
de la Catoptrique à la façon des Anciens.

Dans la ſeconde, je traite du Syſthême du Monde,
ou de la Coſmographie; ce que j'ay eſtimé plus utile que
les queſtions generales qu'on a coûtume de propoſer
dans les Phyſiques ordinaires, qui ſervent de commentaires aux Livres qu'Ariſtote a intitulez, *du Monde.*
J'y traite auſſi de la Nature des Aſtres, & de leurs In-
fluences; Et aprés avoir expliqué en quoy conſiſte la
Peſanteur & la Legereté, dont faute de prémiſſes je n'a-
vois pû parler dans la premiere partie, je finis par l'explication du Flux & du Reflux de la Mer.

J'ay employé la troiſiéme partie à faire connoître la
Nature de la Terre, & des corps Terreſtres, c'eſt à dire,
des corps qu'elle contient, ou qui ſont alentour d'elle,
comme de l'Air, de l'Eau, du Feu, des Sels, des Huiles,
des Metaux, des Mineraux, & des Metheores.

Enfin, j'ay tâché de comprendre dans la quatriéme
partie tout ce que l'on ſçait preſentement de plus certain
touchant le corps Animé.

On pourra remarquer en cet ordre, comme une
choſe extraordinaire, que j'aye expliqué aſſez au long
& en détail, dés la premiere partie de ce Livre, toutes les

qualitez fenfibles, que les Philofophes n'expliquent pour l'ordinaire, & affez brievement, qu'à la fin de leur Traité de Phyfique, dans les commentaires qu'ils font fur les Livres qu'Ariftote a intitulez, *de l'Ame*; Ce que j'ay fait, tant à caufe que cela fert à nous faire connoître nous-mefmes; qu'à caufe que par ce moyen je fais qu'on fe délivre de bonne heure d'une erreur populaire, & d'un préjugé de l'enfance, dont j'ay connu par experience que plufieurs ne fe peuvent défaire par les leçons qu'on leur en fait à la fin de leur cours; En forte qu'ils rapportent des écoles l'habitude qu'ils y ont portée, qui eft, d'attribuer leurs fenfations aux objets qui les caufent en eux, & de confiderer ces mefmes fenfations comme des qualitez qui font en ces objets.

Au refte, on ne trouvera pas que dans tout ce Traité j'aye eu beaucoup de penfées oppofées à celles d'Ariftote; mais il s'en trouvera plus que je ne voudrois, de contraires à celles de la pluf-part de fes Commentateurs. Et outre celles-cy, on en rencontrera plufieurs, fur un tres-grand nombre de chofes dont Ariftote ny fes Difciples n'ont pas coûtume de traiter, que j'ay neantmoins eftimées plus utiles que beaucoup d'autres qui font la principale occupation des Philofophes; Et en tout cela je n'ay pas crû qu'il y euft de mal de m'écarter de quelques fentimens particuliers, lors que j'ay reconnu que ces fentimens s'écartoient de la verité.

Et ce qui a beaucoup fervy à lever les fcrupules que je pouvois avoir en cela, eft, que venant à comparer les endroits où je me trouve contraire à Ariftote, avec les écrits de ceux qui profeffent publiquement fa Philofophie, je n'en ay pas trouvé à beaucoup prés un si grand nombre dans mon Ouvrage, que dans ceux des autres. Et sans en venir à compte, il est aisé de s'en convaincre, si l'on considere qu'il n'y a point de question sur laquelle ils ne soient partagez; la moitié prenant presque toûjours des conclusions toutes contraires à celles que les autres prennent; D'où il suit, que l'on doit necessairement trouver dans les écrits de ceux qui se proposent d'enseigner la Doctrine d'Aristote, autant d'endroits contre luy que pour luy.

Mais enfin, quand tous les Philosophes seroient d'accord entr'eux, & avec Aristote, je ne voy pas que cette conformité me deust contraindre dans mes sentimens, ny que les Philosophes pûssent pretendre que je fusse obligé de les suivre, où je suis tres persuadé & convaincu qu'ils s'égarent: Car puisque c'est leur coûtume de proposer toutes les matieres qu'ils traitent en forme de questions, cette maniere douteuse marque qu'il y a liberté toute entiere de suivre le party où l'on juge que la raison se rencontre. Le temps m'apprendra de quelle façon mes bonnes intentions seront icy receües; Et cependant je prepare une version Latine en faveur des Etrangers, chez qui j'ose me promettre un accüeil assez favorable.

TRAITE'

TRAITTÉ
DE
PHYSIQUE.

PREMIERE PARTIE.

CHAPITRE PREMIER.

Ce que c'est que la Physique, & de quelle
maniere on en doit traitter.

LE mot de Physique, consideré tout seul, & selon son étymologie, ne signifie autre chose que Naturel; mais on s'en sert icy pour signifier la science des choses naturelles, c'est à dire cette science qui nous enseigne les raisons & les causes de tous les effets que la Nature produit.

Comme ce n'est qu'aprés avoir estudié la Physique, qu'on peut s'assurer s'il y a une Physique ou non, ce

A

seroit contre l'ordre si j'entreprenois presentement de resoudre cette difficulté. Je ne m'y arresteray donc point, non plus qu'à quelques autres, qu'on a coûtume de faire passer pour des questions Préliminaires; & je veux bien d'abord demeurer dans une espece d'incertitude touchant ces sortes de questions; Mais cette incertitude ne doit pas empécher qu'on n'emploie tous ses soins pour tâcher d'acquerir cette science, & d'obtenir par ce moyen la fin qu'on se propose, sans rien negliger de cequi peut servir à l'éclaircissement de la verité, & à la connoissance des effets de la nature.

III.

Que les an-
ciennes con-
noissances
peuvent estre
nuisibles.

L'une des choses à quoy l'on doit icy bien prendre garde, est, Que tous ceux qui commencent à s'appliquer à l'estude de la Physique ne sont pas tout à fait ignorans, la frequentation des personnes sçavantes, la lecture des livres, les experiences & les reflexions particulieres, leur ayant déja rempli l'esprit d'un grand nombre de connoissances. Mais parce qu'on a peut-estre crû trop legerement au raport d'autruy, qu'on n'a peut-estre pas aussi assez soigneusement examiné ce qu'on a apperceu par les sens, & qu'on a pû se méprendre en usant mal de sa raison, il ne faut pas s'imaginer qu'on puisse tirer aucun avantage de la connoissance qu'on peut avoir acquise par tous les moyens precedens; au contraire elle peut estre tres-nuisible, en ce que les erreurs dont nous avons pû nous laisser surprendre & prévenir dans un âge peu avancé, & lors que nous ne faisions pas encore un bon usage de nostre raison, sont capables de nous faire tomber dans de plus grandes.

C'eſt pourquoy pour bien faire, il ſeroit à propos de ſe défaire de tous ſes anciens préjugez, & de les rejetter meſme comme faux, non pas pour croire le contraire de ce qu'on a crû auparavant, mais pour ſe diſpoſer à ne donner creance qu'à des choſes qu'on aura plus meurement examinées, & commencer ainſi la Phyſique dés les fondemens ; Mais parce que cette entrepriſe ſeroit trop grande, & que nous aurions beaucoup de peine à nous y reſoudre, à cauſe que nous nous perſuadons aiſément, que parmy quelques erreurs dont nous avons pû nous laiſſer ſurprendre, il y a pluſieurs choſes tres-vrayes, dont nous n'eſtimons pas qu'il ſoit poſſible de nous défaire, nous ſuivrons icy la voye la plus commune ; & retenant de nos anciennes opinions autant qu'il nous ſera poſſible, nous tâcherons de diminuer en cecy le travail, qui n'eſt aſſurément déja que trop grand. Toutefois à moins que d'eſtre déraiſonnables, nous ne ſçaurions nous diſpenſer de faire une reveuë ſur ces connoiſſances anciennes, & de les ſoûmettre à un nouvel examen.

IV.

Qu'il faut ſoûmettre ſes anciennes connoiſſances à un nouvel examen.

CHAPITRE SECOND.

Examen des connoiſſances qui precedent l'eſtude de la Phyſique.

TOutes les connoiſſances dont on eſt prévenu, lors que l'on commence à eſtudier la Phyſique, ſe peuvent reduire à deux chefs principaux. Car

I.

Que toute la Phyſique ſe reduit à deux chefs.

premierement nous connoiſſons qu'il y a des choſes qui exiſtent dans le monde, & enſuite nous penſons connoiſtre, du moins en partie, ce qu'elles ſont; & c'eſt à ces deux conſiderations qu'il faut principalement nous arreſter, afin que l'examen que nous nous propoſons de faire ſoit le plus general qu'il eſt poſſible. Ainſi, nous devons premierement rechercher quel a eſté le motif qui nous a pû perſuader qu'il y a des choſes qui exiſtent dans le monde; & enſuite nous devons examiner ſi nous avons eu raiſon de les croire telles que nous les croyons.

II.
Côment nous avons connu noſtre exiſtence.

Et pour commencer par nous-meſmes, nous ſçavons par experience que nous ſommes capables de diverſes penſées, leſquelles nous ne ſçaurions avoir ſans que nous nous en appercevions; l'idée de l'Eſtre eſt du nombre de ces penſées; & d'ailleurs la lumiere naturelle nous apprend que le Neant n'a aucune proprieté, & que pour penſer il faut eſtre. Cela eſtant, il n'eſt pas mal aiſé de connoiſtre par quel chemin nous ſommes tous parvenus à la connoiſſance de noſtre exiſtence; car chacun n'a pû s'empeſcher de raiſonner de la ſorte. Je penſe; pour penſer il faut eſtre; donc je ſuis.

III.
Que nous cônoiſſons plûtoſt nôtre ame que nôtre corps; & que ces deux choſes ſont réellement diſtinctes.

En connoiſſant ainſi ſon exiſtence, on ſe connoiſt ſeulement comme une choſe qui penſe, dont l'idée ne repreſente rien d'eſtendu. Il eſt vray qu'on peut auſſi avoir l'Idée de l'eſtenduë en longueur largeur & profondeur; mais parce que cette idée ne contient en aucune façon la penſée, on conſidere la choſe qui penſe, & la choſe étenduë, comme deux choſes réellement diſtinctes l'une de l'autre, & l'on n'a pas encore ſujet de fe croire une chofe étenduë ; & dautant que cette chofe qui penfe, qui eft en nous, que nous connoif-fons avant toutes chofes, & en qui nous ne conçevons aucune étenduë, eft-ce que nous appellons nô-tre *Ame* ou noftre *Efprit*, & que la chofe que nous con-cevons eftenduë en longueur largeur & profondeur, & à qui nous ne concevons point que la penfée con-vienne en aucune façon, eft ce que nous nommons un *Corps* ; il eft évident que l'ame ou l'efprit fe connoift avant que l'on connoiffe le corps.

Quant aux corps qui compofent le monde, au nom-bre defquels nous comprenons auffi le noftre, il eft cer-tain que nous n'avons pû nous appercevoir qu'ils exif-toient, que par le moyen des differentes manieres de connoiftre qui font en nous ; & pour fçavoir fi nous en avons bien ufé, il faut icy les confiderer chacune en particulier.

IV. Que nous ne cönoiffons les corps qui compofent le monde, que par les ma-nieres de connoiftre qui font en nous.

Toutes les differentes manieres de connoiftre qui font en nous, fe reduifent à quatre, qui font celles de concevoir, de juger, de raifonner, & de fentir.

V. Quelles font ces manieres de connoiftre.

La conception, eft la fimple perception, ou la fim-ple idée que l'on a des chofes, laquelle n'enferme au-cune affirmation ou negation ; foit que cette Idée nous reprefente quelque image, ce qui s'appelle ima-giner, foit qu'elle n'en reprefente point, ce qui retient alors le nom general de conception ; Ainfi, lors que nous entendons prononcer ce mot-là, *arbre*, l'idée que nous formons alors eft une imagination ; au lieu que fi l'on nous parle d'une chofe qui ne puiffe eftre repre-fentée par aucune image, par exemple *d'un doute*, l'idée

VI. Ce que c'eft que concevoir & imaginer.

A iij

que nous nous en formons est une simple conception.

VII.
Ce que c'est que juger.

Le Jugement, est l'assemblage ou la des-union que l'esprit fait de deux choses selon qu'il les conçoit, en affirmant de l'une qu'elle est l'autre, ou niant de l'une qu'elle soit l'autre ; ainsi, quand nous disons que la terre est ronde, comme nous unissons ce que nous concevons sous les noms de terre & de rondeur, cela s'appelle juger ; & de mesme, quand nous nions que la terre soit ronde, comme nous les des-unissons, c'est encore juger.

VIII.
Ce que c'est que raisonner.

Le Raisonnement, est un jugement fait en veuë de quelque autre jugement qu'on a fait auparavant. Par exemple, si après avoir jugé qu'aucun nombre pair ne peut estre composé de cinq parties, chacune desquelles soit un nombre impair, & que le nombre de vingt est un nombre pair, on vient à conclure que le nombre de vingt ne se peut diviser en cinq parties, chacune desquelles soit un nombre impair, cela s'apelle raisonner.

IX.
Ce que c'est que sentir.

Sentir, c'est toucher, goûter, flairer, ouïr, & voir.

X.
Que la conception seule ne nous assure de l'existence de quoy que ce soit.

Premierement, il est évident que la simple conception d'une chose ne nous convainc en aucune façon de son existence ; Par exemple, de ce que je conçois un triangle, je ne suis point du tout obligé de croire qu'il existe.

X I.
Que le jugement seul ne nous assure non plus de l'existence d'aucune chose.

Il est encore certain que les seuls jugemens ne nous sçauroient non plus convaincre de l'existence d'aucune chose ; Car quoy que nous ne puissions nous empécher d'en faire plusieurs ; Par exemple, que si deux choses sont égales à une mesme, elles sont égales entre elles ; que si à choses égales on adjoûte choses égales, les tous seront égaux, &c. Toutefois nous ne sommes point assurez qu'aucunes choses égales ou inégales exis-tent, & la verité de nos jugemens ne convient tout au plus qu'à des choses possibles.

Nous pouvons faire aussi une infinité de raisonne-mens divers ; & de là vient la découverte de toutes ces veritez que l'on apprend dans les mathematiques, qui sont si differentes & si éloignées des principes dont elles sont déduites ; Mais parce que les consequences ne se disent, & ne s'entendent que des choses mesmes qui sont contenuës dans les antecedans, & que nous sçavons déja que les jugemens ne nous assurent de l'existence d'aucun Estre, il s'ensuit que nos raisonnemens n'esta-blissent pour le plus que la possibilité des choses diffe-rentes de nous.

Toutesfois il y en a une qui doit estre exceptée de cette regle, à sçavoir, Dieu : Car quiconque en a seu-lement l'idée, peut en raisonnant s'assurer de son exis-tence, pourvû qu'il se le propose comme un Estre tout parfait, & qu'il sçache que c'est une perfection d'exister. Ce que je ne veux pas montrer icy plus au long, la grandeur du sujet meritant bien qu'on en fasse un traitté particulier.

Comme il ne s'agit icy que des choses naturelles, & que nos conceptions, nos jugemens, & nos raisonne-mens seuls ne nous ont pû convaincre de leur existen-ce, il est indubitable que nous avons dû sentir, avant que nous ayons pû juger qu'elles existoient ; mais il n'est pas possible que nous sçachions si les sens seuls nous

ont suffi à cela, ou mesme comment ils nous y ont ser
vy, si nous ne determinons bien auparavant, ce que c'es
que sentir.

Une longue habitude nous fait quelquefois raison
ner avec tant de promtitude & de facilité, que bien sou
vent nous sentons & raisonnons tout ensemble, lors qu
nous croyons seulement sentir : C'est pourquoy pour n
pas confondre icy l'un avec l'autre, & pour ne nous pa
méprendre , examinons la chose en autruy. Suppo
sons donc qu'un homme vienne de naistre ; & que ce
pendant par un privilege particulier il ait déja autant d
discernement & de prudence qu'on en sçauroit souhai
ter en un homme parfait ; Et pour n'examiner qu'ur
seul sens à la fois, pensons qu'il n'a pas encore ouver
les yeux, qu'il n'y a point de parfum au lieu où il est, &
que l'on n'y fait point de bruit.

Et pour commencer à découvrir ce que c'est que sen
tir par l'attouchement, piquons le bras de cet homme
avec une espingle ; ensuite dequoy il est évident qu'i
experimente une douleur semblable à celle que nou
avons quelquefois sentie , puis que nous supposon
qu'il est homme comme nous ; Et s'il s'abstient tout a
fait de juger & de raisonner , il est manifeste qu'alors
sentir en luy n'est autre chose qu'avoir une certaine dou
leur qui luy appartient uniquement ; Tellement , que
quand quelqu'un de nous seroit assez bizarre, pou
croire qu'il y eust une semblable douleur dans l'épingle
nous connoissons évidemment que ce ne seroit pas celle
là que cet homme qui sent appercevroit.

Il est bon de faire icy quelque reflexion, pour re-

marquer

marquer que dans le sentiment dont nous venons de parler, il y intervient quatre choses; Premierement l'homme capable de sentir; puis l'épingle, ou l'objet qui sert à le faire sentir; en troisiéme lieu l'action de l'épingle sur son corps, dans lequel elle produit quelque changement; & enfin le resultat de l'action de l'une & de la passion de l'autre, qui est ce qu'on nomme piqueure, ou douleur. Toutesfois comme il n'y a que cette derniere qui soit connuë, nous devons conclure, que ce sentiment seul, sans estre accompagné d'aucun jugement, ny d'aucun raisonnement, n'est autre chose qu'une perception confuse, qui resulte en nous du nouvel estat qui nous survient, laquelle ne nous fait connoistre en aucune façon ny ce nouvel estat, ny l'objet exterieur qui le cause, & qui est l'occasion de nostre sentiment.

Que nous n'en sentons que la piqueure, & rien plus.

Ensuite de ce qui vient d'estre dit au sujet de la douleur que cause une épingle, nous concevons aisement qu'il en est de mesme des autres façons de sentir par l'attouchement, par le goust, & par l'odorat. Car supposant qu'on passe doucement une plume, ou quelqu'autre chose de delicat, sur le bras nud de cet homme dont nous parlons, ou qu'on le touche avec un charbon ardent, ou qu'on luy applique un morceau de glace en quelque endroit du corps, ou qu'on luy verse une goutte de vin sur la langue, ou enfin que l'on approche de luy une rose, ou du parfun, nous comprenons fort bien que le chatoüillement, la chaleur, la froideur, la saveur, & l'odeur que sentira cet homme, seront des sentimens qui seront purement en luy, & qui luy appartiendront de mesme que la douleur.

XVIII.
Que cet exemple nous apprend ce que c'est que sentir par l'attouchement, par le goust, & par l'odorat.

XIX.
Qu'Ariſtote a eu raiſon de dire que ſentir & patir ſont la même choſe.

Et dautant que nous n'avons aucune raiſon qui nous incite à croire que l'on ſent d'une autre façon par l'oüye, & par la veuë, que l'on ne fait par les autres ſens, nous devons tenir pour certain que le ſon, la lumiere, & les couleurs que nous appercevons par nos ſens, ſont de nôtre part, de meſme que la douleur & le chatoüillement. En ſuite de quoy nous pouvons dire avec Ariſtote que tout ſentiment eſt une eſpece de paſſion; & que quand nous ſentons, de quelque maniere que nous ſentions, nous connoiſſons bien ce que les objets font naiſtre en nous, mais non pas ce qu'ils ſont en eux-meſmes.

XX.
Erreur vulgaire.

Ce n'eſt pas cependant l'opinion de la pluſpart du monde, qui eſtime au contraire que le ſon que l'on entend eſt dans l'air, ou dans le corps qu'on nomme reſonnant, & de meſme, que la lumiere & les couleurs que l'on voit, ſont dans la flamme ou dans la tapiſſerie que l'on regarde; Et l'on ſe fonde ſur ce que l'on ne ſent pas le ſon, la lumiere, & les couleurs en ſoy-meſme, comme on y ſent la douleur & le chatoüillement, mais qu'au contraire on les rapporte au dehors; comme auſſi, ſur ce que les couleurs qu'on apperçoit, ſemblent pour l'ordinaire beaucoup plus grandes que nous ne ſommes nous-meſmes.

XXI.
Refutation de l'opinion du vulgaire par pluſieurs experiences.

Mais pour faire voir que ces raiſons ne ſont d'aucune conſequence, il ne faut que conſiderer qu'il y a pluſieurs rencontres dans leſquelles nous pouvons eſtre aſſurez que nous avons en nous les ſentimens de certaines choſes que nous rapportons au dehors, & même que nous jugeons beaucoup plus grandes que nous, quoy qu'il n'y ait rien du tout au dehors qui excite en nous ces ſentimens.

Et premierement il arrive souvent en songeant que nous entendons du bruit, & que nous voyons des couleurs, de mesme que si nous estions éveillez, & nous rapportons alors ce bruit & ces couleurs au dehors, & nous imaginons aussi ces couleurs beaucoup plus grandes que nous ne sommes, quoy qu'il n'y ait rien pour lors hors de nous, à quoy nous les puissions veritablement rapporter. *XXII.* *1. Experience.*

Secondement, les phrenetiques, & ceux qui ont la fiévre chaude, voyent tout de mesme au dehors ce qui n'y est pas. *XXIII.* *2. Experience.*

Troisiémement, on experimente quelquefois un certain tintement d'oreille, ou un certain son, qu'on imagine fort éloigné, quoy que la cause en soit fort proche. *XXIV.* *3. Experience.*

Quatriémement, une chandelle allumée, ou tel autre petit objet regardé d'un peu loin, paroist double à ceux qui sont yvres, ou à ceux qui se pressent le coin de l'œil avec le bout du doigt, en sorte que l'on voit deux objets, où l'on est asseuré qu'il n'y en a qu'un. *XXV.* *4. Experience.*

Cinquiémement, si l'on cligne les yeux en regardant d'un peu loin la flamme d'une chandelle qui luit dans les tenebres, on voit des rayons de lumiere, qui semblent partir de la flamme, & s'élancer dans l'air en haut & en bas ; Et l'on ne peut pas douter que ces rayons ne soient un pur effet du sentiment de celuy qui les voit, & que hors de luy ces rayons ne sont rien, si l'on considere, que plusieurs personnes qui regardent en mesme temps la chandelle ne les voyent pas, & que celuy-là mesme qui les voyoit quand il clignoit les yeux, cesse de les voir du moment qu'il les ouvre, & qu'il les dispose pour mieux regarder. *XXVI.* *5. Experience.*

On peut mesme plus particulierement se convaincre que ces rayons ne sont point au lieu où on les rapporte, si l'on considere que s'ils y estoient, il s'ensuivroit qu'en interposant un corps opaque entre l'œil & le lieu où l'on rapporte les rayons d'embas, ils devroient cesser de paroistre, ce qui pourtant n'arrive pas : au contraire, on continuë de les voir, & on les juge seulement plus prés, à sçavoir entre l'œil & le corps opaque que l'on interpose. Et ce qu'il y a de plus remarquable en cette experience, est que si l'on éleve peu à peu le corps opaque, comme pour cacher entierement les rayons d'embas, ils continuent de paroistre, lors que ceux d'en haut ont déja tout-à-fait disparu; ce qui ne devroit pas arriver, si ces rayons étoient où on se les imagine.

Sixiémement, en regardant au travers d'un Prisme triangulaire de verre, on voit des couleurs fort vives, semblables à celles qu'on voit en l'arc-en-ciel, lesquelles on rapporte à un lieu où il est certain qu'elles ne sont pas.

On peut encore icy rapporter l'experience des miroirs, & la vision qui se fait en regardant au travers des lunettes à facettes, qui nous font sentir des objets comme estant en des lieux où nous sommes asseurez qu'il n'y a rien de ce que nous sentons.

Il ne faut pas icy obmettre l'experience de ceux à qui l'on a coupé quelque membre, comme un bras, ou une jambe, lesquels plusieurs mois & mesme plusieurs années aprés qu'ils sont gueris, ont encore certaines demangeaisons, & certains autres sentimens, qu'ils ne sçauroient s'empescher de rapporter hors d'eux-mesmes, à sçavoir aux endroits où devroient estre les bouts de leurs doigts, s'ils ne leur avoient pas esté coupez: En quoy il est certain qu'ils se trompent, estant indubitable que ces sentimens sont en eux, & point du tout où ils les rapportent.

Cette experience & toutes les precedentes nous faisant voir tres-clairement que nous avons en nous les sentimens de plusieurs choses que nous ne sçaurions nous empescher d'imaginer au dehors, quoy qu'elles n'y soient pas, rien ne nous doit plus empescher de quitter l'opinion vulgaire dont nous avons esté prevenus dés nostre enfance, qui nous fait croire qu'elles y sont, si ce n'est peut-estre une façon de parler qui n'est que trop commune, & dont on se fait une raison: Car, dit-on, de mesme que quand on dit que l'on touche un baston, on a raison de croire quele bâton est quelque chose qui est tout-à-fait hors de celuy qui le touche: de mesme aussi, quand on dit que l'on voit de la couleur, on a raison de dire que la couleur que l'on voit est une chose differente de celuy qui voit, & qu'elle appartient à l'objet qui est hors de luy.

XXXI.
Difficulté tirée de la façon ordinaire de parler.

Toutesfois, on peut se delivrer de ce scrupule, en remarquant que les langues ne sont pas également riches pour parler de toutes sortes de sujets. La nostre, par exemple, nous fournit bien le mot d'animal pour signifier le genre qui comprend toutes les especes d'animaux; elle a aussi les noms d'homme & de cheval pour signifier ces especes particulieres; elle a mesme ceux de Pierre & de Paul, de Bucephal, & de Bayard, pour signifier des individus de ces especes; mais il n'en est pas de même pour le sujet dont il s'agit presentement; où nostre langue a bien le mot de sentir, pour signifier generalement toutes les sortes de perceptions que nous avons par le moyen du

XXXII.
Explication de la façon ordinaire de parler.

corps; elle a aussi les mots de toucher, de gouster, de flairer, d'ouïr, & de voir, pour signifier ces especes particulieres de perceptions: mais pour signifier encore quelque chose de plus particulier les mots luy manquent, & l'on a esté reduit à se servir d'un nom general, auquel on a seulement joint quelque autre mot qui le détermine. D'où il suit, que lors que l'on dit par exemple que l'on sent de la chaleur, ou que l'on voit de la couleur, si nous voulons ne point raisonner, & nous arrester simplement à ce que nous sentons, il ne faut point autrement distinguer le sentiment d'avec la chaleur, ou la vision d'avec la couleur, qu'il faut distinguer dans l'espece le genre d'avec la difference: car en effet la couleur & la chaleur que nous sentons font de nostre costé, & ne different point de nostre sentiment même.

XXXIII.
Conformité de la veüe & de l'attouchement.

Encore que je n'aye esté déja que trop long, pour faire connoistre que ce que nous appercevons par la simple veüe est uniquement de nostre part, je veux encore vous faire voir l'entiere conformité qu'il y a entre l'attouchement & la veüe. Considerez donc que quand un objet de l'attouchement n'agit que foiblement, il excite à la verité un sentiment, mais un sentiment si foible qu'il passe dés que cet objet est separé de l'organe; de mesme, lors qu'un objet de la veüe est foible, il n'est pas plûtost osté de devant les yeux, que nous cessons de le voir: & comme un objet de l'attouchement qui agit avec plus de violence, excite une sensation qui dure encore aprés qu'il est separé de l'organe; de mesme, quand un puissant objet de la veüe a fait une sensation fort vive, elle continuë encore quelque temps, bien que nous ne le regar-

dions plus, & que nous ayons la teſte tournée d'un autre coſté. C'eſt ainſi que ceux qui ſe ſont forcez à regarder le Soleil, ſe tournant vers un lieu obſcur, y voyent
encore quelque temps le Soleil, & des eſtincelles.

Aprés tout ce qui vient d'eſtre dit au ſujet des ſens,
& de nos ſentimens, comme il eſt manifeſte qu'ils ne
nous font appercevoir que des choſes qui ſont en nous,
& qui nous appartiennent, auſſi eſt-il certain qu'ils
n'ont peu ſervir tous ſeuls à nous convaincre de l'exiſtence des choſes qui ſont hors de nous, & qui ne nous
appartiennent point : & ayant déja prouvé la meſme
choſe au regard de chaque maniere de connoiſtre priſe
ſeparément, nous devons neceſſairement conclure que
nous en avons employé pluſieurs pour nous convaincre de leur exiſtence.

XXXIV.
Que nous a-
vons deu
employer
pluſieurs ma-
nieres de
connoiſtre
pour eſtre aſ-
ſeurez qu'il y
avoit des
choſes exte-
rieures.

Voicy l'ordre que je m'imagine que nous avons tenu
en cela : Premierement nous avons ſenty : puis nous
avons remarqué que nous ne ſentions pas quand nous
voulions, & que nous ſentions meſme quelquefois
quand nous ne voulions pas : & delà nous avons conclu
que nous n'eſtions pas la cauſe totale de nos ſentimens ;
Que nous contribüions bien en partie pour les avoir,
mais que nous dépendions auſſi de quelque autre choſe ; & ainſi nous avons commencé à connoiſtre que
nous n'eſtions pas ſeuls, & qu'il y avoit pluſieurs autres
Eſtres qui exiſtoient avec nous dans le monde.

XXXV.
Comment
nous avons
connu qu'il y
en avoit.

Quiconque demeurera d'accord de cette verité, doit
avoüer qu'il a eſté dans l'erreur, quand il a penſé qu'il
connoiſſoit par les ſens qu'il y avoit des Eſtres exterieurs:
car les ſens ne peuvent tout au plus que nous fournir

XXXVI.
Que l'exiſ-
tence des
choſes ſenſi-
bles ſe con-
noiſt princi-
palement par

le raifonne-
ment.

l'occafion de connoiftre ces Eftres; & c'eft principalement en raifonnant qu'on vient à s'affurer de leur exiftence.

Comme une feule fenfation nous a fuffy pour conclure l'exiftence d'un Eftre, auffi plufieurs diverfes façons de fentir nous ont fait conclure qu'il y en avoit
plufieurs; & comme nous nous les fommes tous imaginez étendus en longueur largeur & profondeur, auffi les
avons nous tous appellez des corps.

XXXVII.
Comment
nous avons
commencé à
connoiftre l'e-
xiftence de
plufieurs
corps.

Or entre tous ces corps, il y en a un que nous avons
deu confiderer autrement que les autres, & que nous
avons efté obligez de regarder fpecialement comme
noftre corps; non feulement par ce qu'il ne ceffoit jamais de nous eftre prefent, mais encore, par ce qu'enfuite de certains changemens que les autres Eftres pro-
duifoient en luy, il naiffoit en nous de certaines fenfations, & qu'enfuite de certaines penfées que nous avions,
il s'enfuivoit en luy de certains changemens; comme de
ce que je veux mouvoir le bras, il arrive que je le remuë,
au lieu que fi je veux fimplement mouvoir un autre
corps, il n'arrive pas pour cela qu'il foit remué.

XXXVIII.
Comment
nous avons
connu noftre
corps en par-
ticulier.

Vous remarquerez, qu'aprés que ces reflexions nous
ont fait connoiftre que noftre corps eftoit compofé de
diverfes parties, & qu'il y en avoit quelques-unes qui
étoient les organes de fens differens, les diverfes fenfations que nous avons euës, ne nous ont plus efté un
argument fuffifant pour conclure avec certitude l'exiftence de plufieurs Eftres : car nous avons deu foupçonner qu'un mefme objet pouvoit bien exciter en
nous diverfes fenfations, en agiffant fur differens organes.

XXXIX.
Qu'il ne
faut pas
penfer qu'il y
ait autant
d'Eftres que
nous avons
de fenfations
differentes.

nes. C'est ainsi que bien que le feu excitast de loin une sensation de lumiere en agissant sur nos yeux, & de prés une sensation de chaleur en agissant sur nos mains, nous n'avons pourtant conclu que l'existence d'un seul objet.

Il y a encore une autre surprise toute contraire à celle-là à éviter, & dans laquelle on pourroit tomber : car ne sembleroit-il pas qu'on pourroit juger avec assurance de l'existence de plusieurs Estres, & sans craindre de se tromper, si n'employant simplement qu'un sens, & s'en servant d'une mesme maniere, il nous faisoit appercevoir plusieurs objets en mesme temps ? Et neantmoins pour ne se pas méprendre, l'on doit encore considerer le milieu par où se transmet l'action de l'objet : car l'exemple des lunettes à facettes, qui nous en font ainsi appercevoir en mesme temps plusieurs, quoy qu'il n'y en ait qu'un seul qui agisse sur nos yeux, nous montre que l'on s'y peut encore quelquefois tromper.

XL. Précaution pour s'assurer de la pluralité des Estres.

Ces deux dernieres observations nous apprennent qu'il ne faut pas juger témerairement, & sur la simple apparence, de l'existence de plusieurs Estres ; mais aussi, quand aprés y avoir apporté toutes les précautions requises, nous avons une fois esté pleinement & suffisamment convaincus & asseurez de leur existence, par le moyen des diverses sensations qu'ils ont excitées en nous, nous n'avons pû nous empescher de raisonner de cette façon que les Philosophes appellent de l'acte à la puissance, & qui est naturelle à toutes sortes de personnes, & de conclure qu'ils avoient en eux le pouvoir d'exciter en nous ces sensations ; en suite dequoy, nous avons donné

XLI. Ce que signifient les noms qu'on a imposé aux differens estres.

à ces Estres des noms qui marquoient ces differens pou-
voirs ; Ainsi, considerant qu'un corps excitoit en nous
de la chaleur, nous luy avons donné le nom de chaud,
& nous avons appellé la chaleur de ce corps, le simple
pouvoir que nous reconnoissions en luy d'exciter en nous
ce sentiment.

XLII.
Méprise
touchant la
signification
des noms.
　　D'où il paroist que ceux-là se trompent, qui avant
que d'avoir philosophé, donnent à ces sortes de noms
une plus ample signification que celle que je viens de
dire, & qui par exemple, quand on parle de la chaleur
du feu, se proposent d'abord de la part du feu, un je ne
sçay quoy semblable à cette chaleur que nous experimentons à son occasion : car la simple imposition d'un
nom à une chose qui n'est point connuë, ne fait pas que
cette chose devienne connuë.

XLIII.
2 Méprise.
　　Ceux-là se trompent encore aussi lourdement, quoy
qu'en apparence plus subtilement, qui pour persuader
aux autres que le feu a en luy ce je ne sçay quoy qui est
semblable à cette chaleur que nous ressentons en sa presence, disent qu'il ne faut que s'en approcher pour en
estre convaincu : car quand on s'en approcheroit mille
fois, ou mesme que s'en approchant trop prés on en seroit brûlé, on connoistroit simplement par là ce que le
feu fait en nous, & point du tout ce qu'il est en luy. Lors
donc qu'en parlant de la chaleur, de la froideur, des
odeurs, des sons, de la lumiere, & des couleurs des
corps, on asseure que ce sont les objets propres des sens,
il est certain que l'on se trompe : car cette façon de parler
présuppose que l'on connoisse ces choses-là en sentant
simplement, ce qui est absolument faux.

CHAPITRE III.

De la maniere de philosopher sur les choses particulieres.

L'OBSERVATION que nous venons de faire est de telle importance, qu'elle establit elle seule la vraye methode de philosopher sur les choses particulie-res. Par là nous apprenons que pour découvrir quelle peut estre la nature d'un sujet, il faut simplement se pro-poser de trouver en luy une chose qui puisse servir à ren-dre raison de tous les effets dont l'experience nous fait voir qu'il est capable. Ainsi, si nous desirons connoistre ce que c'est que la chaleur du feu, nous devons nous pro-poser de trouver une chose en luy, au moyen de laquelle il soit capable de produire en nous cette espece de cha-toüillement, ou de chaleur douce & agreable, que nous experimentons quand nous en sommes un peu éloignez, & cette espece de douleur, ou de chaleur cuisante, que nous ressentons quand nous nous en approchons de trop prés ; De plus, par cette mesme chose nous devons pou-voir rendre raison pourquoy le feu est capable de rarefier certains corps, d'en durcir d'autres, & d'en dissoudre d'autres ; En un mot, il faut que par elle nous puissions expliquer tous les effets que nous voyons que le feu pro-duit. Et pour cela nous devons principalement nous gar-der de nous laisser prevenir de ce que peut estre cette

I.
Qu'il ne faut pas se laisser prevenir en philosophant.

chofe ; & ne pas concevoir d'abord qu'il y ait dans le feu
mefme , une chaleur, foit douce foit cuifante, femblable à
celle que nous experimentons quand nous en fommes
proches ou éloignez. En effet, il n'y a pas plus de raifon
d'attribuer au feu cette forte de chaleur , qu'il y en a d'attribuer à une épingle une douleur femblable à celle que
nous reffentons quand on nous pique ; & comme celuy-
là fans doute fe tromperoit, qui attribueroit à une épingle
une douleur femblable à la noftre , & qu'aprés cela il tra-
vailleroit en vain pour tafcher de découvrir quelle pourroit eftre fa nature ; de mefme auffi, ce feroit en vain
qu'aprés avoir attribué au feu une chaleur femblable à
celle que nous reffentons quelquefois à fon occafion,
nous voudrions philofopher pour tafcher de connoiftre
quelle peut eftre la nature du feu : car ne baftiffant que
fur un faux & mauvais fondement, nous ne pourrions
rien élever de folide & nous n'enfanterions que des chymeres.

II.
*Cōment on
peut admet-
tre ou rejet-
ter certaines
conjeɛtures.*

Ce qui eft dit icy à l'égard de la chaleur du feu, fe doit
entendre de mefme à l'égard de toute autre forte de fujets. Et ce nous doit eftre une regle à obferver dans la fuite, que fi ce que nous avons fuppofé ou eftably pour expliquer la nature particuliere d'un Eftre, ne fatisfait pas à
tout ce qui nous en paroift, ou mefme fe trouve évidemment contraire à une feule experience, nous devons ef-
timer noftre conjecture ou noftre penfée abfolument
fauffe ; & au contraire nous devons tenir noftre conjecture pour bien eftablie, & elle doit paffer chez nous pour
vray-femblable, fi elle s'accorde parfaitement avec tout
ce qui nous paroift de cet Eftre.

Ainfi, nous nous contenterons pour l'ordinaire de rechercher comment les chofes peuvent eftre, fans pretendre d'aller jufqu'à connoiftre & déterminer ce qu'elles font en effet; auffi-bien ne voyons-nous pas de repugnance qu'il puiffe y avoir plus de diverfes caufes capables de produire un mefme effet, que nous ne fçaurions trouver de moyens pour l'expliquer.

Mais comme on peut dire que celuy qui entreprend de dechifrer une lettre, a inventé un alphabet d'autant plus vray-femblable, qu'avec moins de fuppofitions il fatisfait à plus de mots; de mefme auffi peut-on dire que la conjecture que nous aurons faite touchant la nature d'un fujet, fera d'autant plus vray-femblable, qu'elle fera plus fimple, qu'elle aura efté faite en veuë d'un plus petit nombre de proprietez, & que ce fujet en aura un plus grand nombre de differentes, à quoy noftre conjecture aura fatisfait. Car fi par exemple, n'ayant confideré que quatre proprietez d'un fujet, nous nous en formions une telle idée, que la fuppofition que nous aurions faite pour les expliquer, nous fift conclure vingt autres proprietez aufquelles l'experience s'accordaft, il eft certain que ce feroit autant de preuves que nous aurions bien rencontré dans la fuppofition que nous aurions faite.

Il fe pourroit mefme rencontrer dans un mefme fujet un fi grand nombre de proprietez, & de fi differentes, qu'on auroit peine à croire qu'elles fe peuffent expliquer en deux diverfes façons; auquel cas noftre fuppofition ne feroit pas feulement vray-femblable, mais nous aurions même lieu de croire que nous aurions rencontré la verité.

VI.
Qu'il ne se faut pas legerement départir d'une conjecture bien estab'ie.

Au reste, pour prevenir quelques scrupules qui pourroient naistre dans la suite, il faut prendre garde qu'une conjecture qui d'ailleurs est bien establie, ne doit pas perdre sa vray-semblance, pour n'en pouvoir pas sur le champ déduire une proprieté, que quelque experience, peut-estre nouvelle, ou à laquelle on n'avoit pas encore songé, fait connoistre : car il y a bien de la difference entre connoistre évidemment qu'une conjecture repugne à l'experience, & ne voir pas comment elle s'y peut accorder : car encore que nous ne le voyions pas, il ne s'enfuit pas pour cela qu'elle y repugne ; Et il se peut mesme faire, que ce que nous ne voyons pas aujourd'huy, nous le voyions demain, ou que d'autres plus clairvoyans que nous le découvrent quelque jour. C'est ainsi, comme on verra cy-aprés, que les lunettes de longue veuë, qui ne font en usage que de nos jours, ont justifié l'hypothese de Copernic touchant les mouvemens des Planetes, Venus & Mercure, avec laquelle la grandeur sous laquelle Venus nous paroist en divers temps ne sembloit pas s'accorder.

CHAPITRE IV.

Avis touchant les Mots.

I.
Qu'il faut rejetter les mots dont on

COMME nous avons coûtume de lier nos pensées à certains mots, & que souvent nous les considerons plus que les choses qu'ils signifient, pour empescher qu'ils ne nous fournissent occasion de nous méprendre *n'entend point la signi-fication* dans la suite, nostre dessein est de n'en proposer icy, & de n'en recevoir jamais aucun, dont nous n'entendions tres-clairement la signification. C'est pourquoy nous ne nous servirons point dans tout ce Traité de ces mots specieux d'antiperistafe, de sympathie, d'antipathie, de desir d'union, de contrarieté, & de quelques autres semblables ; Mais comme nous ne les proposerons icy à personne, aussi ne les recevrons-nous point des autres, à moins qu'on ne nous marque tres-clairement & tres-distinctement ce qu'ils signifient, & ce que l'on veut entendre par eux.

Pour donc ne pas tomber dans la faute que nous prenons la liberté de reprendre dans les autres, nous mettrons icy les definitions de certains termes, dont à l'exemple de la pluspart des Philosophes nous pourrons nous servir cy-aprés.

Le mot d'*Estre* signifie simplement ce qui est, ou qui *II.* *Ce que c'est qu'un estre.* existe : car ce qui n'existe point ne differe en aucune façon du neant. Si donc une chose devoit seulement exister l'année qui vient, on pourroit dire que ce n'est presentement qu'un pur rien, & qu'il n'y a que l'Idée que nous en avons qui soit quelque chose.

Nous appellons icy une *substance*, un Estre que l'on *III.* *Ce que c'est qu'une substance.* conçoit subsister par soy & indépendemment de tout autre Estre créé; ainsi, un morceau de cire est une substance, par ce que nous le concevons subsister indépendemment de quoy que ce soit de créé.

Remarquez que je ne dis pas simplement que la sub-*IV.* *Qu'il faut juger des* stance est un Estre qui subsiste par soy, mais que je dis que

choses selon les Idées que l'on en a.
c'est un Estre que l'on conçoit subsister par soy; ce que je fais expressement pour reduire cette definition à l'usage. Car quoy que je sçache fort bien que nos conceptions ou nos imaginations n'imposent aucune necessité aux choses, il est certain neantmoins qu'elles imposent une necessité aux Jugemens que nous en devons faire; dautant que nous ne les connnoissons qu'entant que nous en avons les Idées, & que nous devons juger comme nous pensons.

V.
Ce que c'est qu'un mode.

Nous appellons *un mode*, *une façon d'estre*, ou *un accident*, un Estre que nous concevons necessairement dépendant de quelque substance; ainsi, par ce que nous ne concevons point que la rondeur d'un morceau de cire puisse subsister indépendemment de cette cire, nous disons que c'en est un mode, ou une façon d'estre, ou un accident.

VI.
Qu'un mode ne passe point d'un sujet dans un autre.

D'où il s'ensuit qu'un mode ou accident ne sçauroit passer de la substance qui en est le sujet dans quelqu'autre substance; par ce que si cela estoit, il s'ensuivroit que lors qu'il estoit dans cette premiere substance, il n'en estoit pas absolument dépendant, en quoy il y auroit une manifeste contradiction.

VII.
Ce que c'est qu'une qualité.

Par le mot de *qualité* nous entendrons cy-aprés ce qui fait qu'une chose est nommée telle; ainsi, quoy que ce puisse estre dans le feu, que ce pouvoir qu'il a d'exciter en nous le sentiment de chaleur, dautant que cela fait que le feu est nommé chaud, nous l'appellerons une qualité du feu.

VIII.
Que ce mot est d'un

Ce qui pourroit estre à craindre en cecy, & qui fait mesme que quelques personnes trop scrupuleuses voudroient

droient qu’on ne fe fervift point du tout de ce mot, &
qu’il fuft tout à fait fupprimé, eft, qu’il y en a qui fe per-
fuadent fottement eftre fort fçavans, lors qu’ils peuvent
appliquer ce mot, ou autres femblables, à des chofes
qu’ils ne connoiffent point du tout. Neantmoins je ne
fuis point en cela de leur avis, & je penfe qu’il fuffit
d’en retrancher le mauvais ufage : car ce mot eft ce me
femble fort commode (ainfi qu’il a autrefois auffi fem-
blé à Ariftote) pour fignifier indéterminement, quoy
que ce puiffe eftre que l’on conçoit appartenir à un fujet, & qui fait qu’on le qualifie d’un certain nom. Ainfi,
en attendant que nous connoiffions diftinctement ce
que c’eft que la chaleur du feu, nous la pouvons nommer une qualité de feu.

Les mots de *vertu* & de *faculté* d’un fujet, marquent
indéterminement le pouvoir qu’a un Eftre de produire
quelque effet dans quelqu’autre fujet ; ainfi, ce que
nous venons de nommer une qualité, lors que nous
penfions que le feu en eftoit nommé chaud, fe peut encore appeller une vertu du feu, en confiderant que c’eft
par ce je ne fçay quoy que le feu peut échauffer.

IX.
Ce que c’eft
que vertu ou
faculté.

L’effence d’une chofe, eft ce que cette chofe eft principalement, ou ce qui en conftituë la nature, & qui la
fait eftre une telle chofe ; ainfi, l’effence d’un triangle
rectiligne confifte en ce que c’eft une figure bornée de
trois lignes droites. D’où il eft évident qu’en pofant l’effence d’une chofe, cette chofe eft auffi pofée ; & au contraire qu’en la détruifant, cette chofe eft auffi détruite.

X.
Ce que c’eft
que l’effence
d’une chofe.

Nous apellons *une proprieté effentielle* d’un fujet, ce
que nous concevons convenir à un fujet, & qui eft une

XI.
Ce que c’eft
que proprieté
effentielle.

D

suitte necessaire de son essence ; ainsi, c'est une proprieté essentielle du triangle, que deux de ses costez pris
ensemble soient plus grands que le troisiéme, & que ses
trois angles soient égaux à deux droits; parce que cela luy
convient, & suit necessairement de ce que c'est une figure bornée de trois lignes droites. De mesme, c'est une
proprieté du triangle rectangle, que le quarré du costé
qui soûtient l'angle droit, soit égal aux deux quarrez des
deux autres costez, parce que cela convient tellement
à cette espece de triangle, que c'est une suitte necessaire
de ce qu'il est rectangle.

XII.
Ce que c'est
qu'une pro-
prieté acci-
dentelle, ou
un accident.

Nous nommons *une proprieté accidentelle* d'un sujet,
ou simplement *un accident*, ce que l'on conçoit estre in-
different à un sujet, ou qui luy convient en telle sorte,
qu'il pourroit bien ne luy pas convenir sans cesser d'estre ce qu'il estoit ; ainsi, la noirceur en un triangle est
un accident, parce que cette couleur luy est indifferen-
te, & qu'un triangle pourroit bien n'estre pas noir sans
cesser d'estre triangle.

XIII.
Ce que l'on
entend par
le mot de ge-
neration.

Nous appellons *generation*, la production d'une chose qui n'estoit pas auparavant ; ainsi, nous disons qu'il y
a generation du feu, quand on voit du feu au lieu du
bois qu'on voyoit auparavant. De mesme, nous disons
qu'il y a generation d'un poulet, quand on voit un poulet au lieu de l'œuf qui estoit auparavant.

XIV.
Ce que l'on
entend par
celuy de cor-
ruption.

Nous nommons *corruption*, la destruction ou la cessation d'estre d'une chose qui estoit auparavant ; ainsi,
nous disons qu'il y a corruption du bois, lors qu'on ne
voit plus le bois, & qu'on voit du feu en sa place ; de
mesme, nous disons qu'il y a corruption d'un œuf, lors

qu'on cesse de le voir, & qu'au lieu d'un œuf l'on voit un poulet.

Nous appellons *alteration*, le changement qui arrive à un sujet, mais qui ne va pas jusqu'à nous faire méconnoistre ce sujet-là, ny à luy faire changer de nom ; ainsi, quand un morceau de fer, de froid qu'il estoit, est devenu chaud, c'est une alteration ; car ce changement ne le fait ny méconnoistre ny changer de nom. Remarquez que dans l'alteration le changement ne doit estre que mediocre ; car s'il estoit si grand que l'on ne reconnust plus le sujet auquel il est arrivé, on ne diroit pas simplement qu'il est alteré, mais bien qu'il est corrompu.

Par les premiers principes des choses naturelles, nous entendons ce qu'il y a de premier & de plus simple dans ces choses, ou ce dont elles sont premierement composées, & au delà de quoy il est impossible de remonter. Ainsi, les premiers principes d'un poulet, sont les choses que sont unies ensemble pour composer un poulet, & qui sont si simples qu'elles sont elles-mesmes exemptes de toute sorte de composition.

Au reste, je ne pretens pas faire un mystere des definitions precedentes, ny les faire passer, comme font quelques Philosophes, pour des choses fort relevées ; Au contraire, mon principal but n'a esté en les rapportant icy, que de marquer si distinctement la signification des termes que j'ay défini, qu'on ne s'y trompast point, en leur donnant un autre sens, ou une idée plus resserrée, ou plus estenduë ; & de faire en sorte que ceux qui les verront icy ne s'en fassent point des chymeres.

XV.
Ce que l'on entend par celuy d'alteration.

XVI.
Ce que l'on conçoit par les premiers principes des choses naturelles.

XVII.
Que les termes precedens ne signifient que ce qui est contenu dans leurs definitions.

XVIII.
Avis tou-
chant la fi-
gnification
de quelques
noms fubf-
tantifs.

J'ajoûteray encore cet avertiſſement touchant les mots ; ſçavoir eſt, que bien que ceux qu'on appelle des noms ſubſtantifs ayent eſté inventez pour ſignifier des ſubſtances, & que les adjectifs & les verbes ne ſignifient proprement que des qualitez, des modes, ou des façons d'eſtre ou d'agir ; neantmoins il y a un grand nombre de mots, qui paſſent dans la Grammaire pour des noms ſubſtantifs, dont la ſignification n'eſt point differente de celle des verbes. Ainſi, quandon dit que la promena-de eſt ſaine, cela ne veut dire autre choſe, ſinon qu'il eſt bon de ſe promener pour ſe bien porter.

XIX.
Erreur qui
en peut ar-
river faute
de le ſuivre.

Faute de bien prendre garde à cette regle, la pluſ-part des jeunes gens qui commencent à eſtudier, pren-nent les choſes ſignifiées par ces ſortes de noms ſubſtan-tifs, pour de certains Eſtres, à qui ils attribuënt une exiſ-tence particuliere dans le monde, lequel par ce moyen ils rempliſſent d'un grand nombre d'entitez ſcolaſti-ques, & d'eſtres de raiſon ; à la conſideration deſquels ils s'occupent quelques fois de telle ſorte, qu'ils devien-nent aprés cela incapables de s'appliquer à rien de ſolide tout le reſte de leur vie.

CHAPITRE V.

Des principaux axiomes de la Phyſique.

I.
Fondemens
de la Phyſi-
que.

ENſuite de l'explication des principaux termes dont on ſe ſert en parlant des choſes naturelles, l'ordre veut que nous propoſions quelques veritez importantes, qui se font connoistre par elles-mesmes, & qui servant de fondement à presque toutes les veritez que l'on apprend dans la Physique, en sont par consequent les principaux axiomes.

Le premier est, que le Neant ou le Rien n'a aucune proprieté. Ainsi, l'on ne peut pas dire que le Neant eschauffe ou refroidisse, qu'il soit divisible, & qu'il ait des parties, &c. C'est pourquoy là où l'on reconnoistra quelque proprieté que ce puisse estre, là aussi il faut dire qu'il y a quelque chose, & un veritable Estre. *II.*
1. Axiome.

Le second est, qu'il est impossible que quelque chose se fasse absolument de rien, ou que le pur rien devienne quelque chose. Cet axiome peut passer pour une suitte necessaire du premier ; & il se peut mesme prouver à ceux qui en seroient persuadez. En effet, si le neant pouvoit devenir quelque chose, il s'ensuivroit contre l'axiome précedent qu'il auroit quelque proprieté ; ce qui repugne. *III.*
2. Axiome.

Quand j'ay dit qu'il est impossible que quelque chose se fasse de rien, j'ay expressément ajoûté le mot d'absolument, parce que je ne doute point, ny personne avec moy, qu'une chose ne se puisse faire du neant de cette chose, ou pour parler plus clairement de ce qui n'est pas cette chose ; ainsi par exemple, personne ne doute que du pain ne se fasse d'eau & de farine, qui ne sont pas encore du pain. *IV.*
En quel sens on peut dire qu'une chose est faite de rien.

La troisiéme, est qu'une chose, ou une substance, ne sçauroit estre entierement aneantie ; c'est à dire, ne sçauroit tellement cesser d'estre, qu'il n'en reste plus quoy que ce soit. En effet, lors qu'une chose disparoist entie- *V.*
3. Axiome.

rement, l'on conçoit bien qu'elle cesse d'estre ce qu'elle estoit auparavant pour devenir quelqu'autre chose; ainsi, l'on conçoit fort bien que du bled cesse d'estre du bled pour devenir de la farine; & de mesme, l'on conçoit bien que chaque partie de la farine peut encore se diviser en d'autres parties si petites qu'elles deviendront imperceptibles; mais l'on ne conçoit nullement comment elles pourroient passer de l'Estre au non Estre.

VI.
4. *Axiome.*

Le quatriéme est, que tout effet présupose une cause; & cela est si generalement connu de tout le monde, que les plus stupides mesme ne sont portez à admirer certains effets, que parce qu'ils se persuadent que ces effets ont une cause, & qu'ils ne la connoissent pas. Si ce qui est icy proposé pour axiome n'estoit tres-veritable, ce seroit sans raison qu'on admireroit, par exemple, la proprieté la plus connuë de l'aiman; car sans cela on devroit se contenter du fait, qui est de sçavoir que le fer s'y va joindre, & l'esprit devroit demeurer en repos, comme n'ayant plus rien à souhaitter.

VII.
5. *Axiome.*

Le cinquiéme, qui n'est presque qu'une suitte du précedent, est que si nous ne sommes point la cause de quelque effet, il faut necessairement qu'il depende de quelqu'autre cause. Ainsi, si j'estois asseuré qu'un certain effet qui arrive en moy ne dépendist point de moy, je conclurois asseurément qu'il dépendroit de quelqu'autre cause.

VIII.
6. *Axiome.*

Le sixiéme est, que chaque chose est déterminée d'elle-mesme, à continuër dans sa façon d'estre. Ainsi, si une chose est quarrée, nous pensons qu'elle demeurera toûjours quarrée, & qu'elle ne tendra jamais d'elle-mes-

me à devenir ronde, ou de quelqu'autre figure. C'est ce
que d'autres ont entendu, quand ils ont dit, que rien
ne tend à la destruction de soy-mesme.

Le septiéme, qui n'est qu'une consequence du précedent, est que tout changement procede d'une cause
exterieure ; ainsi, si nous voyons le matin une fleur bien
fraische dans un parterre, & que le soir nous la trouvions
toute fanée, nous devons penser que c'est le Soleil, ou
le vent, ou peut-estre quelque homme rustique qui
l'aura maniée trop rudement, qui l'a ainsi changée ;
& quand bien mesme nous ne pourrions deviner ce qui
pourroit l'avoir ainsi changée, nous ne laisserions pas
de l'attribuër à quelque cause. IX.
7. Axiome.

Le huitiéme est, que lors qu'il se fait quelque changement, il est toûjours proportionné à la force de l'a-
gent qui le cause ; en sorte que le sujet où il arrive, conserve toûjours le plus qu'il est possible de sa premiere façon d'estre. Ainsi, si un corps qui se meut lentement en
rencontre un autre en repos qu'il pousse devant luy, il
ne faut pas penser qu'il l'oblige à se mouvoir plus viste
qu'il va luy-mesme. X.
8. Axiome.

Il y a sans doute encore plusieurs autres axiomes qui
me serviront dans la suitte à tirer diverses conclusions ;
mais parce qu'ils sont moins generaux que ceux-cy, je
me contenteray d'en parler, lors que je seray obligé de
m'en servir. XI.
Qu'il y a encore plu-sieurs autres axiomes.

Maintenant, avant que d'entrer plus avant en matiere, comme mon but est de traitter des choses naturelles, & d'expliquer tantost les causes par les effets, &
tantost les effets par leurs causes, pour ne point sortir des XII.
Que les cho-ses sont icy traitées dans leur état na-turel.

bornes de mon sujet, & me renfermer dans les limites de la science que je traitte, je declare expressément que mon dessein est de considerer les choses dans leur estat ordinaire & naturel, & que je ne pretens pas dire, ce qu'elles sont dans un estat extraordinaire & surnaturel ; parce que j'estime qu'il y a de la temerité d'entreprendre de déterminer jusqu'où s'estend la puissance de Dieu, que je reconnois estre l'Auteur de tout ce qui est au monde, & que je crois pouvoir faire une infinité de choses qui sont beaucoup au delà de la portée de l'esprit humain.

XIII.
Que l'on ne doit point dire qu'une chose est impossible à Dieu.

Ainsi je n'asseureray jamais qu'une chose est impossible à Dieu ; Et au lieu de me servir de cette façon de parler, qui est assez ordinaire chez les Philosophes, je me contenteray simplement de dire que cette chose n'est pas du nombre de celles que je sçay qu'il peut faire.

XIV,
Qu'il ne faut point approfondir les mysteres.

Sur tout je me garderay bien d'approfondir ce que la Foy m'apprend estre un mystere, & d'entreprendre d'expliquer ce qu'il y a d'obscur ; parce que je suis tres-fortement persuadé, que ce que Dieu a voulu qui fust un mystere pour les plus simples & les plus ignorans, en est un aussi pour les esprits les plus relevez, & pour ceux qui se croyent beaucoup plus Philosophes que je ne suis.

CHAPITRE

CHAPITRE VI.

Des principes des Estres naturels.

POUR sçavoir quels peuvent estre les principes qui entrent dans la composition des choses naturelles, nous n'avons qu'à nous regler sur un effet particulier, & examiner par exemple ce qui se fait, quand du bois est converty en feu; car par là il nous sera facile de juger de ce qui se passe dans les autres productions de la Nature, & cela nous conduira comme par la main, & servira à nous faire découvrir quels sont ces principes, & combien il y en a. Premierement donc puisque suivant les maximes cy-devant establies, il est impossible de concevoir que le bois soit tout à fait aneanti, ny que le feu soit fait absolument de rien, nous sommes obligez de penser qu'il y a quelque chose qui appartenoit auparavant au bois, qui appartient maintement au feu, & qui est commun à l'un & à l'autre. Or quoy que ce puisse estre que cette chose, qui subsiste ainsi sous ces deux Paroistres, c'est ce qu'il nous plaist, à l'exemple des autres, d'appeller *matiere*; ainsi nous avons déja la matiere pour un principe des Estres naturels.

I. *De la matiere.*

Secondement, nous comprenons qu'il doit necessairement y avoir quelqu'autre chose, qui estant jointe à la matiere, la fait plustost estre du bois que du feu, ou qui luy estant jointe, la fait plustost estre du feu que du bois. Or quoy que ce puisse estre que cette autre chose, qui ne

II. *De la forme.*

E

donne pas abfolument l'Eftre à la matiere, mais qui luy donne un tel Eftre, c'eft ce que nous appellerons cy-aprés *la forme*, que nous reconnoiffons pour le fecond principe des Eftres naturels.

I I I.
Que la generation d'une chofe a deu eftre precedee de la privation.
Ariftote fait remarquer qu'encore qu'une chofe ne fe faffe pas abfolument de rien, elle doit cependant fe faire de ce qui n'eft pas cette chofe. Ainfi, un poulet fe doit faire de ce qui n'eft pas encore poulet; tellement que le non-eftre d'une chofe, auquel il donne le nom de *privation*, doit preceder immediatement la generation de cette chofe. D'où il conclud, qu'il y a trois principes des Eftres naturels, fçavoir la privation, la matiere, & la forme.

I V.
Que la privation ne peut eftre appellée principe.
Mais en faifant paffer la privation pour un principe, c'eft rendre ce nom de principe équivoque, & luy attribuër une autre fignification, que celle qu'il a lors que nous difons que la matiere & la forme font les principes des Eftres naturels; eftant certain que la privation n'eft pas dans les chofes, & qu'elle ne concourt point à leur compofition.

V.
Qu'il n'y a que deux principes, la matiere & la forme.
D'ailleurs, il n'eft pas fort neceffaire de faire un myftere particulier de la privation; ce qu'on fignifie par ce mot n'ayant jamais efté ignoré de perfonne; & ne fervant mefme de rien pour expliquer les chofes naturelles; c'eft pourquoy nous conclurons qu'il n'y a que deux principes; à fçavoir la matiere, & la forme.

V I.
Qu'il eft neceffaire de bien connoiftre ce que c'eft que la matiere & la forme.
Ce n'eft pas que pour cela nous foyons bien avancez dans la connoiffance des chofes de la Nature; Car, fans doute, l'on ne connoift guere la nature du feu, pour connoiftre fimplement qu'il eft compofé de matiere, c'eft

à dire d'un je ne sçay quoy, qu'il a de commun avec les autres Estres; & d'une forme, c'est à dire, d'un autre je ne sçay quoy qui luy donne l'Estre particulier de feu : car comme il a esté remarqué cy-devant, en donnant un nom à une chose qui n'est pas connuë, on ne la rend pas pour cela connuë. Il faut donc rechercher plus distinctement ce que c'est en particulier que la matiere & la forme. Commençons par la matiere, & tâchons de bien déterminer ce que c'est que ce je ne sçay quoy qui est commun a tous les Estres de la Nature.

CHAPITRE VII.
De la Matiere.

COMME il n'y a que trois choses à connoistre en chaque sujet, sçavoir son essence, ses proprietez, & ses accidens; pour scavoir parfaitement ce que c'est que la matiere, nous n'avons qu'à faire connoistre clairement en quoy consiste son essence, quelles en sont les proprietez, & de quels accidens elle peut estre capable; & pour cela nous n'avons qu'à parcourir tout ce que nous concevons n'appartenir qu'à des choses materielles, en qualité de materielles, c'est à dire à la matiere, & faire en suitte un juste discernement de ce qui en constituë l'essence, & le bien distinguer de ses proprietez, & de ses accidens.

I.
Moyen de connoistre la matiere.

Suivant cette methode, si nous considerons qu'encore que nous ne connoissions pas parfaitement, ce que c'est que dureté, liquidité, chaleur, froideur, pesanteur,

II.
Des accidens de la matiere

legereté, saveur, odeur, son, lumiere, couleur, transparence, opacité, & choses semblables, nous les connoissons neantmoins assez pour sçavoir qu'il n'y a pas
une de ces choses qui soit inseparable de la matiere, c'est
à dire sans laquelle la matiere ne puisse estre (puis que
nous voyons des choses materielles qui sont sans dureté,
d'autres sans liquidité, d'autres sans chaleur, d'autres
sans froideur, & ainsi du reste) nous dirons que l'essence de la matiere ne consiste en pas une de ces choses ;
mais bien seulement que c'en sont des accidens.

III.
Que l'esten-
düe n'est pas
accidentelle
à la matiere.

Il ne paroist pas que nous puissions faire le mesme jugement, ou dire que nous appercevons de simples accidens de la matiere, lors que nous considerons qu'elle est
estendüe en longueur largeur & profondeur ; qu'elle
a des parties ; que ces parties ont quelque figure ; &
qu'elles sont impenetrables. Car quant à l'étendüe, Il
est certain que nous ne sçaurions en separer l'idée, de
quelque matiere que ce soit, puis que là où nous ne concevons point d'estendüe, là aussi nous ne trouvons pas
qu'il nous reste aucune idée de la matiere ; de mesme
qu'il ne reste plus aucune idée du triangle, si-tost qu'on
cesse d'imaginer une figure bornée de trois lignes.

IV.
Qu'il n'est
point acci-
dentel à la
matiere d'a-
voir des par-
ties.

Pour les parties de la matiere, nous concevons qu'elles luy appartiennent si necessairement, que nous ne
sçaurions nous en representer la moindre portion, pour
petite qu'on se la puisse imaginer, posée sur une superficie
plane, que nous ne concevions qu'en mesme temps elle
la touche par un endroit, & ne la touche point par un
autre ; c'est à dire, que nous ne concevions que cette
petite portion de matiere a des parties.

Quant à la figure, dautant que ce n'est autre chose que la disposition des extremitez d'un corps, il est evident qu'encore que nous ne puissions peut-estre pas déterminer quelle est la figure particuliere de chaque corps en particulier, neantmoins nous ne sçaurions nous en proposer aucun, pour grand ou petit qu'il puisse estre, sans concevoir en mesme temps qu'il a une figure.

V.
Que la figure n'est pas accidentelle à la matiere.

Enfin, pour ce qui est de l'impenetrabilité, dautant qu'une certaine estenduë de matiere, par exemple un pied cubique, a déja tout ce qu'il luy faut pour estre une telle quantité, il ne paroist pas qu'un autre pied cubique de matiere luy puisse estre ajousté, sans qu'ils fassent ensemble deux pieds cubiques. Et de fait de les vouloir reduire par la penetration à un seul pied cubique; ce n'est pas tant ajoûter un pied cubique à un autre pied, que c'est destruire & aneantir sa premiere supposition : ce qui nous porte à croire que les parties de la matiere sont impenetrables de leur nature.

VI.
Que l'impenetrabilité n'est pas accidentelle à la matiere.

Cela estant, nous devons dire que l'estenduë, la divisibilité, la figure, & l'impenetrabilité sont du moins des proprietez essentielles à la matiere; puis qu'elles l'accompagnent toûjours, & qu'elles en sont inseparables; Et dautant que c'est tout ce que nous concevons appartenir necessairement à la matiere, & que nous n'y reconnoissons rien davantage, nous pouvons asseurer que l'une d'elles en est l'essence.

VII.
Des proprietez essentielles de la matiere.

Et parce que l'estenduë est conceuë devant les trois autres, & que l'on ne sçauroit concevoir ces trois autres sans presupposer l'estenduë, nous devons juger que l'estenduë est ce qui constituë l'essence de la matiere.

VIII.
En quoy consiste l'essence de la matiere.

IX.
En quoy le Phyſicien doit reconnoiſtre que conſiſte l'eſſence, & les proprietez eſſentielles de la matiere.

Que ſi quelqu'un nous vouloit objecter, qu'il ſe pourroit peut-eſtre faire que Dieu euſt mis dans la matiere quelque choſe que nous ne connoiſſons point, & qu'aucun homme vivant n'eſt pas meſme capable de connoiſtre, en quoy il auroit fait conſiſter ſon eſſence, nous n'avons rien autre choſe à luy reſpondre, ſinon que Dieu eſtant le Maiſtre, il a pû faire les choſes comme il luy a pleu ; n'ayant garde d'entreprendre de decider par noſtre raiſon, ce que noſtre raiſon ne peut atteindre. C'eſt pourquoy laiſſant à ceux qui ſont d'une profeſſion plus relevée que celle d'un ſimple Phyſicien à traitter de ſemblables queſtions, & à porter leur veuë plus loin que noſtre raiſon ne peut aller, nous nous renfermerons dans les limites qu'elle nous preſcrit, ſans empieter ſur les terres d'autruy ; & conclurons, ſuivant ce qu'elle nous a déja fait connoiſtre, que l'eſſence de la matiere conſiſte dans l'eſtenduë, puis que c'eſt la premiere choſe qu'elle y apperçoit, & celle d'où dérivent & dépendent toutes les autres.

X.
Que l'eſtenduë n'eſt pas une ſimple façon d'eſtre.

Aprés quoy pour continuër à eſtendre nos connoiſſances, autant que la lumiere naturelle nous le pourra permettre, nous conſidererons que l'idée de l'eſtenduë eſt tellement indépendante de tout Eſtre créé, qu'il nous eſt preſque impoſſible de la bannir de noſtre eſprit, lors meſme que nous tâchons de concevoir le neant que nous croyons avoir devancé la creation du monde ; Ce qui montre qu'elle n'en dépend point, qu'elle n'en eſt point une ſuitte ny une proprieté, encore moins un accident, ou une ſimple façon d'Eſtre, & partant qu'elle eſt une veritable ſubſtance.

L'on croit ordinairement qu'en cecy nous nous éloignons de la penſée d'Ariſtote, à cauſe qu'il a écrit dans la Metaphyſique que la matiere n'eſt rien de tout ce que l'on peut reſpondre aux queſtions qui regardent l'eſſence, la quantité, la qualité ; & enfin que ce n'eſt point un Eſtre determiné. Ce que la plus-part des Ariſtoteliciens interpretent de telle ſorte, qu'ils ſe perſuadent que la matiere n'eſt point eſtenduë, & n'a meſme aucune exiſtence.

XI.
Que cette doctrine n'eſt pas receue de la pluſ-part de ceux qui ſe diſent les ſectateurs d'Ariſtote.

Mais il y a apparence qu'Ariſtote parle en ce lieu-là de la matiere conſiderée d'une premiere veuë & fort generale ; & d'ailleurs il met de la difference entre l'eſtenduë & la quantité, comme en effet il y en faut mettre, puis que l'on peut connoiſtre l'une ſans l'autre. Car un Arpenteur, par exemple, conçoit d'abord de l'eſtenduë dans un champ, & n'en connoiſt la quantité qu'aprés l'avoir meſuré. Or en ce ſens il n'y a aucune repugnance que la matiere ſoit une ſubſtance eſtenduë, & que cependant elle ne ſoit rien de tout ce qu'on peut reſpondre aux queſtions dont Ariſtote fait le dénombrement ; leſquelles ne doivent eſtre entenduës que de la matiere qui eſt déterminée par quelque forme particuliere. Ainſi, l'on ne peut pas dire que la matiere conſiderée de cette veuë fort generale ſoit chaude ou froide, qu'elle contienne un certain nombre de pieds, ou qu'elle ſoit un tel Eſtre particulier, comme de l'or, du bois, ou du marbre : non plus que quand on conſidere l'animal en general, l'on ne peut pas dire que ce ſoit pluſtoſt un cheval qu'un chien, ou quelqu'autre eſpece particuliere.

XII.
Qu'elle n'eſt point contraire au ſentiment d'Ariſtote.

En tout cas, ſi Ariſtote n'eſtoit pas de ce ſentiment,

XIII.
Que ce n'eſt

point l'autorité mais la raison qui doit estre juge de la verité.

comme plusieurs de ses Interpretes le pretendent, nous ne ferions aucune difficulté de nous éloigner du sien en cette rencontre, parce que nous ne devons point nous regler sur l'autorité, lors qu'il s'agit d'establir les choses par la raison ; Et il me semble qu'il n'y en peut avoir aucune, à dire que la matiere, qui est le sujet commun de tous les Estres, n'a aucune existence : car ce qui n'existe point ne differe en aucune façon du neant, & ne peut estre capable d'aucune proprieté.

XIV. *Que l'estendüe en longueur, largeur & profondeur ne peut estre un mode.*

Quelques Aristoteliciens, qui pourroient se payer de cette response, trouveront peut-estre du moins à redire, en ce que nous asseurons que l'estendüe en longueur largeur & profondeur, est une substance, & non pas simplement un mode, une façon d'Estre, ou un accident, comme ils le pretendent ; Car par exemple ; quand on parle de l'estendüe d'une table, ils veulent que l'estendüe soit un mode, & que la table en soit la substance ; Mais il est aisé de faire voir que c'est une erreur qui n'est fondée que sur une façon de parler ; & qui n'est pas moins grossiere, que seroit celle d'un homme qui entendant parler de la ville de Rome s'imagineroit que ce seroit deux choses differentes, dont l'une seroit le mode & l'autre la substance. Et pour éclaircir toute la difficulté que l'on pourroit trouver en cecy, il faut remarquer que la nature de la substance est de pouvoir exister indépendemment de son mode ; & qu'au contraire la nature du mode est de ne pouvoir exister sans la substance dont il est le mode. Or il est certain que toute l'étendüe qui est dans une table pourroit subsister sans estre table, & qu'au contraire il ne sçauroit y avoir de table sans étendüe.

estenduë. C'est pourquoy bien loin de dire que l'estenduë est un mode, dont la table est la substance, il faut
dire au contraire que l'estenduë est la substance, dont
l'Estre de table n'est que le mode, ou la façon d'Estre.

Au reste, ceux qui nient que l'estenduë soit l'essence de la matiere, ne sçauroient marquer distinctement
ce qu'ils entendent par la matiere, ny en quoy consiste
son essence; & ils establissent pour principe une chose obscure, dont il est impossible de tirer aucune consequence qui porte lumiere à l'esprit, & qui puisse servir à éclaircir aucune verité; c'est pourquoy il ne faut
pas s'estonner si leur Physique est si sterile, & si elle
est incapable d'expliquer le moindre des effets de la nature. Voyons maintenant s'il en est de mesme du principe que nous avons estably.

X V.
D'où vient
que la Physi-
que a cy-de-
vant esté si
sterile.

CHAPITRE VIII.

Quelques corollaires de la doctrine precedente.

DE ce que nous venons d'establir touchant l'essence de la matiere, nous conclurons premierement
que le vuide des Philosophes est impossible: Car par le
vuide ils entendent un espace sans matiere, & chez
nous espace (ou estenduë) & matiere ne sont que la mesme chose; si bien que de demander s'il peut y avoir
un espace sans matiere, c'est demander s'il peut y avoir
une matiere sans matiere; en quoy il y a une manifeste
contradiction. Et il ne sert de rien de dire que l'on pour-

I.
Que le vui-
de des Philo-
sophes est
impossible.

roit concevoir un espace, dans lequel on ne suposeroit aucune lumiere, aucune couleur, point de dureté, point de chaleur, point de pesanteur, en un mot dans lequel on ne suposeroit pas une des qualitez que l'on se puisse imaginer : car quand cela seroit, en niant toutes ces choses de l'estendüe, on nie seulement les accidens d'un sujet, dont on suppose la vraye essence.

II.
Ce qui arriveroit si Dieu aneantissoit tout l'air d'une chambre.

Et à l'occasion de cecy nous ne nous mettrons pas en peine de respondre à ceux qui nous demanderoient si Dieu par sa toute-puissance ne pourroit point faire du vuide, en aneantissant tout l'air d'une chambre, & empeschant que d'autre ne vinst en sa place ; parce que, comme nous avons déja dit, il ne nous appartient pas de déterminer jusqu'où se peut estendre la puissance de Dieu. Mais si en changeant un peu la question, on se contentoit de nous demander, ce que nous concevons qui arriveroit, si Dieu aneantissoit tout l'air d'une chambre, sans permettre qu'il y en entrast d'autre en sa place, nous pourions bien alors y respondre ; Et sans rechercher ny examiner ce qui devroit arriver au dehors de cette chambre, nous dirions que les murailles s'approcheroient, en sorte qu'il ne resteroit plus entre elles aucun espace.

III.
Que la disposition des murailles, pour composer une chambre, dépend de l'estendüe ou de la matiere qu'elles enferment.

Quelqu'un repliquera peut-estre que les murailles d'une chambre ont une existence independante de ce qu'elles contiennent, & consequemment qu'elles peuvent demeurer en l'estat où elles sont, & sans s'approcher, encore que le dedans soit aneanti. A quoy je respons, qu'il est bien vray que l'existence des murailles est independante de ce qu'elles enferment ; mais que l'estat où elles

font, ou la difpofition qu’elles doivent avoir pour compofer une chambre, eft neceffairement dependante de
quelque eftenduë, ou de quelque matiere, qui foit entre elles; & par confequent qu’on ne fçauroit deftruire
cette eftenduë, fans deftruire non pas les murailles,
mais la difpofition qu’elles avoient auparavant.

Secondement, nous connoiftrons que le lieu inte-
rieur, ou l’efpace que chaque corps occupe, n’eft point
different de ce corps;& que fi l’on peut dire qu’un corps
change de lieu, cela fe doit entendre du lieu exterieur;
c’eft à dire de la furface des autres corps qui l’environnent, aux differentes parties de laquelle il peut eftre diverfement appliqué.

IV.
Qu’eft-ceque le lieu?

En troifiéme lieu, quand un corps paroiftra fous une
plus grande eftenduë que celle fous laquelle il paroiffoit
auparavant, fans que l’on fe foit apperceu qu’il y foit
entré aucune matiere, qui eft ce que l’on appelle *rarefaction*, nous conclurons qu’il y eft entré une matiere fort
fubtile qui en a écarté les parties. De mefme, quand il
arrivera qu’un corps paroiftra fous une plus petite eftenduë que celle qu’il avoit auparavant, fans qu’on fe foit
apperceu que rien en ait efté ofté, qui eft ce qu’on appelle *condenfation*, nous penferons qu’il eft forty de fes
pores une matiere imperceptible, & que par ce moyen
fes parties fe font approchées les unes des autres : Car
puis que felon nous l’eftenduë & la matiere font la mefme chofe, nous ne pouvons pas penfer qu’un corps pa-
roiffe fous une plus grande, ou fous une plus petite
eftenduë, en quelque maniere que ce foit, à moins
qu’il n’y ait plus ou moins de matiere.

V.
Comment fe fait la rare-faction,& la condenfation.

VI.
En quel sens on peut dire que le corps qui se rarefie n'acquiert rien, & que le corps qui se condense ne perd rien.

Et cecy n'empeschera pas que nous ne puissions dire avec Aristote, que le corps rare est celuy qui n'ayant que peu de matiere occupe une grande estendüe, & que le corps dense est celuy qui occupe peu d'estendüe avec beaucoup de matiere; ou ce qui est la mesme chose, que le corps qui se rarefie n'acquiert pas de nouvelle matiere, & que celuy qui se condense ne perd pas de la sienne : Car cette matiere imperceptible dont nous avons parlé, doit estre consideree comme une chose estrangere & qui n'appartient point au corps où elle est entrée, où dont elle est sortie, quand ils se sont rarefiez, ou condensez. Ainsi, quand de la paste tournée en pain, se rarefie un peu devant, & mesme pendant la cuisson, on n'a pas coustume de dire qu'on ait pour cela plus de pain que l'on n'avoit de paste ; quoy qu'il soit visible que beaucoup d'air s'est fourré dans ces grands intervalles qu'on appelle les yeux du pain ; par ce que ce n'est pas proprement cela qu'on appelle du pain. De mesme, lors qu'en pressant de la mie de pain entre ses mains, on la reduit sous un moindre volume, quoy que l'on soit asseuré d'en avoir fait sortir beaucoup d'air, l'on ne dit pas pour cela qu'on a moins de mie qu'auparavant ; parce que l'on a encore tout ce qu'on appelle de la mie, & que l'air qui en est sorty n'en estoit point.

VII.
D'où vient qu'une chastaigne creve sur le feu.

Vous aurez sans doute de la peine à accorder ce que nous venons de dire de la rarefaction, avec l'experience qui fait voir qu'une chastaigne estant mise sur le feu creve avec éclat ; & vous penserez peut-estre que la matiere subtile qui entre par les pores de son écorce, devroit sortir avec la mesme facilité qu'elle y est entrée, sans la rompre ou la faire crever ; Mais il sera facile de vous satisfaire là-dessus, en considerant que ce n'est pas la matiere estrangere qui entre & qui sort de la chastaigne, qui fait immediatement ce fracas, mais que ce sont les parties grossieres de la chastaigne mesme ; que l'action de la matiere subtile, qui penetre alors ses pores, écarte les unes des autres, comme autant de petits coins, & qu'elle agite de telle sorte, qu'elles viennent à rompre l'escorce avec bruit & éclat.

Nous conclurons en quatriéme lieu, que le monde est indefini ; parce qu'à quelque distance que nous voulussions mettre ses bornes, il nous est impossible de ne pas imaginer de l'estendüe au delà. Or l'estendüe & la matiere, suivant ce que nous avons dit, sont la mesme chose ; C'est pourquoy l'on ne sçauroit jamais se proposer le monde si grand, qu'on ne se le puisse imaginer encore plus grand.

En cinquiéme lieu, il est évident qu'encore qu'il ne repugne pas qu'il y ait plusieurs corps semblables à la Terre, & qui comme elle seroient capables de contenir plusieurs animaux, cependant il est impossible qu'il y ait plusieurs Mondes : Car celuy où nous sommes occupe déja tout l'espace que nous sçaurions nous imaginer.

En sixiéme lieu, puis que nous n'avons pas une autre idée de l'estendüe des Cieux, que de l'estendüe des choses d'icy-bas, nous devons juger qu'elles sont d'une mesme espece ; Et nous ne nous arresterons pas sur ce qu'on pourroit dire que l'estendüe ou la matiere des Cieux est plus lumineuse & moins changeante que celle des choses d'icy-bas ; parce que cette difference ne regarde que les accidens de la matiere, & non pas ſon eſſence.

XI.
Que deux maſſes égales ne contiennent pas plus de matiere l'une que l'autre.

Enfin, nous ne dirons pas qu'un vaiſſeau qui eſt remply de plomb, contienne plus de matiere que s'il eſtoit remply de cire, nonobſtant qu'il ſoit plus peſant; à cauſe que la peſanteur n'eſt pas l'eſſence de la matiere, mais ſeulement l'eſtendüe, que l'on ſuppoſe auſſi grande une fois que l'autre.

XII.
Que les proprietez de la matiere peuvent faire découvrir pluſieurs autres veritez.

La ſeule notion que nous avons eſtablie de l'eſſence de la matiere a eſté le ſeul principe dont nous nous ſommes ſervis pour reſpondre avec tant de facilité à toutes les queſtions precedentes; en ſuitte de quoy il y a lieu de croire que nous pourrions avec la meſme facilité ſatisfaire à beaucoup d'autres, ſi nous employïons dans nos raiſonnemens quelques-unes de ſes proprietez. Celle qui ſemble ſe preſenter la premiere eſt la diviſibilité, laquelle paroiſt d'autant plus feconde, que c'eſt d'elle que peuvent naiſtre toutes les figures imaginables.

CHAPITRE IX.

De la diviſibilité de la matiere.

I.
Que la matiere eſt diviſible.

LORS que ſans prévention l'on conſidere une portion déterminée de la matiere, & qu'on la compare à quelques autres portions dont elle eſt environnée, l'on conçoit aiſément que ſon exiſtence particuliere eſt tout à fait independante de leur voiſinage, & qu'elle ne laiſſeroit pas d'eſtre tout ce qu'elle eſt, encore

qu'elle fuſt jointe & unie à d'autres portions de la matiere ; d'où il ſuit que cette premiere portion eſt ſepa-
rable de celles auſquelles elle eſt unie ; ce qui montre la
diviſibilité de la matiere, & la poſſibilité d'en diviſer les
parties en d'autres plus petites.

Mais d'ailleurs, quand on ſe repreſente le pouvoir
de Dieu, & l'empire abſolu qu'il a ſur toutes les choſes
qui ſont au monde, on ne ſçauroit douter qu'il ne puiſſe
faire que certaines parties de la matiere ſoient de telle
nature, qu'il n'y ait dans tout l'Univers aucun Agent capable de les diviſer, d'où il s'enſuivroit que chacune de
ces parties ne differeroit en rien des petits corps qu'Epicure appelle des Atomes ; Toutesfois cette proprieté
de ne pouvoir eſtre diviſées par aucun Agent exterieur,
ne ſeroit qu'arbitraire, & ne ſeroit appuyée ſur aucun
principe naturel, mais ſeulement ſur une pure ſuppoſi-
tion ; laquelle ne changeant pas leur veritable nature,
nous devons tenir pour certain que toute la matiere de
ce monde eſt diviſible;Si-bien que la ſeule difficulté qu'il
peut y avoir en cecy, eſt de ſçavoir en combien de
parties une certaine portion déterminée de la matiere
peut eſtre diviſée.

Pour la reſoudre, il faut ſe reſſouvenir que toutes les
diverſitez qu'on peut imaginer dans la matiere luy viennent des formes qui la déterminent ; & que d'elle-meſ-
me n'eſtant autre choſe qu'une ſubſtance étendüe en
longueur largeur & profondeur, elle eſt parfaitement
homogene, c'eſt à dire, par tout ſemblable à ſoy-meſme. C'eſt pourquoy on ne la ſçauroit reconnoître capable de quoy que ce ſoit en aucun endroit, dont on ne

la doive juger capable par tout ailleurs. Comme donc
on ne peut pas douter qu'elle ne soit capable de division en quelques-unes de ses parties, il s'enfuit qu'elle
est divisible par tous les points que l'Esprit humain y
peut assigner.

Or que le nombre des points qui se peuvent concevoir dans une quantité déterminée de matiere, comme
par exemple d'un pouce, soit indéfini, la Geometrie
en fournit plusieurs demonstrations, dont en voicy une
qui me paroist fort aisée. Considerez deux lignes paralleles, telles que je suppose A B, C D; concevez-les indé-
finies en longueur, & distantes l'une de l'autre d'un pouce; cela estant, la ligne E F, qui en est bornée, & qui les
rencontre perpendiculairement, sera aussi longue d'un
pouce; puis ayant pris dans la ligne A B, le point A, à
gauche de la ligne E F, & éloigné d'elle si vous voulez

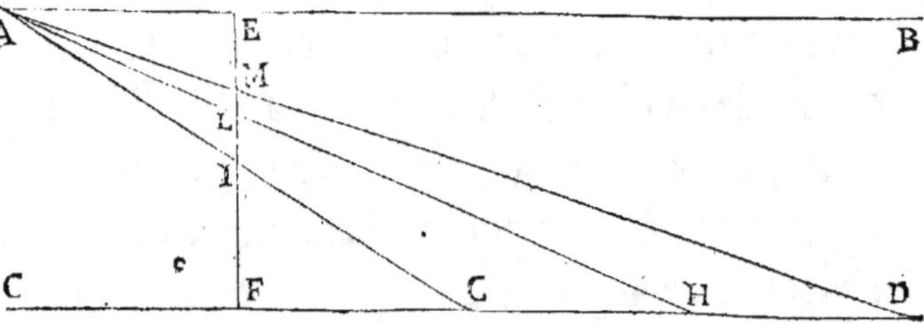

d'un pouce, prenez sur C D, à droite de la mesme ligne
E F, tant de points qu'il vous plaira, comme G, H, D, &c.
éloignez les uns des autres de telle quantité aussi qu'il
vous plaira, & concevez qu'il part du point A autant de
lignes droites qui aboutissent à tous ces points, G, H, D,
&c. cela estant, il est évident que la ligne A G, passera
par le point I, de la ligne E F; que la ligne A H, passera
                                                      par

par le point L, qui est plus haut, & que la ligne A D passera
par le point M, qui est encore un peu plus haut, & ainsi
de suitte; & dautant que la ligne C D est indefinie, &
qu'on peut prendre sur elle un nombre indefini de
points semblables à G, H, D, il s'ensuit que les lignes
qu'on menera du point A à tous ces points, marqueront
dans la ligne E F, un nombre indefini de points differens
les uns des autres, & qui approcheront de plus en plus
de l'extremité E, sans que de toutes ces lignes il y en
puisse jamais avoir une qui passe par le point E, à cause
que la ligne C D est supposée parallele à A B. Puis donc
que la quantité E F, a esté prise à discretion, & que la
mesme demonstration se peut appliquer à telle autre
quantité que l'on voudra, il faut avouër que l'on peut
assigner un nombre indefini de points dans quelque
portion determinée de matiere que ce soit; & par consequent que la matiere est divisible à l'indefini.

L'on peut encore demonstrer cette verité, en considerant qu'il y a des grandeurs qui sont incommensura-
bles les unes aux autres, c'est à dire qui n'ont entr'elles
aucune commune mesure. Ainsi,
supposant que la figure A B C D soit
un quarré, c'est une chose demons-
trée en Geometrie, que le costé A B
est incommensurable au diamettre
A C; Ayant donc divisé par la pensée
la ligne A B, qui n'est si vous voulez
que d'un pouce, en cent mille par-
ties égales, & chacune d'elles en cent mille autres parties
aussi égales, & derechef chacune de ces dernieres en

V.
Seconde
Preuve.

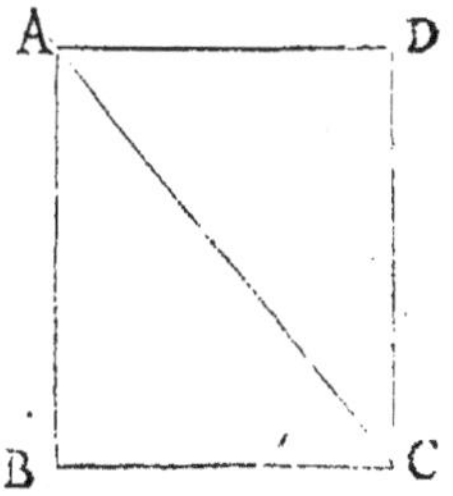

G

cent mille autres parties égales, vous pourriez continuer ainfi voftre divifion pendant tout un fiecle, fans que jamais vous puffiez parvenir à des parties fi petites, que l'on pûft dire que la ligne A c en continft un certain nombre précis. Or cela ne feroit pas ainfi, fi l'eftenduë ne fe pouvoit pas divifer à l'indefini; Car lors qu'on auroit divifé, par exemple, la ligne A B, dans les plus petites parties dans lefquelles l'eftenduë pourroit eftre divifée, ce feroit une neceffité que la ligne A c continft un certain nombre précis de ces fortes de parties. Il faut donc conclure, que quelque eftenduë que ce foit, & quelque portion de matiere que l'on puiffe determiner, eft divifible à l'indefini.

VI.
Objection.

Cette conclufion qui a efté tirée par Ariftote, a efté approuvée par prefque tous les Ariftoteliciens, enforte qu'il n'y en a eu qu'un trés-petit nombre qui ne s'y foient pas rendus; & ils ne fe font écartez des autres, qu'à caufe qu'ils ont creu que l'on tomboit par là dans une contradiction. Car, difoient-ils, en fuppofant que deux corps foient inegaux, fi on les pouvoit tous deux divifer à l'indefini, il s'enfuivroit que le nombre des parties dont l'un feroit compofé, feroit égal au nombre des parties dont l'autre feroit auffi compofé; & partant il s'enfuivroit que ces deux corps feroient égaux, contre l'hypothefe.

VII.
Réponfe.

Mais en cela ils fe font mépris doublement; premierement en ce qu'ils n'ont pas confideré que l'égalité & l'inégalité eftoient des proprietez des chofes finies, & que l'efprit peut en quelque façon embraffer pour les comparer enfemble; & qu'il ne les faut pas attribuer à des grandeurs indefinies, que l'efprit ne fçauroit embraſſer, & qu'on ne peut non plus comparer enſemble qu'un corps avec une ſuperficie, ou une ſuperficie avec une ligne. Deplus, quand on pourroit dire que deux corps inégaux eſtant diviſez de la maniere que j'ay fait voir cy-deſſus qu'on pouvoit diviſer la ligne E F, le nombre des parties de l'un ſeroit égal au nombre des parties de l'autre, on ne pourroit pas pour cela conclure que ces deux corps devroient auſſi eſtre égaux; à cauſe que les parties de l'un ſeroient à proportion plus grandes que les parties de l'autre. C'eſt pourquoy il n'y a en cecy aucune contradiction; & la demonſtration precedente ſubſiſte avec toute ſa force.

Il y en a d'autres qui tâchent de combattre la diviſibilité de la matiere à l'indefini, par une autre voye; en diſant VIII.
2. Objection. qu'il s'enſuivroit de là qu'une petite portion de matiere, comme par exemple un cube qui n'auroit qu'un quart de pouce de hauteur, & que l'on auroit diviſé de la ſorte que nous venons de dire, pourroit fournir un ſi grand nombre de tranches quarrées qu'elles ſuffiroient pour couvrir toute la terre, quand bien meſme elle ſeroit beaucoup plus grande qu'elle n'eſt; ce qu'ils eſtiment abſurde.

Toutefois ceux-cy n'ont pas plus de raiſon que les autres; & l'on peut dire que leur objection n'eſt fondée IX.
Reſponſe. que ſur ce qu'ils eſtabliſſent pour maxime qu'une choſe doit paſſer pour abſurde lors qu'on ne la peut comprendre par l'imagination: Ce qui eſt une erreur fort groſſiere & indigne d'un Philoſophe, qui ne peut pas ignorer qu'il y a une infinité de choſes tres-vrayes, auſquelles il eſt certain que l'imagination ne ſçauroit atteindre. Je pourrois en rapporter pluſieurs exemples, mais deux me ſuffiront,

qui appartiennent tous deux au sujet dont il s'agit ; à sçavoir la division qui se fait de l'or chez les Batteurs d'or, & chez les Tireurs d'or.

X.
Division de
l'or chez les
Batteurs
d'or.

Mais pour la comprendre, il faut premierement sçavoir que l'experience nous a appris que les pesanteurs des masses égales d'or & d'eau sont entre elles comme dix-neuf à un ; si-bien qu'un pied cubique d'eau pesant soixante & onze livres, il s'ensuit qu'un pied cubique d'or peze treize cens quarante-neuf livres, ou vingt & un mil cinq cens quatre - vingt quatre onces ; Or un pied cubique contient deux millions neuf cens quatre-vingt-cinq mil neuf cens quatre - vingt-quatre lignes cubiques ; partant une once d'or contient cent trente-huit lignes cubiques & $\frac{732}{2184}$ D'ou il suit que si elle est reduite en forme de cube, sa hauteur est à peu prés de cinq lignes & un septiéme, & que sa baze est d'environ vingt-six lignes quarrées, & $\frac{22}{49}$. Deplus, il faut sçavoir que les Batteurs d'or font d'une once d'or deux mil sept cens trente feüilles quarrées de net, chacune desquelles a pour costé deux pouces dix lignes ; sans comprendre ce qu'ils nomment le dechet, qui sont certaines rognures qui montent à prés de la moitié. La surface de chacune de ces feüilles contient onze cens cinquante-six lignes quarrées ; si-bien que toutes ensemble estant mises a costé les unes des autres composent une superficie de trois millions cent cinquante-cinq mil huit cens quatre-vingt lignes quarrées. A quoy si l'on ajoûte seulement le tiers de cette quantité pour le dechet, il s'ensuivra que les Batteurs d'or auront fait d'une once d'or quatre millions deux cens sept mil huit cens quarante lignes

quarrées. Comme donc ce nombre contient cent cin-
quante-neuf mil quatre-vingt douze foisla quantité de la
bafe d'un cube d'or d'une once, il eft indubitable que
ce cube, qui comme il a efté dit n'a que cinq lignes &
un feptieme de haut, a efté divifé au moins en cent cin-
quante-neuf mil quatre-vingt douze tranches quarrées.

Quoy que cette divifion de l'or foit déja affez grande, il s'en faut pourtant beaucoup qu'elle n'egale celle qui fe fait chez les Tireurs d'or. On m'y a fait voir plufieurs lingots d'argent de figure cilindrique, qui pe-
foient chacun feize marcs ; l'un d'eux, qui me fembloit le plus regulier, eftoit long de deux pieds huit pouces, & fon circuit contenoit deux pouces neuf lignes ; de forte que fa fuperficie cilindrique eftoit de douze mil fix cens foixante & douze lignes quarrées. Aprés que cette fuperficie a efté couverte de plufieurs feüilles d'or, qui toutes enfemble pefoient une demye once, le lingot a efté tiré à la filiere, & par ce moyen a efté conver-
ti en un fil qui eftoit à peu prés de la groffeur du plus de-
lié qu'on ait coûtume de faire en cette Ville. J'en ay pris vingt-cinq toifes, ou cent cinquante pieds, & ayant pefé cette quantité dans de fort bonnes balances, j'ay trouvé qu'il ne s'en falloit pas la foixante - quatriéme partie d'un grain qu'elle ne pefaft trente-fix grains. Cela eftant, le lingot entier a deu eftre converti en un fil à peu prés long de trois cens fept mil deux cens pieds. D'où il fuit qu'il a efté alongé cent quinze mil deux cens fois plus qu'il n'eftoit auparavant ; & par confequent que fa fuperficie eft devenuë trois cens quarante fois plus grande qu'elle n'eftoit au cómencement. A quoy fi l'on

XI.
Divifion de l'or chez les Tireurs d'or.

ajoûte que ce fil si delié estant aplati en lame, pour en couvrir du fil de soye, cette superficie augmente encore du double, il s'ensuit qu'elle est devenuë six cens quatre-vingt fois plus grande qu'au commencement ; & qu'ainsi elle contient alors huit milions six cens seize mil neuf cens soixante lignes quarrées. Or quand ce fil est ainsi aplati en lame, sa superficie paroist toute couverte d'or, il faut donc que la seule demy-once de ce metail, dont la lame est couverte, soit devenuë si mince que sa superficie soit de huict millions six cens seize mil neuf cens soixante lignes quarrées. Si bien que cette quantité contenant trois cens vingt-cinq mil sept cens quatre-vingt quinze fois vingt-six lignes & $\frac{11}{49}$, que vaut la base d'un cube d'or d'une once, c'est une necessité que l'espaisseur, de l'or dont la lame d'argent est couverte, ne soit plus à la fin que de la trois cens vingt-cinq mil sept cens quatre-vingt quinziéme partie de la moitié de la hauteur d'une once cubique d'or, ou de la six cens cinquante-& un mil cinq cens quatre-vingt-dixiéme partie de la hauteur d'une once, & qu'ainsi la quantité de cinq lignes & un septiéme ait esté divisée en six cens cinquante & un mil cinq cens quatre-vingts dix parties égales.

XII.
Que la consideration des divisions precedentes apprend à mieux juger du pouvoir de Dieu.

Si l'on considere aprés cela qu'on pourroit encore pousser la division de l'or beaucoup plus loin, n'estoit que les choses sont destinées à certains usages qui ne permettent pas de passer outre ; & sur tout si l'on considere que ce ne sont que des hommes qui font ce que nous voyons, & qui le font avec des instrumens fort grossiers, & qu'il y a dans la nature plusieurs autres agens incomparablement plus subtils, l'on verra encore plus

clairement, que tout ce que noſtre imagination ne ſçauroit comprendre n'eſt pas impoſſible, & l'on ne ſera plus
ſi hardy que de donner inconſideremcnt comme l'on
fait des bornes au pouvoir de Dieu.

Au reſte, il faut bien prendre garde que les diviſions
que l'on fait ſeulement par la penſée ne changent rien
dans la matiere, & que toute diviſion réelle preſup-
poſe du mouvement; c'eſt à dire qu'afin qu'une portion
de matiere ſoit actuellement diviſée de celle à laquelle
elle eſtoit unie, il faut neceſſairement qu'elle s'en ſepare. C'eſt ce qui rend le mouvement ſi neceſſaire, & ſa
connoiſſance d'un ſi grand uſage; Et c'eſt ce qui a fait
dire à Ariſtote, que quiconque ne connoiſt pas bien le
mouvement, doit neceſſairement eſtre fort ignorant
dans toutes les choſes naturelles.

XIII.
Qu'il n'y a
point de divi-
ſion ſans
mouvement.

CHAPITRE X.

Du mouvement, & du repos.

COMME nous connoiſſons mieux le mouvement
par experience, que nous n'en ſçavons la definition
ny la cauſe, je me ſerviray icy d'un exemple fort clair, &
dont tout le monde convient, qui ſervira à vous en donner la connoiſſance, & à vous en faire découvrir la nature.

I.
Ce que c'eſt
que ſe mou-
voir.

Suppoſons donc que dans un temps fort calme un
homme ſe promene à pied dans le cours, & que s'eſtant
trouvé au commencement entre les premiers arbres de

cette grande allée, il se rencontre aprés entre les seconds, & continüe ainsi de se promener jusqu'à ce qu'il soit arrivé à l'autre bout. Personne ne doute qu'un homme qui se promene de la sorte ne se meuve, & que chaque pas qu'il fait ne soit un veritable mouvement. Considerons maintenant que le mouvement de cet homme est quelque chose de nouveau, qui n'estoit pas auparavant en luy ; afin que faisant un denombrement exact de toutes les choses que nous pourrons concevoir luy estre survenuës de nouveau, depuis qu'il a commencé à se mouvoir, & que rejettant toutes celles que nous sçaurons certainement n'estre pas son mouvement, nous soyons assurez que celle qui restera, sera sans doute celle que nous cherchons, & que cela nous fasse connoistre en quoy consiste proprement le mouvement.

II.
Ce que c'est que le mouvemēt & le repos.

Et dautant que nous ne reconnoissons point de vuide, ainsi que faisoient Democrite & Epicure, & qu'ainsi nous ne pouvons pas dire comme eux, que cet homme dont nous parlons s'applique à diverses parties de l'espace, puis que nous ne le distinguons point de la matiere, comme eux le distinguoient, il s'ensuit que dans l'exemple que nous avons proposé, nous n'avons que trois choses à considerer ; la premiere est le desir que cet homme peut avoir de se promener ; la seconde est l'effort qu'il fait pour l'execution de ce desir ; & la troisiéme est la correspondance ou l'application successive de cet homme, par tout ce qu'il a d'exterieur, aux diverses parties des corps qui l'environnent, & qui le touchent immediatement. Or il est certain que le desir que peut avoir cet homme, n'est pas le mouvement de cet homme: car

desirer

deſirer n'eſt autre choſe que penſer, & nous reconnoiſ-
ſons du mouvement dans des ſujets, auſquels nous n'attribuons aucune penſée. De plus, nous devons juger que
le mouvement de cet homme ne conſiſte pas non plus
dans l'effort qu'il fait pour ſe promener : Car quand bien
meſme on pourroit dire que tous les corps qui ſe meuvent font effort, cóme on ſçait auſſi qu'il y en a quelquefois qui ne laiſſent pas de faire effort, quoy qu'ils ne ſe
meuvent pas, on doit penſer que l'effort peut bien eſtre
la cauſe efficiente du mouvement, mais non pas le mouvement meſme ; Par conſequent, il ne reſte plus autre
choſe à dire, ſinon que le mouvement conſiſte dans
cette application ſucceſſive d'un corps, aux diverſes parties de ceux qui l'avoiſinent immediatement. D'où il ſuit
auſſi, que le repos d'un corps eſt ſon application continuelle ou ſucceſſive aux meſmes parties des corps qui l'a-
voiſinent, & qui le touchent immediatement.

Remarquez que dans le mouvement & dans le repos
il s'agit toûjours d'une application immediate ; & qu'on
ne doit pas ſe mettre en peine de la correſpondance que
peut avoir un corps avec des choſes éloignées, ſi ce n'eſt
qu'on veuille prendre cette ſorte de correſpondance
pour une denomination exterieure, qui ne change rien
en la choſe, & qui ne dit rien de réel dans le ſujet où on
la conſidere. Ainſi cet homme que nous conſiderons
comme ſe promenant dans le cours, peut bien correſpondre aux mêmes parties de l'eau de la riviere qui coule
le long du cours, ſans que pour cela il faille dire qu'il ſoit
en repos ; & un autre que l'on conſidereroit comme aſſis
dans le cours, pourroit bien correſpondre à diverſes par-

III.
Que pour de-
terminer ſi
un corps ſe
meut ou non,
il ne le faut
pas comparer
à des corps é-
loignez.

ties de l'eau, sans que pour cela il fallust dire qu'il seroit en mouvement; D'où il suit que ceux-là s'éloignent de la raison, qui pour determiner si un corps se meut ou ne se meut pas, le comparent à des points qu'ils se figurent immobiles au delà du ciel, où il est fort incertain qu'il se rencontre des parties de la matiere plus immobiles que celles qui sont proches de nous.

IV.

Exemple remarquable d'un corps qui se meut, & d'un autre qui est en repos.

La Nature du mouvement & du repos estant ainsi établie, quand nous verrons dans la riviere un poisson qui correspondra quelque temps vis-à-vis d'un mesme endroit du bord, sans que l'eau courante dont il est entierement environné l'entraisne vers le bas, ny que l'effort qu'il fait le fasse approcher plus prés de sa source, nous dirons alors qu'il se meut veritablement; puis qu'en effet nous trouvons en luy toutes les mesmes choses qui se rencontrent dans un autre que l'on reconnoist se mouvoir dans un estang ; & que l'effort qu'il fait, le fait correspondre successivemét aux diverses parties de l'eau de la riviere, comme l'effort que fait celuy qui est dans un estang, le fait correspondre successivement aux diverses parties de l'eau de l'estang : Et tout au contraire, quand nous verrons une buche flotter entre deux eaux qui l'entraisnent vers le bas de la riviere, nous dirons qu'elle est en repos, puis qu'en effet elle est toûjours environnée des mesmes parties (qui est la commune raison pourquoy un corps est dit en repos) quoy que cependant & cette buche & la riviere composent ensemble un tout qui se meut.

V.

Que resister à certain

Pendant qu'un poisson qui se meut de la maniere dont nous venons de parler, ne se saisse pas emporter à l'eau

de la riviere, on a couſtume de dire qu'il reſiſte à ſon
courant ; ainſi, quand un corps fait par ſa reſiſtance qu'il
n'eſt pas emporté vers un certain coſté par un autre
corps qui l'environne de toutes parts, il eſt vray de dire
qu'il ſe meut vers le coſté oppoſé. *mouvement, c'eſt ſe mouvoir vers la partie oppoſée.*

Comme on ne peut concevoir d'application à differentes parties, ſans un corps qui s'y applique, & qu'ainſi
le mouvement dépend neceſſairement du mobile, on
doit juger que le mouvement n'eſt pas un eſtre abſolu,
mais ſeulement une façon d'eſtre du corps qui eſt meu ;
& pareillement que le repos eſt une façon d'eſtre du
corps qui eſt en repos ; D'où il ſuit, que le mouvement
& le repos n'ajoûtent pas plus au corps qui eſt en repos
ou en mouvement, que la figure fait au corps figuré ; &
comme un corps peut ſe mouvoir, ou ne ſe mouvoir pas,
il faut conclure que le mouvement & le repos ſont acci-
dentels à la matiere. *VI. Que le mouvement & le repos ne ſont que des façons d'eſtre ; & que l'un & l'autre eſt accidentel à la matiere.*

Le mouvement a toûjours eſté reconnu comme une
eſpece de quantité, laquelle d'une-part s'eſtime par la
longueur de la ligne que le mobile parcourt ; Par exem-
ble, quand un corps d'une certaine groſſeur, comme
d'un pied cubique, ſe meut dans un eſpace déterminé,
comme de dix toiſes, nous prenons cela pour une quantité déterminée de mouvement ; & c'en ſeroit le double,
ou le triple, ſi ce meſme corps parcouroit vingt ou trente toiſes. *VII. En quoy conſiſte la quantité du mouvement.*

D'autre part elle s'eſtime par le plus ou le moins de
matiere qui ſe meut tout à la fois ; tellement que ſi un
corps de deux pieds cubiques parcouroit une ligne de
dix toiſes, ce ſeroit deux fois autant de mouvement, que *VIII. Autre maniere d'eſtimer la quantité du mouvement.*

ſi un corps d'un pied cubique parcouroit la meſme ligne de dix toiſes : car il eſt évident qu'il faut compter autant de mouvement pour chaque moitié d'un corps de deux pieds, que pour un corps entier d'un pied.

IX.
Comment deux corps inegaux peuvent avoir des quantitez égales de mouvement.

Et de là il ſuit man·feſtement, qu'afin que deux corps inegaux ayent des quantitez égales de mouvement, il faut que les lignes qu'ils parcourent ſoient entre elles en raiſon reciproque de leurs maſſes ; Comme, ſi un corps eſt le triple d'un autre, il faut que la ligne qu'il parcourt ne ſoit que le tiers de celle de l'autre.

X.
La raiſon de l'equilibre de deux corps appliquez aux extremitez d'une balan-

Quand deux corps appliquez aux extremitez d'une balance, ou d'un levier, ſont entre eux en raiſon reciproque de leurs diſtances au point fixe, c'eſt une neceſſité qu'en ſe mouvant ils décrivent des lignes qui ſoient entre elles en raiſon reciproque de leurs maſſes. Comme, ſi le corps A eſtant triple du corps B, ces deux corps ſont tellement appliquez aux extremitez du levier A B, dont le point fixe eſt C, que la diſtance B C ſoit triple de la diſtance C A, ce levier ne pourra incliner, d'un coſté ou d'autre que l'eſpace B E dans lequel le moindre corps ſera meu, ne ſoit triple de l'eſpace A D, que le plus grand corps parcourera ; c'eſt pourquoy le mouvement de l'un de ces corps ſera preciſement égal au mouvement de l'autre. Cela eſtant, nous n'avons pas plus de raiſon de dire que le corps A, avec quatre degrez, par exemple, de mouvement de haut en bas, doive produire une pareille quantité de

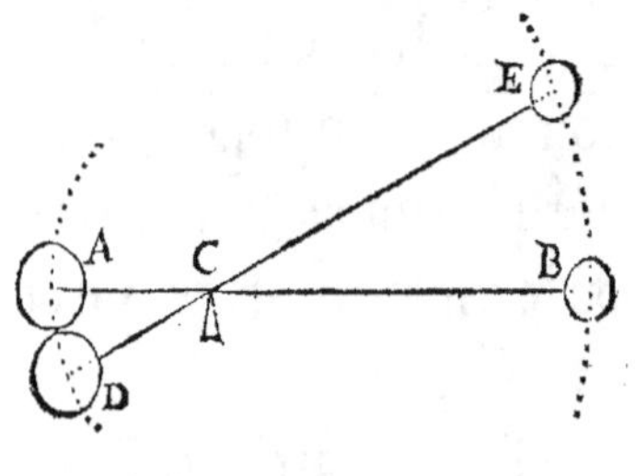

mouvement de bas en haut dans le corps B, que nous en
avons de dire que le corps B, avec quatre degrez de mouvement de haut en bas, doive produire autant de mouvement de bas en haut dans le corps A. Ainſi nous devons
juger qu'ils ſeront dans un parfait équilibre. Ce qui doit
ſervir de fondement à la Mechanique.

De meſme, quand une liqueur peſante eſt contenuë
dans un ſyphon renverſé, dont les ouvertures des branches ſont inégalement larges, ſi l'on diviſe par la penſée
la hauteur de la liqueur contenuë dans chaque branche,
en pluſieurs feüilles fort minces, mais d'égale épaiſſeur,
l'une de ces feüilles, priſe dans la branche que l'on voudra, ne pourra en baiſſant faire monter la liqueur dans
l'autre branche, que le baiſſement & le hauſſement ne
ſoient entre eux en raiſon reciproque
de la quantité des parties qui baiſſe-
ront ou qui hauſſeront. Comme, ſi
l'ouverture de l'endroit A B, de la
plus large branche du ſyphon A B C
D, eſt centuple de l'endroit C de l'autre branche qui eſt plus étroite, & ſi
par conſequent la quantité des parties de cette liqueur qui ſont à l'endroit de A B, eſt centuple de la quantité des parties qui ſont à l'endroit de
C; auſſi reciproquement le hauſſement ou le baiſſement des parties
qui ſont du coſté de C, ſera centuple
du baiſſement ou du hauſſement des
parties qui ſont du coſté de A B; C'eſt pourquoy le mou-

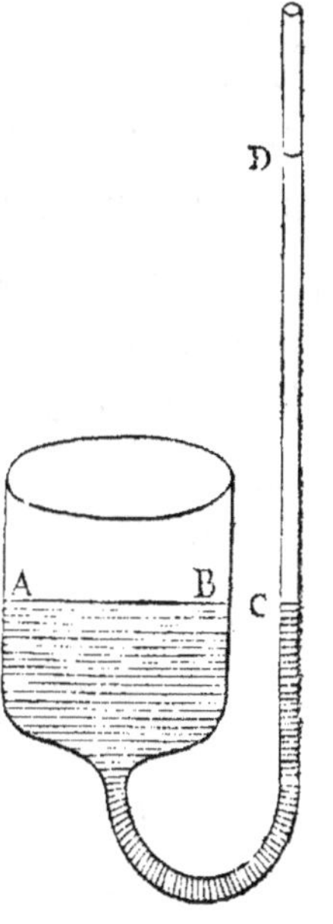

H iij

XL.
La raiſon de
l'équilibre
des liqueurs.

vement de toutes les parties de la branche A B, fera preci-
fement égal au mouvement de toutes les parties de la
branche C. Et ainfi, les unes en baiffant n'auront ny plus
ny moins de force pour faire monter les autres, que les
autres en baiffant en auront pour faire monter les premieres. D'où il fuit, que fi le nombre des feüilles qui
font dans la plus large branche, eft égal au nombre des
feüilles qui font dans la plus étroite, c'eft à dire fi la liqueur eft à égale hauteur dans les deux branches, la liqueur de l'une & la liqueur de l'autre garderont un é-
quilibre, qui ne pourra eftre rompu que par une caufe
étrangere.

XII.
Que Dieu eft
le premier
moteur.

Comme il n'y a que les proprietez effentielles d'un
fujet qui fe puiffent deduire de fon Effence, quand elle
eft connuë, ce feroit inutilement que nous tafcherions
de découvrir, comment le mouvement a pû eftre produit la premiere fois dans le corps, puis que ce n'en
eft pas une proprieté effentielle ; nous ne nous ar-
refterons donc pas à raifonner fur ce fujet; Et comme
nous reconnoiffons Dieu pour le createur de la matiere,
de mefme le reconnoiffons-nous pour fon Premier Moteur.

XIII.
Qu'il doit
fuffire d'a-
voir une fois
fuppofé que
Dieu a creé
du mouve-
ment.

Mais parce que ce ne feroit pas philofopher que de
luy faire faire à tous momens des miracles, & d'avoir
perpetuellement recours à fa puiffance, nous fupoferons
feulement qu'en creant la matiere de ce monde, il a imprimé une certaine quantité de mouvement dans fes
parties, & qu'enfuitte il ne fait plus que prefter fon
concours ordinaire, pour empefcher que les chofes
ne retournent dans le neant d'où il les a tirées, & con-

server ainſi inceſſamment en la matiere une égale quantité de mouvement ; Si bien que ce que nous avons
maintenant à faire, eſt de rechercher les autres circonſ-
tances du mouvement, & d'en eſtudier les cauſes Secon-
des, ou Naturelles.

CHAPITRE XI.

De la continuation & de la ceſſation
du mouvement.

ENTRE les choſes que nous avons à conſiderer
touchant le mouvement, une des plus conſidera-
bles, & qui embaraſſe le plus l'eſprit des Philoſophes, eſt
de ſçavoir d'où vient qu'un corps qui ſe meut continüe
de ſe mouvoir ; Mais poſé nos principes, il n'eſt pas difficile d'en rendre raiſon : Car, comme nous avons déja remarqué, rien ne tend de ſoy meſme à ſa deſtruction ; &
c'eſt une loy de la nature, que les choſes doivent toûjours demeurer dans un meſme eſtat, ſi ce n'eſt que
quelque cauſe exterieure le change ; ainſi, ce qui exiſte
aujourd'huy, eſt déterminé à exiſter toûjours ; comme au contraire, ce qui n'exiſte point, eſt determiné,
pour ainſi dire, à n'exiſter jamais ; auſſi ne peut-il eſtre
par ſoy meſme, & ſans qu'une cauſe étrangere le produiſe ; ainſi encore, le corps qui eſt quarré, doit toûjours demeurer de luy meſme quarré ; Et comme ce qui
eſt en repos, ne commencera jamais à ſe mouvoir, ſi
quelque choſe ne le meut ; de meſme auſſi, ce qui a une-

fois commencé à se mouvoir, ne sçauroit de soy-mesme ne pas continuer à se mouvoir, jusqu'à ce qu'il rencontre quelque chose qui retarde ou qui arreste son mouvement ; Et voilà la veritable raison pourquoy une pierre continuë de se mouvoir, lors qu'elle est hors de la main de celuy qui l'a jettée.

II.
Que c'est une erreur de croire que les corps qui se meuvent tendent d'eux - mesmes au repos.

Nous ne nous arresterons donc pas, sur ce qu'on a coustume de dire, aprés Aristote, que tout ce qui se meut tend au repos ; aussi-bien ne prouve-t-on ce que l'on avance, par aucune raison considerable? Car si d'un costé cette opinion semble estre fondée sur l'experience de ce qui se passe auprés de nous, où une pierre, & tout autre corps qui se meut, ne persevere pas toûjours dans son mouvement ; d'un autre costé aussi elle se destruit par ce qui se passe dans les cieux, où les observations de plusieurs milliers d'années n'ont fait remarquer aucune cessation de mouvement.

III.
Que l'opinion d'Aristote n'est pas prouvée par l'experience.

Ajoûtez à cela, que les experiences mesme de ce qui arrive auprés de la terre n'appuyent pas cette opinion comme l'on pense. Car à la verité, il est bien évident que les corps qu'on avoit veu se mouvoir cessent de se mouvoir, & qu'ils sont en repos, mais il n'est nullement évident qu'ils y tendent d'eux-mesmes. Aussi jamais personne ne s'est persuadé, qu'un boulet de canon, aprés avoir percé trois ou quatre pieds de massonnerie, ait eu inclination de se reposer aprés cet effet. Au contraire, commé l'on s'aperçoit que ce boulet penetre plus ou moins avant, selon la diversité des corps où son action est receuë, l'on attribüe aussi avec plus de raison la cessation de son mouvement, au plus ou moins de resistance que luy font ces corps.

Aristote

Ariſtote auroit eſté ſeul de ſon avis, & n'auroit eſté ſuivy de perſonne, ſi l'on avoit conſideré qu'il eſt bien vray que l'air ne reſiſte pas tant au mouvement, que fait de la maſſonnerie ou de la terre ; mais qu'il eſt tres-vray auſſi qu'il fait quelque reſiſtance ; comme on l'experimente, quand on remüe dans l'air un eventail un peu viſte ; Car alors, quand on auroit veu qu'un boulet de canon, ou une pierre, n'auroit pas toûjours continué de ſe mouvoir dans l'air, on auroit penſé que cela ſeroit arrivé à cauſe que l'air reſiſte au mouvement du boulet, & que le boulet perd autant de ſon mouvement qu'il luy en communique.

Mais afin de ſçavoir combien un corps qui ſe meut doit perdre de ſon mouvement à la rencontre des autres, conſiderons que nous avons ſuppoſé que Dieu en avoit creé une certaine quantité, & qu'il conſerve maintenant par ſon concours ordinaire, ny plus ny moins de mouvement dans la matiere, qu'il y en a mis en la creant ; Enſuitte dequoy, ſi un corps qui ſe meut en rencontre directement un autre, qui ſoit en repos, & qu'il pouſſe devant ſoy, il faut neceſſairement qu'il perde autant de ſon mouvement qu'il luy en communique, pour faire qu'ils aillent enſemble d'égale viteſſe, de meſme que ſi ces deux corps ne compoſoient plus qu'une ſeule maſſe ; Et partant, ſi un corps qui ſe meut eſt triple de celuy qu'il rencontre, il perdra le quart de ſon mouvement ; & au lieu, par exemple, de parcourir dans un certain temps une ligne de quatre toiſes, il n'en parcourera plus qu'une de trois ; c'eſt à dire qu'il ira d'un quart moins viſte qu'il n'alloit auparavant.

I

VI.
Qu'un corps qui se meut perd moins de son mouvement à la rencontre d'un corps qui en a déja, qu'à la rencôtre d'un corps qui est en repos.

Que si un corps qui se meut en rencontre un autre qui a déja du mouvement, il pourra bien le faire aller plus viste, mais il ne perdra pas tant de son mouvement, que si cet autre eust esté tout-à-fait en repos, à cause qu'il ne s'agit que d'ajoûter quelques degrez de mouvement à ceux qu'il a déja, pour faire qu'ils aillent d'égale vîtesse. Un exemple éclaircira tout cecy. Supposons qu'un corps ait une certaine quantité de mouvement, à sçavoir douze degrez, & qu'il en rencontre un autre qui soit en repos; suivant ce qui vient d'estre dit, si ce corps est double de l'autre, il luy doit communiquer quatre degrez de mouvement, & n'en retenir pour luy que huit. Mais si ce corps qui a douze degrez de mouvement, en rencontre un qui en ait déja trois, il ne doit augmenter son mouvement que de deux degrez, afin que ce corps en ait autant qu'il luy en faut : Car estant égal à chacune de ses moitiez, cela luy suffit pour aller ensemble d'égale vîtesse ; C'est pourquoy en ce second cas il en retiendra dix pour luy, au lieu qu'au premier il n'en avoit retenu que huit.

VII.
Comment un corps perd de son mouvement.

Que si un corps qui a esté meu par un autre, venoit à se détourner par quelque cause que ce pûst estre , & qu'ainsi il laissast libre celuy dont il a receu du mouvement, celuy-cy continueroit seulement de se mouvoir comme il a fait depuis qu'il a meu l'autre, & non pas comme il se mouvoit avant qu'il eust communiqué de son mouvement; à cause que la façon d'estre, où chaque chose doit demeurer, & dans laquelle elle se doit conserver, est celle qu'elle a à chaque moment, & non pas celle qu'elle a eu auparavant , & qu'elle n'a plus. De

forte qu'un corps qui a déja perdu de son mouvement à
la rencontre d'un autre, en peut encore perdre à la rencontre d'un second, & d'un troisiéme, & ainsi de suite,
ce qui fait qu'il peut à la fin s'arrester tout-à-fait, comme
il arrive le plus souvent.

De ce que nous venons de dire, il s'ensuit premierement, que de deux corps semblables & inegaux, qui se
meuvent d'abord d'egale vîtesse en ligne droite, le plus
gros doit plus long temps continuer de se mouvoir;
à cause que ces corps ayant chacun une quantité de
mouvement proportionnée à celle de leurs masses, il
arrive qu'ils communiquent & perdent de leur mouvement à proportion de leurs superficies, dautant que c'est
par elles qu'ils rencontrent les autres corps parmy
lesquels ils se meuvent; Or quoy que le plus gros ait plus
de superficie que le plus petit, il n'en a cependant pas
tant à raison de sa masse; & consequemment il n'a pas
occasion de perdre à tout moment une si grande partie
de son mouvement que le plus petit.

Il sera facile de comprendre cecy par un exemple.
Supposons donc que le corps cubique A ait deux pieds
en tous sens, & que le corps cubique B, n'ait qu'un pied;
Cela estant, la superficie du
corps A est bien à la verité
quadruple de la superficie du
corps B, mais sa masse est
octuple de la masse de l'autre;
Et par consequent, si ces corps
se meuvent d'egale vîtesse, le corps A doit avoir huit fois
autant de mouvement que le corps B; si-bien qu'il fau-

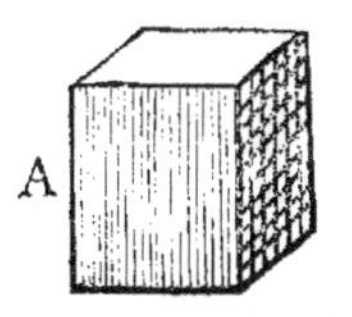

droit qu'il en perdiſt huit fois autant à chaque moment,
pour ceſſer en meſme temps de ſe mouvoir. Or cela ne
peut eſtre, à cauſe que le corps A n'ayant que quatre fois
autant de ſuperficie que l'autre, ne rencontre que quatre
fois plus de corps, & non pas huit fois autant. Ainſi, le
corps A doit encore ſe mouvoir aſſez viſte, quand il ne
paroiſt plus de mouvement dans le corps B ; ce qui ſe
confirme par l'experience ; dautant que ſi une balle de
calibre & de la dragée partent en meſme temps d'une
arquebuze, la balle eſt portée incomparablement plus
loin que la dragée.

X.
Qu'un corps peut ſe mouvoir plus long temps eſtant meu d'une certaine façon qu'il ne feroit d'une autre.

Il s'enſuit en ſecond lieu, que ſi un corps long, comme
une fléche, eſt dardé de pointe, il doit continuer plus
long-temps à ſe mouvoir, que s'il eſtoit meu de travers ;
car comme alors il rencontre moins de corps à qui il
puiſſe transferer de ſon mouvement, auſſi en retient il à
chaque moment davantage.

X I.
Qu'un corps qui ſe meut preſque tout-à-fait en luy-meſme ſe meut tres-long-temps.

En troiſiéme lieu, ſi un corps ſe meut preſque tout-à-
fait en luy meſme, & ſans transferer que tres-peu de ſon
mouvement aux corps qui ſont dans le voiſinage, il doit
continuer fort long-temps de ſe mouvoir. Ainſi voyons-
nous par experience, qu'aprés avoir donné une mediocre ſecouſſe à une boule de cuivre bien unie, d'un demy
pied de diametre, qui eſt ſoûtenuë ſur deux pivots, elle
continuë de tourner pendant trois ou quatre heures.

X I I.
Comment un corps peut paroiſtre tout-à-fait en repos.

Mais puis qu'un corps ne ſçauroit tellement transferer de ſon mouvement, qu'il n'entre en partage avec celuy à qui il le transfere, & qu'il n'en retienne toûjours
quelque partie pour luy, pour petite qu'elle ſoit ; il ſemble qu'un corps qui a une fois commencé de ſe mou-

voir, ne doit jamais paroiſtre en repos ; à quoy l'experience ſemble contraire. Toutesfois il faut penſer qu'un
corps qui n'a plus que tres-peu de mouvement, s'ajuſte
de telle ſorte avec un autre qui n'en a pas davantage,
qu'il eſt comme en repos auprés de cet autre ; qui eſt
tout ce que l'experience nous fait voir.

Comme le monde eſt plein, c'eſt bien à la verité une
neceſſité qu'un corps qui ſe meut en ligne droite en
pouſſe un autre, & celuy-cy un autre ; mais cela ne doit
pas aller à l'infini : Car quelques-uns de ceux qui ſont
ainſi pouſſez, ſont déterminez à ſe détourner pour aller
prendre la place de celuy qui s'eſt meu le premier, comme eſtant le ſeul endroit où ils puiſſent aller, & qui leur
ſoit libre. De ſorte que quand un corps ſe meut, il faut
neceſſairement qu'il y ait toujours une certaine quantité
de matiere qui ſe meuve en forme d'anneau, ou de cercle, ou d'vne façon équivalente.

XIII.
Qu'un corps qui ſe meut directement fait que d'autres ſe deſtournent en anneau pour prendre ſa place.

Il y a long temps qu'on a reconnu cette verité ; mais
faute d'y avoir pris garde, & pour n'en avoir pas aſſez
pezé & examiné les conſequences, les Philoſophes ont
creu qu'il eſtoit impoſſible de rendre raiſon de tous les
mouvemens que nous voyons dans la nature, par la ſeule impulſion, qui eſt la ſeule voye que nous concevions
clairement, par laquelle un corps en puiſſe mouvoir un
autre, & qui ſe deduit aſſez facilement de l'impenetrabilité de la matiere, de laquelle tout le monde convient;
Et pour cela ils ont eſté contraints d'introduire dans la
Philoſophie des choſes qui paroiſſent a la verité fort ſpe-
cieuſes, comme ſont l'attraction, la ſympathie, l'antipathie, la crainte du vuide, &c. mais qui au fonds ne ſont

XIV.
Que ce mouvement en anneau eſt la cauſe de pluſieurs mouvemens qu'on admire.

que des chymeres, qu'ils ont inventées pour rendre en apparence raison de ce qu'ils n'entendoient point,& qui en bonne Physique ne doivent point estre admises.

XV.
Obscurité de l'attraction, de la sympathie, & de l'antipathie.

Car quant à l'attraction, la sympathie, & l'antipathie, elles ne doivent point du tout estre admises à cause de leur obscurité ; Et il paroist bien qu'elles sont obscures : Car, par exemple, si nous faisons reflexion sur l'ayman, tout le monde demeurera d'accord que ce n'est point du tout en expliquer la nature, ny les proprietez, que de dire qu'il a une vertu attractive, ou qu'il a de la sympathie avec le fer ; Et pour la crainte du vuide, je reserve à faire voir dans le Chapitre suivant ce que l'on en doit croire, par la comparaison du raisonnement des anciens avec le nostre.

CHAPITRE XII.

Des mouvemens que l'on a coûtume d'attribuer à la crainte du vuide.

I.
Ce que l'on a d'abord entendu par la crainte du vuide.

IL n'y a guere de sujet plus capable de faire voir la difference qu'il y a entre la vraye & la fausse Philosophie, ou du moins entre la maniere de raisonner juste, & celle qui ne l'est pas, que celuy-cy : Car l'on verra manifestement que l'une nous conduit, sinon au vray, du moins à une tres-grande apparence de verité, qui contente l'esprit ; là où l'autre ne nous donne que des paroles qui ne signifient rien que l'on puisse concevoir. Pour preuve de cecy, prenons par exemple une seringue dont le bout trempe dans l'eau, & dont on tire le piſton, & écoutons là-deſſus raiſonner les anciens. Premierement ils ont remarqué qu'il ne pouvoit y avoir de vuide dans la nature; puis penſant qu'il y en auroit ſi on tiroit le piſton ſans que l'eau le ſuiviſt, ils ont conclu que l'eau devoit monter à meſure qu'on le tireroit; enſuitte dequoy, ils ont dit que l'eau montoit, afin qu'il n'y euſt point de vuide.

Depuis, l'on a changé la façon de s'exprimer, ſans pourtant changer de penſee; & l'on a dit que l'eau montoit de crainte qu'il n'arrivaſt du vuide dans la Nature; Mais cette expreſſion eſtant équivoque, on l'a priſe dans un mauvais ſens; & comme on eſt ſujet à porter les choſes à l'extremité, on a changé la crainte en horreur; de ſorte qu'on a aſſeuré que l'eau montoit, par l'horreur que la Nature a du vuide; comme ſi la Nature, priſe au ſens que les Philoſophes l'entendent icy, eſtoit capable d'horreur.

II.
Comment on
en a corrom-
pu le ſens.

La crainte du vuide eſtant priſe dans cette derniere ſignification paroiſt tout-à-fait ridicule; c'eſt pourquoy j'aime mieux croire que les Philoſophes ne l'ont priſe que dans la premiere; Mais de quelque façon qu'ils la prennent, ils ne ſatisfont pas à ce que l'on demande; non plus que feroit un homme qui eſtant interrogé comment le bois vient à Paris des Provinces éloignées, reſpondroit qu'il y vient par la crainte du froid: car ce n'eſt pas là reſpondre à la queſtion; puis que c'eſt apporter la cauſe finale, au lieu de l'efficiente que l'on demande.

III.
Que la
crainte du
vuide ne reſ-
pond pas à la
queſtion.

Toutesfois, ſi le raiſonnement des anciens eſtoit juſte,

IV.
Que la rai-

son tirée de la crainte du vuide ne s'accorde pas mesme avec le fait.

& si la raison sur laquelle ils se fondent estoit veritable, encore qu'elle ne nous fist pas comprendre comment l'eau monte, c'est à dire qu'elle ne nous fist pas connoistre la cause efficiente de son elevation, au moins prouveroit-elle qu'elle doit monter, & leur raisonnement s'accorderoit avec l'experience. Mais pour vous faire voir qu'il est mesme en cela defectueux, prenez garde que si la seule necessité de remplir un espace, depeur qu'il n'arrive du vuide en la nature, faisoit monter l'eau ; comme cette necessité ne cesse jamais, il s'ensuivroit qu'elle devroit toûjours monter, tandis qu'on tireroit le piston d'une seringue, pour longue qu'elle fust ; & les pompes aspirantes estant de longues seringues, elles pourroient servir à elever l'eau à telle hauteur que l'on voudroit ; Cependant l'experience fait voir, qu'on ne la sçauroit faire monter par le moyen de ces pompes, que de la quantité de trente & un pieds & demy ; aprés quoy l'eau s'arreste, & ne suit plus le piston ; Ce qui nous doit faire conclure, que la crainte du vuide, interpretée le plus favorablement qu'il est possible, n'est point du tout la cause pourquoy l'eau monte, puis qu'elle ne saccorde pas mesme avec l'experience.

V. *Differentes suppositions pour servir à expliquer la chose d'une autre maniere.*

Aprés avoir fait voir le defaut du raisonnement des anciens, voyons si nous pourrons dire quelque chose qui se soûtienne mieux. Et pour ne pas tomber dans la mesme faute, je me serviray icy de quelques cas particuliers, qui seront clairs & intelligibles à tout le monde, afin que sur ces fondemens, qui ne nous pourront estre contestez, je puisse tirer des consequences certaines & indubitables.

Supposons

Suppofons donc premierement, que quelqu'un s'efforce à tirer le pifton du fond d'une feringue, telle qu'eft icy A B C, dont il remplit exactement le creux ; que cette feringue foit toute entiere dans l'air, & que le trou C foit ouvert ; Cela pofé, il eft evident que le pifton D, ne peut eftre tiré vers E, qu'il ne pouffe de l'air, qui en doit pouffer d'autre ; lequel, fuivant ce qui a efté dit cy-deffus, fe doit détourner par des lignes femblables ou équivalentes à celles qui font icy décrites, pour fe retirer au lieu que le pifton abandonne dans la feringue ; vers où par confequent il eft meu par une veritable impulfion.

VI.
Premiere
fuppofition.

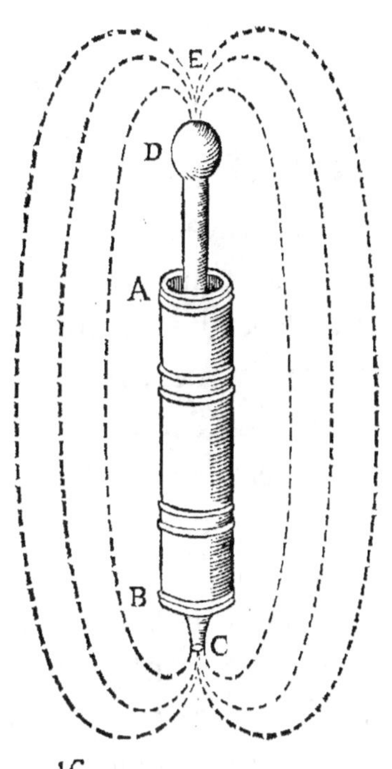

Suppofons en fecond lieu, que le trou qui eft vers C, foit bouché, & qu'il n'y ait aucuns pores dans le corps de la feringue, ny dans le pifton ; En ce cas, je dis qu'il fera impoffible de tirer le moins du monde le pifton ; par ce que le monde eftant plein, l'air que devroit pouffer le pifton ne pourroit trouver de place où fe retirer.

VII.
2. Suppofi-
tion.

Tout au contraire, fuppofons en troifiéme lieu, que la feringue ainfi bouchée a des pores, quoy que fort petits & imperceptibles aux fens, & qu'entre les parties

VIII.
3. Suppofi-
tion.

K

de l'air, il y en a aussi quelques-unes de si subtiles, qu'elles peuvent penetrer ces pores ; Cela estant supposé, il n'y a point de repugnance que l'on puisse tirer le piston ; encore bien que le trou d'embas de la seringue soit bouché : Car alors, le piston pourra se faire place, en pressant les plus grossieres parties de l'air, & en exprimant ces parties subtiles, qui seront contraintes d'entrer dans la seringue.

IX.
Qu'il y a des pores dans la plusbart des corps terrestres; & que l'air a deux sortes de parties.

Pour sçavoir donc si une seringue estant bouchée par le bas, il peut estre possible ou non de tirer le piston, cela depend de sçavoir, si dans la seringue ou dans le piston il y a des pores, ou s'il n'y en a pas ; & avec cela, si dans l'air il y a une matiere assez subtile pour passer au travers de ces pores, ou s'il n'y en a point : Car selon l'une ou l'autre de ces suppositions, la chose peut estre possible ou impossible. Mais parce que les sens ny la raison ne nous sçauroient apprendre ny l'un ny l'autre, n'y ayant point de repugnance que l'un ou l'autre soit, c'est à l'experience à le décider. Or l'experience nous apprend, que quand la seringue n'est pas trop grosse, on en tire le piston sans beaucoup de difficulté ; D'où il suit evidemment qu'il y a des pores dans le corps de la seringue ou du piston, ou plustost dans tous les deux, & qu'entre les parties grossieres de l'air, il y en a quelques autres plus delicates, qui peuvent passer par les pores de la plus-part des corps terrestres.

X.
Experience remarquable tirée de la precedente, & que l'air grossier est pesant

Cette experience a servy à nous en faire découvrir une autre qui est tres-considerable, qui est que si on lasche le piston aprés l'avoir un peu tiré, il retourne comme de luy-mesme avec impetuosité frapper le fond de la serin-

gue. Dequoy nous pourrons trouver la raison, si nous
nous ressouvenons qu'un corps ne commence jamais à
se mouvoir, s'il n'est poussé par un autre qui le touche
immediatement : Car remarquant qu'il n'y a rien que
de l'air qui touche immediatement le piston, nous pen-
serons que c'est cet air qui cause ce mouvement que
nous admirons ; puis considerant que l'air contient toûjours une grande quantité de parties d'eau, & des autres
corps terrestres, qui pour estre fort éparses, & sepa-
rées les unes des autres, n'ont rien perdu de leur pesanteur, quoy que nous ne connoissions pas encore la
nature particuliere de l'air, ny en quoy consiste la pesanteur, nous ne ferons aucune difficulté d'asseurer que
le plus grossier est pesant ; & consequemment que c'est
par sa pesanteur que le piston est enfoncé dans la seringue, d'où il chasse la matiere subtile par les mesmes pores
par où elle estoit entrée.

Et bien que l'air pese principalement de haut en bas,
ce n'est pas à dire qu'il ne puisse aussi agir de bas en haut
pour enfoncer le piston d'une seringue qui est renversée :
Car la colomne d'air qui correspond sous ce piston, est
poussée de bas en haut, par le poids des autres colomnes
de l'air qui est à costé ; de mesme que l'eau qui correspond sous le fond d'un batteau fort chargé, est poussée
de bas en haut vers le fond de ce batteau qu'elle soûtient, par le poids de l'eau qui est à la ronde à une plus
grande hauteur.

XI.
Que l'air
peut par sa
pesanteur a-
gir de bas en
haut.

Aprés avoir connu cette action de l'air de haut en bas,
on ne doit pas trouver estrange qu'en tenant la main
platte dans l'air, on n'en sente pas la pesanteur, c'est à

XII.
Pourquoy
nous ne sen-
tons pas la
pesanteur de

dire, on ne sente pas que la main soit poussée de haut en bas, par le poids de la colomne d'air qui est au dessus d'elle ; Car cette colomne n'a pas plus de force pour la pousser de haut en bas, que la colomne qui est au dessous en a pour la repousser de bas en haut.

Quant au pressement qui se doit faire en tout nostre corps, de ce qu'il est entierement environné d'un liquide qui est pesant, il est certain qu'on ne le doit pas sentir, quand bien mesme la pesanteur de ce liquide seroit beaucoup plus grande ; non plus que l'on ne sent pas le pressement de l'eau, quand estant plongé dans la mer, on en a plusieurs piques au dessus de sa teste. Dont la raison est, que pour sentir le pressement d'un corps, il faut qu'il change quelque chose dans la disposition de nos organes ; Or aprés que l'air ou l'eau ont fait tous les efforts dont ils sont capables, pour presser ou pousser en dedans les parties exterieures & grossieres de nostre corps, & que leurs forces ont esté contrebalancées, & mises comme en équilibre, par la resistance & l'effort que font les parties fluides & mobiles qui sont en nous, & dont les actions nous sont insensibles, pour les repousser en dehors, ils ne sçauroient plus rien faire davantage, ny rien changer par consequent à l'estat qu'a pris nostre corps, ny à la disposition de nos organes ; ausquels ils s'appliquent si uniformement, & avec des forces si egales, qu'il n'y a pas-une partie qui puisse avancer en dehors, pour ceder à quelque autre qui seroit enfoncée en dedans ; ce qui par consequent doit rendre l'effort qu'ils font continuellement, pour nous pousser en dedans, vain & inutile.

Suppofons en quatriéme lieu, qu'on tire le pifton qui eft enfoncé dans une feringue dont l'ouverture d'embas trempe dans l'eau. Cela fuppofé, il femble que l'air que pouffe le pifton que l'on tire, doive pouffer & faire monter l'eau dans la feringue ; par ce qu'elle fe rencontre dans le chemin que nous avons fait voir qu'il tiendroit luy-mefme pour y entrer, fi le bout de la feringue eftoit dans l'air, & qu'il ne trempaft point dans l'eau ; & mefme qu'il doive la faire monter à mefure qu'on tirera le pifton. Toutefois ce n'eft pas une neceffité que cela arrive : Car ayant fait voir que la feringue & le pifton font pleins de pores, & que l'air eft rempli d'une matiere fubtile capable de paffer à travers, & d'ailleurs l'eau qui eft pefante refiftant à fon elevation, l'on pourroit bien tirer le pifton fans qu'il fuft neceffaire que l'eau montaft, & que la feringue fe remplift d'eau, puis qu'elle pourroit fe remplir de cette matiere fubtile dont l'air eft remply. Cependant l'experience fait voir que l'eau monte, & que la feringue fe remplit d'eau, & non pas de cette matiere fubtile, au moins jufques à la hauteur de trente & un pieds & demy, & pas davantage. Dont la raifon eft, que l'air eftant pefant, pefe fur toute la furface de l'eau, dans laquelle trempe le bout de la feringue, & quand l'on vient à tirer le pifton, comme l'endroit de l'eau qui refpond à fon ouverture, ne fe trouve point preffé par l'air qui luy correfpond, le poids de celuy qui pefe fur tout le refte de la furface, la foûleve & la fait monter dans la feringue ; de mefme qu'on feroit monter l'eau d'un feau dans une farbatanne qui feroit ouverte par les deux bouts, fi le bout d'embas eftant enfoncé dans un trou fait dans un tranchoir de bois qui couvriroit exactement toute sa surface, l'on venoit à appuyer sur ce tranchoir. Ainsi, le mouvement du piston est bien la cause generale de l'entrée de quelque matiere dans le lieu qu'il abandonne, mais la pesanteur de l'air determine cette matiere en particulier.

XV.
Que l'eau ne doit monter qu'à une certaine hauteur dans une seringue, & qu'une colomne d'air peze autant qu'une colomne de trente & un pieds & demy d'eau de pareille grosseur.

Comme nous sçavons par experience qu'on peut tirer le piston du fond d'une seringue dont l'ouverture d'en-bas est bouchée, ce nous est une conviction que l'air grossier ne pese pas infiniment : Car si cela estoit, il seroit impossible de le tirer. Cela estant, nous pouvons prévoir que l'air par sa pesanteur ne sçauroit faire monter l'eau dans une seringue, que jusqu'à une certaine hauteur déterminée ; de sorte que si passé cette hauteur l'on continüe à tirer le piston, la seringue au lieu de se remplir d'eau ne se remplira plus que de matiere subtile ; qui est une chose que l'on a déja remarquée dans les pompes aspirantes. Et dautant que l'eau monte toujours à la hauteur d'environ trente & un pieds & demy, par dessus le niveau de celle où trempe le bout de la pompe, il faut conclure qu'une colomne d'eau de cette hauteur, pese autant qu'une colomne d'air de pareille grosseur, qui s'éleve jusqu'à la derniere surface où l'air grossier se termine.

XVI.
Qu'on ne doit pas sentir la pesanteur de l'air qu'on attire dans une seringue, mais qu'on doit sentir celle de l'eau.

Si le piston d'une seringue glissoit facilement contre la surface concave contre laquelle il frotte, & s'il n'avoit point de pesanteur, on n'auroit point du tout de peine à y attirer de l'air ; à cause que s'il y en a qui pese sur le piston pour le pousser de haut en bas, celuy de dessous agit avec une force justement egale pour le pousser de bas en haut. Mais s'il s'agit de faire monter de l'eau, ou quelque autre liqueur pesante, l'on doit pour cela employer une force egale à la pesanteur de la liqueur que l'on fait monter ; à cause que cette liqueur tendant toûjours à descendre, pese contre l'air qui pousse le dessous du piston, & diminuë d'autant la force qu'il auroit pour le faire monter.

De ce que nous venons de dire au sujet d'une seringue, on peut tirer plusieurs consequences, ausquelles les experiences, ne sçauroient s'accorder, que ce ne soit autant de confirmations de la verité de nostre explication. Pour en faire l'épreuve, pensons par exemple, qu'aprés avoir rempli d'eau un tuyau, dont l'un des bouts est bouché par sa propre matiere (qui est ce qu'on appelle scellé hermetiquement) & l'autre avec le bout du doigt, on enfonce le bout du tuyau qui est bouché avec le doigt dans l'eau qui est contenuë dans quelque vaisseau, & qu'aprés cela on retire le doigt ; Cela supposé, & considerant que l'air qui pese sur l'eau du vaisseau s'oppose à la descente de celle qui est contenüe dans le tuyau, nous prévoyons que si ce tuyau n'excede pas trente & un pieds & demy, il ne devra pas se vuider ; mais que s'il est plus long, l'eau doit descendre jusqu'à ce qu'il n'en reste que trente & un pieds & demy dans le tuyau ; à cause que l'air n'a la force de contre-peser qu'à une telle quantité ; & c'est ce que l'experience fait voir.

XVII. En quel cas un tuyau plein d'eau se doit vuider.

Nous supposons icy que le tuyau qui excede trente & un pieds & demy soit tenu tout droit, sans estre panché d'un costé ny d'autre ; Car s'il inclinoit de quelque

XVIII. Qu'un tuyau incliné doit contenir plus d'eau

que s'il estoit tout droit.

costé, pour lors, la surface concave du tuyau soûtenant une partie du poids de l'eau, cela seroit cause que l'eau n'auroit pas tant de force pour descendre, qu'elle en a d'ordinaire, & qu'ainsi l'air en pourroit soûtenir une plus grande quantité que trente & un pieds & demy dans le tuyau; c'est à dire, suivant les loix des Mechaniques, que si l'eau qui est dans ce tuyau incliné avoit commencé à descendre, elle s'arresteroit justement quand sa partie la plus haute se trouveroit élevée perpendiculairement par-dessus la surface de l'eau du vaisseau, de la hauteur de trente & un pieds & demy; & c'est ce qui arrive.

*XIX.
Que l'eau doit se rencontrer à égale hauteur dans des tuyaux de differentes grosseurs.*

Et il est à remarquer qu'encore que l'on se serve de tuyaux de diverses grosseurs, ou de vaisseaux de differentes largeurs, il ne se doit trouver aucune difference à la hauteur de l'eau contenuë dans les differens tuyaux; parce que, comme l'eau qui est dans ces tuyaux tient lieu d'une certaine quantité d'air, qui s'appuyoit sur le mesme endroit de l'eau du vaisseau sur lequel elle s'appuye, elle ne peut manquer d'estre en équilibre avec l'air de dehors, quand elle pese autant que celuy dont elle occupe la place; Or c'est ce qui arrive dans quelque tuyau que ce soit, lors que l'eau s'y rencontre à la mesme hauteur, à laquelle l'experience a fait voir qu'elle s'est déja rencontrée dans un autre tuyau : Car quand ces differentes colomnes d'eau sont d'une mesme hauteur, si celle qui est par exemple quatre fois plus grosse qu'une autre, pese quatre fois plus que cette autre, aussi la colomne d'air dont cette grosse colomne d'eau occupe la place, peze quatre fois davantage.

*XX.
Que la hau-*

On ne doit point non plus remarquer aucune difference

rence à la hauteur de l'eau qui demeure dans ce tuyau, teur de l'eau ne doit point changer pour faire l'expe-rience dans un lieu cou-vert.
soit que l'on faſſe l'experience à découvert, ſoit qu'on la
faſſe dans une chambre, pourvû qu'il y ait quelque feneſtre, ou du moins quelque fente par où l'air puiſſe entrer ; parce que, ſuivant les loix des mechaniques, l'air
ne peſe ny plus ny moins, quand il agit tout droit par
une ligne perpendiculaire, que quand il agit par des détours, & par des lignes obliques.

On ne doit pas meſme remarquer aucune differen- XXI. Que la hau-teur de l'eau ne doit point changer en fermant en-tierement le lieu où l'on a fait l'expe-rience.
ce à cette hauteur, quand aprés avoir fait l'experience,
on viendroit à fermer tout-à-fait le lieu où on l'a faite ;
Car quoy que la colomne d'air qui s'appuyoit auparavant ſur la liqueur du vaiſſeau, ſoit alors interceptée par
le plancher, neantmoins la partie de cette colomne
d'air qui eſt au deſſous du plancher, peſe autant ſur cette
liqueur, qu'elle faiſoit quand elle portoit le poids de
tout le reſte de la colomne, à cauſe que la reſiſtance
du plancher luy ſert d'appuy, & l'empeſche de ſe ſoûlever.

Il eſt vray que ſi avant que de faire l'experience on XXII. Que la hau-teur de l'eau devroit eſtre plus grande, ſi le lieu a-voit eſté en-tierement fermé avant que d'y faire l'experience.
fermoit exactement la chambre, en ſorte que l'air de
dedans n'euſt aucune communication avec celuy de
dehors, alors la liqueur contenuë dans le tuyau devroit
un peu moins deſcendre ; à cauſe que quand le tuyau ſe
vuide, & que la liqueur du vaiſſeau ſe hauſſe, l'air contenu dans la chambre ne peut pas ſe hauſſer de meſme ;
D'où il ſuit qu'il ſe condenſe, & qu'il a la force de ſoûtenir un peu plus de liqueur dans le tuyau ; mais ce plus ne
ſçauroit eſtre ſenſible, ſi le lieu où l'on fait l'experience
n'eſt extraordinairement petit.

L

XXIII.
Que le vif-argent ne sçauroit demeurer dans le tuyau qu'à la hauteur de 27. pouces & demy.

Aprés ce qui vient d'estre dit, il est aisé de comprendre que si au lieu d'eau on employoit une liqueur plus ou moins pesante, il en resteroit plus ou moins dans le tuyau ; De sorte que le Mercure, ou le vif-argent, estant environ quatorze fois plus pesant que l'eau, l'air n'en doit soûtenir qu'environ vingt-sept pouces & demy, qui sont à peu-prés la quatorziéme partie de la hauteur d'eau qu'il soûtient ; & le surplus du tuyau, de quelque longueur qu'il puisse estre, doit se remplir de matiere subtile ; ce qui est confirmé par l'experience.

XXIV.
Que les experiences se font plus commodement avec du vif-argent.

Or pour rendre les experiences bien sensibles, il faut se servir de tuyaux de verre, à cause que l'on voit au travers ; Et dautant que la pesanteur du vif-argent ne nous oblige pas d'en avoir qui soient beaucoup plus longs que de vingt-sept pouces & demy, leur petitesse nous donne une facilité de les manier, & de remarquer plusieurs particularitez, qu'on auroit de la peine à observer dans des tuyaux qui seroient fort longs.

XXV.
Qu'il n'y a pas de vuide au haut du tuyau.

Et premierement, cela donnera lieu à ceux qui croyent la possibilité du vuide, de remarquer qu'il n'y en a point au haut du tuyau, & que l'espace que quitte le Mercure est rempli de quelque matiere, puisque les objets visibles qui sont au delà, agissent encore sur nos yeux pour nous faire sentir, tout de mesme qu'ils faisoient auparavant ; ce qu'ils ne pourroient faire si c'estoit un vuide, par ce que leur action seroit interrompuë ; Et mesme, quand on a l'œil tout contre le tuyau, on ne devroit voir non plus que dans les tenebres, ou comme s'il y avoit un corps opaque au devant ; ce qui n'arrive pas.

Ajoûtez à cela , que le Neant, ou le vuide, n'eſt pas capable d'aucune proprieté; & cependant, ſi on approche du feu vers le haut du tuyau, on s'apperçoit d'une rarefaction ſemblable à celle qui ſe fait dans un thermometre, laquelle fait deſcendre le Mercure ; d'où il ſuit qu'il y a là une veritable matiere. XXVI.
Autre preuve.

Toutesfois, il eſt aiſé de faire voir que ce n'eſt pas de l'air ordinaire qui occupe cet eſpace ; Car ſi en mettant du vif-argent dans un tuyau, on ne le remplit pas tout-à-fait, & qu'on y laiſſe un doigt ou deux d'air ; quand on vient à le renverſer aprés l'avoir bouché avec le doigt, on obſerve que le vif-argent coule vers le bas avec aſſez de lenteur, & on a le loiſir de voir monter l'air en forme de goutte. Au lieu que ſi aprés avoir entierement rempli le tuyau du vif-argent, & l'avoir plongé dans d'autre vif-argent, afin qu'il ſe dégorge à l'ordinaire, on bouche derechef le trou avec le doigt, & qu'on renverſe le tuyau, alors le vif-argent ne coule pas lentement, mais tombe tout d'une piece, comme ſi c'eſtoit un corps dur, & on ne s'apperçoit point que rien monte au travers. XXVII.
Que ce n'eſt pas de l'air groſſier qui remplit le haut du tuyau.

Pour confirmer d'autant plus cette opinion, à ſçavoir, qu'aprés que le vif-argent eſt deſcendu du haut du tuyau, ce n'eſt pas de l'air commun & groſſier qui le remplit ; remarquez, que ſi le haut du tuyau eſtant élargi en forme de vaſe, on y enferme quelques animaux, il y en a qui y meurent en fort peu de temps, comme les oyſeaux, les rats, & les ſouris ; d'autres qui ſemblent y mourir, comme les mouches, mais qui neantmoins aprés avoir eſté gardez deux ou trois jours dans un lieu bien tem- XXVIII.
Troiſième preuve.

peré revivent & s'envolent ; & d'autres enfin qui s'y conservent en vie, comme les vers de terre, & les grenoüilles, si ce n'est peut-estre qu'on les y laissast trop long temps.

XXIX.
Par quels pores a pu passer la matiere subtile qui remplit le haut du tuyau.

L'on peut icy demander par où peut avoir passé cette matiere subtile qui remplit le haut du tuyau ; à quoy nous pourrions répondre, qu'il y a apparence qu'elle a plustost passé par les pores du verre, que par ceux du vif-argent, à cause que le vif-argent estant fort pesant, semble les avoir trop petits pour luy permettre le passage ; Mais nous changerons d'avis, si ce qu'on nous écrit d'Angleterre est veritable, à sçavoir, qu'un tuyau de six pieds ne se vuide point du tout, lors que le vif-argent dont il est rempli, & celuy où il trempe pour faire l'experience, ont demeuré un certain temps dans un espace vuide d'air grossier : Car cherchant la raison de ce phénomene, nous n'en trouvons point d'autre, sinon que le vif-argent ainsi préparé, s'est purgé d'une quantité de matiere qui en écartoit auparavant les parties, & y entretenoit des pores assez ouverts & continus, pour donner libre passage à la matiere subtile, & que c'est faute de la pouvoir pousser dans le lieu que sa pesanteur le dispose à quitter, qu'il n'en descend point du tout. Cependant, comme nous n'avons pas encore eu la commodité de faire réüssir cette experience, & que nous ne voulons pas neantmoins dire qu'elle est fausse, nous demeurerons en suspens, & ne déterminerons point, quel est le corps par les pores duquel cette matiere subtile passe, pour remplir le haut du tuyau.

XXX.
Pour reprendre nostre fil, & pour continuer à tirer

les conséquences que nous jugeons pouvoir estre déduites de ce qui a esté dit auparavant ; Suppofons qu'aprés avoir rempli un tuyau de vif-argent, & l'avoir plongé à l'ordinaire dans un vaiffeau, où il s'eft déchargé d'une partie de la liqueur qu'il contenoit, en forte qu'il n'en foit refté que 27. pouces & demy, on le foûleve quelque peu par-deffus la furface du vif-argent, afin qu'il en forte feulement une goutte ; Pour lors, dautant que ce qui refte de vif-argent dans ce tuyau, pefe moins que l'air de dehors, il doit eftre par luy repouffé avec impetuofité jufqu'au haut du tuyau ; enfuitte dequoy, fa pefanteur le doit faire defcendre d'un cofté, tandis que l'air le fait monter de l'autre ; & c'eft ce qui arrive.

Ce qui arriveroit fi l'on élevoit tant foit peu le tuyau, en forte que le bout d'embas ne trempaft plus dans le vaiffeau.

Que fi aprés avoir fait l'experience à l'ordinaire, l'on vient à retirer le tuyau du vaiffeau où il trempoit, & que tenant l'ouverture d'embas bouchée avec le doigt, on ne preffe pas trop le doigt contre l'ouverture , pour lors on ne doit pas fentir , & l'on ne fent point en effet , la pefanteur du vif-argent : Car quoy qu'il appuye fur la partie du doigt qui correfpond à l'ouverture du tuyau, il ne pefe neantmoins fur elle, & ne la preffe ny plus ny moins, que l'air d'alentour, qui s'applique au refte du doigt, le preffe & le repouffe. Que fi les chofes eftant en cet eftat, l'on vient à ouvrir le tuyau par le bout d'enhaut, en oftant tout à coup le doigt dont on l'avoit bouché, pour lors on doit fentir le mefme effet que fi l'on donnoit un coup fur le doigt qui eft appliqué à l'ouverture d'embas ; à caufe que l'air groffier qui defcend alors avec force & vîteffe dans le tuyau, ajoûte fubitement un nouveau poids à celuy du vif-argent ; & c'eft en effet ce qu'on experimente.

XXXI. *Qu'on ne doit point fentir la pefanteur du vif-argent qui refte dans le tuyau.*

L iij

XXXII.
Ce qui doit arriver si l'on acheve de remplir le tuyau d'une autre liqueur.

Que si le vif-argent ne rempliſſoit pas tout-à-fait le tuyau, & s'il y avoit quelqu'autre liqueur qui achevaſt de le remplir, on pourroit déterminer juſques où l'un & l'autre pourroit deſcendre, en conſiderant combien cette autre liqueur peſe à comparaiſon du vif-argent. Par exemple, s'il s'en eſtoit fallu un pouce que le tuyau n'euſt eſté tout-à-fait rempli de vif-argent, & qu'on euſt achevé de le remplir avec de l'eau; dautant que l'eau peſe quatorze fois moins que le vif-argent, il faudroit conclure qu'elle le feroit deſcendre au deſſous de ſa ſtation ordinaire, de la quatorziême partie d'un pouce; & conſequemment que l'eau s'éleveroit au deſſus de la meſme ſtation, de treize quatorziémes parties d'un pouce.

XXXIII.
Si on acheve de le remplir d'air.

Le meſme calcul ſe doit faire, quelque liqueur peſante que l'on mette au lieu de l'eau. Toutesfois il eſt à remarquer qu'il n'en eſt pas de meſme à l'égard de l'air groſſier: Car comme nous ſçavons par experience qu'il a la proprieté de ſe dilater beaucoup, & que d'ailleurs il ſe mêle aiſement avec la matiere ſubtile, nous conclurons qu'en ſe mêlant avec celle qui a coûtume de remplir le haut du tuyau, & que s'appuyant d'une part contre le fond, & d'autre-part ſur le vif-argent, il aura par ce moyen la force de le pouſſer vers le bas, beaucoup plus qu'il ne pourroit faire par ſa ſeule peſanteur, laquelle n'eſt aucunement conſiderable à comparaiſon de celle du vif-argent.

XXXIV.
Que les effets de l'air ſont divers ſelon la di-

Nous prévoyons meſme qu'un pouce d'air fera d'autant plus deſcendre le vif-argent, que le tuyau excede moins la longueur de vingt-ſept pouces & demy; à cauſe

que la vertu qu'il a de ſe dilater, reſſemble en quelque
façon à celle d'un reſſort; de ſorte que, comme un reſſort
ſe débande avec d'autant plus de force, que plus il a eſté
plié; de meſme auſſi l'air ſe dilate avec d'autant plus de
force, que plus il a eſté preſſé; & en tout cecy noſtre raiſonnement ſe trouve conforme à l'experience.

verſité de la
longueur du
tuyau.

Mais afin de prouver encore plus évidenment combien un peu d'air delivré du poids de la colomne qu'il
porte eſt capable de ſe dilater, il ne faut que prendre
une veſſie de carpe, & aprés avoir coupé la plus petite
des deux bouteilles dont elle eſt compoſée, tout contre
le col qui les uniſſoit, il faut preſſer l'autre bouteille pour
en faire ſortir preſque tout l'air qu'elle contient; aprés-
quoy il la faut lier, pour retenir celuy qui reſte, qui peut
eſtre environ de la groſſeur d'un grain de lentille; cela
fait, il la faut enfermer dans le haut d'un de ces tuyaux
qui s'élargiſſent en forme de vaſe, & le rempliſſant à l'ordinaire de vif-argent, achever l'experience dont il a déja eſté tant parlé; & alors on verra avec eſtonnement,
que la veſſie s'arrondira preſque tout à coup, & paroiſtra
auſſi enflée qu'elle eſtoit avant qu'on en euſt fait ſortir
l'air.

XXXV.
Belle expe-
rience d'une
veſſie de car-
pe, qui fait
voir com-
bien l'air eſt
capable de ſe
dilater.

Mais bien qu'il y ait beaucoup plus de matiere ſubtile
que d'air groſſier dans une veſſie ainſi enflée, vous ne
devez pas pour cela penſer que ce ſoit elle qui pouſſe
immediatement la ſurface interieure de cette veſſie pour
l'enfler de la ſorte; la facilité qu'elle a de ſortir par les
meſmes pores par où elle eſt entrée, la rend incapable
de cet effet; qui n'arrive qu'à cauſe qu'elle agite avec
grande force ce peu d'air groſſier qui eſt reſté dans la

XXXVI.
Quelle eſt la
cauſe imme-
diate de la
dilatation de
la veſſie de
carpe.

veſſie ; l'agitation duquel eſt la cauſe immediate de ce que la veſſie s'enfle. Et la preuve en eſt convaincante : Car ſi l'on vuide tout-à-fait la veſſie de l'air groſſier qu'elle contenoit, elle ne s'enfle point du tout, au lieu qu'elle creve, ſi l'on en retient un peu trop.

XXXVII.
Circonſtance remarquable de cette experience.

Pour bien faire cette experience, il la faut faire dans un tuyau qui ait deux ouvertures, dont celle d'enhaut ait eſté bouchée avec de la veſſie de porc, qu'on ait moüillée auparavant, afin qu'elle pûſt eſtre bien tenduë ; & cela ſervira à nous faire remarquer une autre circonſtance aſſez curieuſe, qui eſt, que le vif-argent ne commencera pas pluſtoſt à deſcendre, qu'on verra la veſſie de porc s'étendre & s'enfoncer en dedans du tuyau ; dont la raiſon eſt, qu'elle portera alors une colomne d'air groſſier fort peſante, & qu'il n'y en aura point de ſemblable qui la ſoûtienne par-deſſous.

XXXVIII.
Autre circonſtance.

Et ſi aprés avoir percé avec une épingle cette veſſie, on retire tant ſoit peu l'épingle pour y laiſſer entrer un peu de cet air groſſier qui peſe deſſus, & qu'auſſi-toſt on bouche le trou ; L'air groſſier qui y ſera entré, ſe répandant à l'entour de la veſſie de carpe, la preſſera, & la fera paroiſtre plus ou moins ridée, ſelon le plus ou moins d'air qui y ſera entré.

XXXIX.
Utilité de cette experience.

Cette experience peut ſervir à deſabuſer ceux à qui la lecture d'Ariſtote a donné occaſion de croire que l'air venant à ſe rarefier au decuple, change neceſſairement de nature, & prend la forme de feu : Car on prouvera clairement la fauſſeté de cette imagination, en faiſant voir que l'air renfermé dans cette veſſie de carpe ſe rarefie beaucoup au delà du centuple, ſans qu'il paroiſſe qu'il change de forme.
                                                           Quand

Quand en parlant cy-deſſus de la hauteur à laquelle le vif-argent s'arreſte dans le tuyau, je l'ay limitée à vingt-ſept pouçes & demy, j'ay pris cette hauteur comme la plus ordinaire qui s'obſerve à Paris; Mais il eſt certain qu'à parler préciſement, elle doit eſtre quelque-fois plus & quelque-fois moins grande, à cauſe que l'air peut en divers temps eſtre tantoſt plus & tantoſt moins peſant.

XL.
Que le vif-argent peut s'arreſter à diverſes hauteurs

Une des plus belles remarques que j'aye faites ſur ce ſujet, eſt qu'encore que l'on ſçache par experience que l'air ſe condenſe par le froid, neantmoins je n'ay point trouvé que le grand froid ait rien changé à la hauteur du vif-argent dans le tuyau; Dont la raiſon eſt à mon avis, que le froid eſtant à peu-prés égal dans une grande partie de la ſurface de la terre, l'air ne quitte pas une contrée pour ſe porter dans une autre, & en augmenter par ce moyen la maſſe, ou la quantité; mais que la condenſation ſe faiſant ſeulement de haut en bas, il n'y a qu'une meſme quantité d'air qui peſe ſur un meſme endroit de la terre; ſi-bien que toute la diverſité qui peut arriver à la peſanteur de l'air, ne peut eſtre imputée qu'au plus ou moins de vapeurs & d'exhalaiſons qu'il contient plus en un temps qu'en un autre, & aux vents qui ſouflent tantoſt de haut en bas, & tantoſt de bas en haut.

XLI
Que le grand froid ne doit point changer la hauteur du vif-argent, & quelles peuvent eſtre les cauſes qui la peuvent changer.

Pour la diverſité qui peut arriver à la hauteur du vif-argent, de ce que la matiere ſubtile qui occupe le haut du tuyau, ſe peut dilater par la chaleur de l'Eſté, ou ſe condenſer par le froid de l'Hyver, elle ne ſçauroit eſtre ſenſible : Car l'experience nous montre qu'ayant

XLII.
Que la chaleur de l'eſté ny le froid de l'hyver ne dilate ny ne condenſe point ſenſiblement la

échauffé avec du feu cette matiere, beaucoup plus qu'elle ne le sçauroit estre par la chaleur du Soleil, le vif-argent ne descend point pour cela ; mais si la chaleur de l'Esté ne peut rien pour la dilater sensiblement, le froid de l'Hyver pourra encore moins pour la condenser.

Au reste, quelle que puisse estre la cause qui fait que le vif-argent hausse & baisse dans un tuyau qui demeure en experience continuelle, la plus grande hauteur que j'aye observée depuis environ quinze ans, dans un tuyau que j'ay disposé exprés pour cela, n'a esté que de vingt-huit pouces quatre lignes, & la moindre n'a esté que de vingt-six pouces sept lignes ; ensorte que la plus grande difference de ces diverses hauteurs du vif-argent n'a esté que de vingt-une lignes.

Puisque toutes ces diverses experiences nous obligent de croire que c'est la pesanteur de l'air qui soûtient ou qui fait monter l'eau ou le vif-argent dans le tuyau, sans supposer aucun changement dans la masse totale de l'air, il est aisé d'imaginer un moyen par lequel il arrivera necessairement du changement à la hauteur du vif-argent ; Pour cela, il n'y a qu'à faire l'experience en deux lieux differens, dont l'un soit le plus bas, & l'autre le plus haut qu'il est possible : Car y ayant une moindre quantité d'air qui pese sur le lieu le plus haut, le vif-argent y doit estre soûtenu à une moindre hauteur qu'au lieu le plus bas.

Or afin de voir si l'experience s'accordoit avec le raisonnement, j'ay rempli de vif-argent un tuyau long de trois pieds & demy, & aprés l'avoir renversé dans un vaisseau assez creux & fort étroit, dans lequel il s'est vuidé à l'ordinaire, j'ay enchaſſé l'un & l'autre dans une piece de bois que j'avois fait faire exprés ; Et comme toute la machine eſtoit telle, qu'elle ſe pouvoit porter commodement en divers lieux ſans craindre de rien répandre, je l'ay portée juſques ſur la ſurface de la riviere de Seine, qui eſtoit alors gelée, & j'ay remarqué fort exactement la ſtation du Mercure; en ſuitte dequoy, eſtant monté ſur une des tours de Noſtre-Dame de Paris, qui eſt élevée par-deſſus le lieu où j'eſtois deſcendu pour faire ma premiere experience, de la hauteur de trente-ſix toiſes, j'ay obſervé que le Mercure y eſtoit moins haut dans le tuyau, de prés de trois lignes, c'eſt à dire de prés d'un quart de pouce.

On a fait à peu-prés la meſme choſe en Auvergne ; où après avoir fait l'experience dans un des plus bas lieux de la Ville de Clermont, on l'a faite aprés ſur le ſommet du Puy de Dome, qui eſt une montagne voiſine, elevée d'environ cinq cens toiſes par-deſſus le lieu de la premiere experience; & la difference des hauteurs du Mercure s'eſt trouvée d'un peu plus de trois pouces.

XLVI.
Autre expe-
rience plus
ſenſible.

Comme cette experience eſt plus ſenſible que la mienne, ſi elle a eſté faite, ainſi qu'il eſt à croire, dans toute l'exactitude que l'on peut ſouhaiter, elle nous peut fournir un moyen aſſez facile de connoiſtre juſques à quelle hauteur s'éleve toute la maſſe de l'air, en ſuppoſant qu'il ſoit par-tout autant condenſé qu'il eſt proche de la terre : Car puiſque cinq cens toiſes d'air eſtant oſtées de deſſus le vaiſſeau où trempe le tuyau, le Mercure a baiſſé de trois pouces, c'eſt une preuve que cinq cens toiſes d'air peſent autant que trois pouces de Mer-

XLVII.
Moyen de
trouver la
hauteur é
l'air.

cure ; & conſequemment que la hauteur de toute la
maſſe de l'air, qui contrepeſe à celle de vingt-ſept pouces & demy, eſt de quatre mil cinq cens quatre-vingt-
trois toiſes & un tiers.

XLVIII.
*Que le vif-
argent du
tuyau deſ-
cendroit en-
tierement
s'il n'y avoit
point d'air
groſſier qui
peſaſt ſur le
vaiſſeau.*

Tout ainſi donc que lors qu'il y a une moindre hauteur d'air groſſier qui peſe ſur le vif-argent du vaiſſeau,
on conclut que celuy du tuyau s'y doit trouver à une
moindre hauteur ; de meſme auſſi, ſuppoſé qu'il n'y euſt
point du tout de cet air groſſier qui peſaſt deſſus, on doit
conclure que le vif-argent doit deſcendre tout-à-fait, en
ſorte que celuy du tuyau ſoit de niveau avec celuy qui
eſt dans le vaiſſeau.

XLIX.
*Deſcription
d'une ma-
chine pour
faire cette
experience.*

Quelques-uns ont eſtimé qu'il eſtoit impoſſible d'obſerver ſi l'experience s'accorde en cela avec le raiſonnement, tant à cauſe qu'il n'y a point de montagne aſſez
haute pour nous élever au deſſus de la plus haute ſurface de l'air, qu'à cauſe que quand il y en auroit, on n'y
pourroit pas ſubſiſter, par ce que l'on y reſpireroit un air
qui ſeroit trop ſubtil. Mais je me ſuis aviſé d'un moyen
qui a levé ces deux difficultez, & par lequel il ne m'a pas
eſté difficile d'en venir à bout ; Ce moyen conſiſte dans
la conſtruction d'une eſpece de chambre, dont les murailles ſont tranſparentes, de ſorte qu'on peut du dehors
regarder ſans danger ce qui ſe paſſe au dedans; J'ay donc
fait faire une machine de verre, telle que vous la voyez
icy repreſentée. B C eſt un tuyau qui a plus de vingt-ſept
pouces & demy, & qui eſt ouvert vers C ; A B eſt une
grande cavité, qui a communication avec B C, par ſa
partie B L, & qui eſt fermée du coſté de A; D E eſt un
petit tuyau de verre fermé par le bout D, & qui ſor-

tant hors de la chambre, ou cavité A B, par sa partie F E,
est ouvert par le bout E ; outre cela, ce
petit tuyau a un petit trou vers F, où il est
soudé exterieurement avec le verre A B,
en sorte que la cavité du petit tuyau a communication avec la grande cavité A B, par
ce petit trou F. Enfin il y a encore un bout
de tuyau B G, par où l'air exterieur peut a-
voir communication avec celuy qui est
dans le tuyau A B C.

Je bouche d'abord l'ouverture G avec
de la vessie de porc ; puis renversant tout
le tuyau, en sorte que le bout C soit tour-
né vers le haut, je verse du vif-argent par le
trou E, lequel au commencement tombe
seulement dans le petit tuyau D F E ; mais
quand il est plein jusques à F, celuy que je
continuë de verser tombe par le trou qui
est en cet endroit-là, & va remplir la cavité A B, qui est autour de ce petit tuyau,
laquelle j'emplis jusqu'à la hauteur B ;
puis j'acheve de remplir le reste de cette
grande cavité, en versant du Mercure par
le trou C, jusqu'à ce qu'il soit monté jusqu'à l'ouverture E, que je bouche alors
avec de la vessie de porc ; aprés quoy, continuant de verser du vif-argent par le trou
C, j'acheve de remplir entierement le tuyau
B C. Cela fait, je bouche avec le doigt cette ouverture C,
& renversant à l'ordinaire toute la machine, qui n'est

L.
*Usage de la
machine pre-
cedente.*

pleine que de vif-argent, je la plonge dans un vaisseau où il y en a déja ; Et alors la capacité A F se vuide jusqu'à I L , & en mesme-temps le petit tuyau D F E, se vuide aussi jusqu'à pareille hauteur, & le tuyau C, se vuide jusqu'à H, qui est élevé par-dessus le vif-argent du vaisseau de vingt-sept pouces & demi. Ainsi l'on voit la conformité de l'experience avec le raisonnement : Car comme aucun air grossier ne pese sur la surface I L du vif-argent qui s'est reservé dans le creux I F L, aussi rien ne le force à monter dans le petit tuyau D F E.

LI.
Effets merveilleux de l'entrée de l'air dans la machine.

En suitte de cecy, si l'on perce avec une épingle la vessie de porc qui bouche l'ouverture G, il est évident que l'air grossier qui entrera dans la capacité A B G, doit produire deux effets tout differens,& pour cela mesme fort remarquables ; Le premier est, que pesant sur le vif-argent qui est directement au dessous de G, il le forcera de descendre ; & d'ailleurs pesant aussi sur la surface I L, du vif-argent qui s'estoit reservé dans le creux I F L, il en contraindra une partie de monter dans le petit tuyau D F E;& mesme il le remplira tout-à-fait,pour-vû que sa hauteur n'excede pas vingt-sept pouces &demi. Pour avoir plus de plaisir en faisant cette experience, aprés avoir percé avec une épingle la vessie de porc qui

bouche l'ouverture G, il faut à diverfes fois retirer tant
foit peu l'épingle pour laiffer entrer à chaque fois uu peu
d'air par l'ouverture, & ausfi-toft la renfoncer, & alors
vous aurez le plaifir de voir monter peu-à-peu & à diverfes reprifes le vif-argent dans le petit tuyau D F E,
tandis qu'il defcend ausfi peu-à-peu dans le tuyau B C.
Puis, il faut tout d'un coup enlever tout-à fait l'épingle,
& alors vous le voyez en mefme-temps monter d'un
cofté, tandis qu'il defcend de l'autre.

Puifque la liqueur dont on avoit rempli le creux d'un
tuyau defcend toute, faute d'air qui la foûtienne, comme on a pû voir dans l'experience precedente, où tout
le vif-argent contenu dans le petit tuyau D F E, s'eft
vuidé, elle doit à plus forte raifon ne pas monter, quand
il n'y a point d'air qui la pouffe vers le haut; Et ainfi, il
femble qu'il ne foit pas befoin d'en venir à l'experience,
pour fçavoir que l'eau ne doit pas monter dans une feringue dont on tire le pifton, fi le vaiffeau où trempe le
bout de la feringue, eft tellement bouché, que l'air exterieur n'y puiffe entrer. Si quelqu'un pourtant par opi-
niaftreté, ou autrement, ne s'en vouloit rapporter qu'à
l'experience; pour le contenter, il ne faudroit qu'enfoncer le bout d'une feringue dans le goulet d'une bouteille de verre, qui fuft ronde & forte, & toute pleine
d'eau, & ne commencer à tirer le pifton qu'aprés en
avoir bien bouché le goulet avec de la cire, ou quelque
autre chofe de femblable, en forte que l'air exterieur n'y
pûft entrer, & pour lors on verra que l'eau ne monte
point dans la feringue.

Pour continuer à expliquer ce qu'il y a de plus confi-

LII.
Que faute d'air, qui appuye, l'eau n'eft point attirée dans une feringue.

LIII.
Pourquoy la

pefanteur de l'air ne fait pas toute feule monter l'eau dans un fyphon.

derable dans les hydrauliques , nous devons maintenant rendre raifon du fyphon. Suppofons en donc un, tel qu'eft icy, A B C D, dont la plus courte branche C D trempe dans un vaiffeau plein d'eau ; Cela eftant, l'air qui appuye, comme nous avons dit plufieurs fois, fur l'eau qui eft dans le vaiffeau, ne la doit pas faire monter dans le fyphon, par ce qu'il y a d'autre air en dedans du fyphon qui s'y oppofe.

LIV. Quelle eft la caufe de l'afcenfion de l'eau dans un fyphon.

Mais fi l'on fait monter l'eau du vaiffeau dans le fyphon , foit en fucçant par le bout A, foit autrement, en forte qu'on le rempliffe d'eau tout-à-fait, & qu'aprés cela on retire fa bouche de l'ouverture A ; pour lors, l'eau ne manquera pas de couler, & de continuer ainfi, jufqu'à ce que la petite branche C D ne trempe plus dans l'eau du vaiffeau. Dont la raifon eft, que tandis qu'elle y trempe, il eft bien vray que la force de l'air qui appuye fur l'eau du vaiffeau, & qui tend à la faire monter dans cette branche, n'eft fenfiblement ni plus ni moins grande, que la force de l'air qui tend à la repouffer quand elle fe prefente à fortir par le trou de l'autre branche ; Mais par ce que la force de chacun de ces deux airs, eft affoiblie de la quantité de la pefanteur de l'eau que chacun d'eux tend à pouffer, & que la pefanteur de l'eau de la plus longue branche eft plus grande que celle de la plus petite, il s'enfuit qu'il refte plus de force à l'air qui agit fur l'eau du vaiffeau pour la faire monter dans la plus petite branche, qu'il n'en refte à l'autre pour la repouffer ; De forte qu'il l'y fait monter en effet, & l'oblige à fortir

de

de l'autre cofté, malgré la refiftance de l'air qui s'y
oppofe.

Je fuppofe icy que les branches du fyphon n'ex-
cedent pas la hauteur de la liqueur que l'air pourroit
foûtenir dans un tuyau qui feroit tout droit, par ce que
fi elles eftoient plus longues, la liqueur dont on auroit
rempli le fyphon, fe devroit divifer vers le haut, & defcendre de part & d'autre dans les deux branches ; ce que
l'experience a confirmé.

Aprés toutes ces differentes explications que je viens
d'apporter, je n'eftime pas qu'il foit neceffaire que je
m'étende beaucoup pour expliquer comment l'air entre
& eft receu dans un foufflet : Car il eft aifé de voir, que
c'eft à caufe que fes panneaux s'écartent & pouffent l'air,
qui ne pouvant avancer vers quelque cofté que ce foit,
par ce que tout eft plein, ou du moins ne pouvant entrer
par le bout du foufflet, avec toute la facilité & la vîteffe
qui feroit requife, pour remplir affez promptement l'efpace qu'abandonnent les panneaux en s'ouvrant, fe reflechit contre luy mefme, & entre avec facilité & vîteffe
par les trous du foufflet.

L'on peut icy remarquer fort à propos, que nous recevons prefque de la mefme maniere l'air de la refpiration : Car il eft certain que les mufcles de la poitrine &
du bas-ventre difpofent le corps à fe groffir, & à occuper plus de place ; ce qui fait que l'air eft pouffé dans
le creux des poulmons par la bouche & par les narines.

La feule difficulté qu'on pourroit trouver en ceci, eft,
que comme nous foûtenons un affez grand nombre
de colomnes d'air, qui toutes font pefantes, & qui s'ap-

puyant sur la surface exterieure de noſtre corps, le pouſſent du dehors en dedans, il ſemble que nous devrions
reſſentir quelque difficulté à reſpirer, pour vaincre cette
reſiſtance ; Mais la réponſe eſt aiſée : Car s'il y en a qui
pouſſent du dehors en dedans, il y en a auſſi quantité
d'autres, qui entrant par les narines & par la bouche
juſques dans la cavité de noſtre eſtomach, pouſſent du
dedans en dehors ; ce qui met l'équilibre entre ces deux
forces ou puiſſances, & qui fait que nous ne devons en
reſpirant reſſentir aucune difficulté, ou que ſi nous en
reſſentons quelqu'une, elle doit venir d'ailleurs.

LIX.
Comment ſe fait la ſim-ple ſuccion de l'air.

La ſuccion de l'air au travers d'un chalumeau ſe
fait comme la reſpiration : Car c'eſt de meſme que ſi
la bouche eſtoit allongée de la longueur de ce chalumeau.

LX.
D'où vient la difficulté qu'il y a à ſuccer une li-queur pe-ſante.

Que ſi le chalumeau trempoit dans une liqueur peſante, qu'on s'efforçaſt de ſuccer, on devroit reſſentir une
difficulté d'autant plus grande, qu'on feroit monter une
plus grande quantité de cette liqueur ; à cauſe que cette
liqueur repouſſant par ſa peſanteur l'air exterieur qui
tend à la faire monter dans le chalumeau, empeſche
qu'il ne pouſſe & aide celuy de nos poulmons autant
qu'il a de coûtume ; & ainſi l'air de nos poulmons ſe
trouve affoibli, & avoir juſtement d'autant moins de
force pour pouſſer du dedans en dehors, que l'air qui
s'applique à la ſurface exterieure du corps en a pour pouſſer du dehors en dedans, que la liqueur qu'on fait monter par le chalumeau a de peſanteur.

LXI.
Quel eſt l'u-ſage des ven-touſes

Je finiray ce que j'avois à dire ſur ces ſortes de mouvemens, par l'explication de l'enlevement qui arrive à

la chair par le moyen des ventoufes qu'appliquent les
Chirurgiens; dont la pratique la plus commune, & à
laquelle les autres fe rapportent, eft, qu'ils prennent un
petit rond de carte, fur lequel ils attachent quatre bougies fort courtes, qu'ils allument, & appliquent en forme d'un petit chandelier fur l'endroit du corps qu'ils
veulent ventoufer; puis ils couvrent toutes ces bougies
avec la ventoufe; laquelle ils n'appliquent immediatement contre la chair, qu'aprés avoir fuffifament échauffé
l'air qui eft contenu dedans; & fi-toft qu'elle eft ainfi
appliquée contre la chair, les bougies s'éteignent, & l'on
voit la chair qui s'enfle & qui s'éleve.

Pour entendre la raifon de cette experience, remarquez que durant le peu de temps que les bougies demeurent allumées, l'air, quoy qu'agité ou dilaté par la
flâme, ne laiffe pas de preffer la chair autant qu'il faifoit
auparavant; à caufe que la ventoufe, qui n'eft pas encore tout-à-fait abaiffée, n'empêche pas alors qu'il ne
porte le mefme poids qu'il portoit devant qu'il fuft dilaté. Mais il n'en eft pas de mefme, lors que les bougies
font éteintes par l'application immediate de la ventoufe
fur le corps: Car alors, l'air qui y eft renfermé, n'eft plus
preffé par celuy de dehors; Et comme il fe ralentit ou fe
refroidit peu à peu, il n'a plus tant de force de conferver
le volume que fon agitation luy avoit acquis; Si-bien,
que toutes les autres parties du corps eftant preffées à
l'ordinaire par l'air d'alentour, qui pouffe auffi la ventoufe contre le corps, c'eft une neceffité que l'un entre
dans l'autre; c'eft à dire, que la chair s'enfonce dans la
ventoufe, où elle contraint l'air de fe condenfer.

LXII.
D'où vient
que la chair
s'enfle.

N ij

CHAPITRE XIII.

De la détermination du mouvement.

I.
Ce que c'est que la détermination du mouvement.

QUAND un corps se meut vers quelque costé, cette disposition qu'il a à tendre vers ce costé-là plustost que vers un autre, est ce qu'on nomme sa détermination.

II.
Que la détermination est distincte du mouvement.

Premiere preuve.

La détermination est une façon d'estre qui est distinguée du mouvement, & dont la quantité peut demeurer la mesme, tandis que le mouvement augmente ou diminuë; Ainsi, une pierre qui tombe librement dans l'air, a une certaine quantité de mouvement, & en mesme-temps une certaine quantité de détermination de haut en bas; Et si on l'avoit jettée de travers, du mesme lieu d'où elle est tombée la premiere fois, en sorte qu'elle fust parvenuë dans le mesme-temps à terre, elle n'auroit eu que la mesme quantité de cette determination, & cependant elle auroit eu plus de mouvement.

III.
2. Preuve.

C'est encore une preuve que la détermination differe du mouvement, de ce qu'elle depend d'une cause differente de celle du mouvement; comme l'on peut voir par l'exemple d'une balle qui est poussée par une raquette: Car son mouvement depend de la force avec laquelle la raquette est meüe, au lieu que sa détermination vers quelque endroit depend de la situation de cette raquette.

IV.

Comme chaque chose persiste de soy-mesme autant

qu'elle peut dans sa façon d'estre, il est évident qu'un corps qui a une fois commencé de se mouvoir avec une certaine détermination, la doit toûjours garder; c'est à dire, qu'il doit toûjours décrire une ligne droite, puisque c'est la seule détermination qui soit naturelle à un corps qui se meut; C'est pourquoy, quand nous avons dit cy-devant, que lors qu'un corps se mouvoit en ligne droite, c'estoit une necessité que d'autres corps se meussent en forme d'anneau, vous ne devez pas penser que ceux qui se detournent ainsi de la ligne droite, tendent d'eux-mesmes à ce detour; mais bien devez-vous penser qu'ils y sont forcez par la rencontre & la disposition des autres corps.

Ainsi, quand nous verrons cy-aprés qu'un corps par son mouvement décrira les costez d'un quarré, nous conclurons qu'aux endroits où il a changé de détermination, il a deu estre contraint de se détourner par la rencontre de quelques autres, dont il n'a pû vaincre la resistance; De mesme, si nous voyons qu'un corps décrive une figure de huit costez, il faudra dire qu'il a esté 8. fois contraint de se détourner; Et dautant que le cercle est équivalent à une figure d'un nombre indéfini de costez, il s'ensuit qu'un corps qui se meut en rond, est contraint à tous momens de se détourner, soit par la resistance continuelle des corps qu'il rencontre en son chemin, soit par ce qu'il est retenu par quelque chose qui l'oblige à demeurer toûjours à certaine distance, & à parcourir le cercle qu'il décrit; sans quoy il est certain qu'il ne décriroit jamais une ligne courbe.

Par exemple, si le corps A décrit par son mouvement

une partie du cercle B C D, il doit continuellement estre détourné par quelqu'une des causes dont je viens de parler ; Mais si estant parvenu au point D, il n'avoit plus rien qui le contraignist, soit que les corps qu'il rencontreroit alors ne luy fissent plus de resistance, soit que le fil qui le tenoit comme attaché au centre G, & qui l'empêchoit de s'en éloigner, se fust rompu, il ne continueroit pas à décrire l'arc D E B, mais il décriroit une ligne droite, qui concoureroit le plus directement qu'il seroit possible avec l'arc C D, c'est à dire, qu'il décriroit la ligne D F, qui est la tangente de ce cercle, & qui fait avec sa circonference le plus petit angle qu'il est possible, & laquelle comme vous voyez, s'éloigne de plus en plus de son centre : Ce qu'une infinité d'experiences confirme.

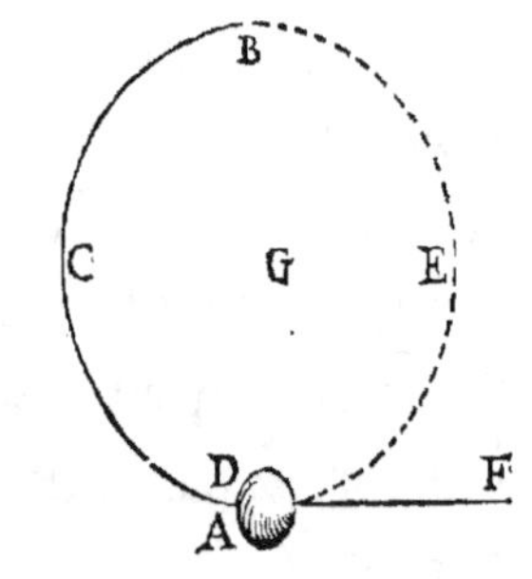

Et d'autant qu'un corps qui se meut, tend toûjours à décrire la ligne qu'il décriroit s'il estoit libre, & que ce qui a esté dit du corps A, se doit entendre generalement de tout autre corps, il faut conclure que les corps qui se meuvent en rond, tendent continuellement à s'éloigner du centre de leur mouvement ; ce qu'ils doivent faire avec une force d'autant plus grande, qu'ils se meuvent plus vîte. Ainsi, si la plus grande partie de l'espace compris dans la circonference B C D E, estoit pleine de corps qui se meussent en rond autour du centre G, ils pousseroient tous les autres corps dont ils seroient environnez, & les éloigneroient de ce centre autant qu'il feroit poffible ; Mais fi ceux-cy ne trouvoient point de place où ils fe pûffent retirer, ils feroient contraints, pour faire place aux autres, de s'en approcher; de mefme qu'en enfonçant la main dans un feau plein d'eau, l'eau eft contrainte pour faire place à la main, de s'éloigner du fond, vers où fa pefanteur la faifoit tendre.

C'eft une chofe affez connüe, qu'un corps perd de fon mouvement à mefure qu'il en communique; mais fuppofé qu'il n'en communique point, (comme nous faifons icy abftraction de ce qui pourroit arriver à l'occafion de fa molleffe, de fa pefanteur, ou de fa figure) nous n'avons aucun fujet de penfer qu'il doive le moins du monde ralentir fa vîteffe. C'eft pourquoy, fi un corps qui fe meut en rencontre un autre qu'il n'ébranle point du tout, nous devons conclure qu'il continüera de fe mouvoir avec la mefme vîteffe qu'il faifoit auparavant; Mais comme le corps qu'il ne peut ébranler eft un obftacle à fa détermination, il doit neceffairement changer celle qu'il avoit, & en prendre une autre, c'eft à dire qu'il doit fe refléchir.

VIII. Qu'un corps qui en fe mouvant en rencontre un autre qu'il ne peut ébranler, fe doit refléchir.

Cette feconde détermination peut bien eftre contraire à la premiere ; Mais parce que la notion que nous avons du mouvement refléchy, n'eft pas differente de celle que nous avons du mouvement direct, nous devons dire qu'il n'y a entre eux aucune contrarieté, & que l'un n'eft que la continuation de l'autre ; Et par confequent qu'il n'y a point de moment de repos au point de reflexion, comme quelques Philofophes fe l'imaginent.

IX. Qu'il n'y a point de moment de repos au point de reflexion.

Ajoûtez à cela, que fi un corps qui eftoit en mouvement, venoit à eftre un feul moment en repos, il auroit

X. Que la reflexion feroit

tout-à-fait changé ſa façon d'eſtre dans une contraire, dans laquelle il y auroit autant de raiſon qu'il deuſt perſeverer, que s'il avoit eſté en repos pendant tout un ſiecle ; De meſme que ſi un corps qui a eſté quelque-temps quarré, vient à acquerir la figure ronde pendant un ſeul moment, il y a autant de neceſſité qu'il garde cette figure, que s'il l'avoit toûjours euë.

Quand un corps tombe perpendiculairement ſur un autre, qui eſt dur & inébranlable, il eſt évident que la réflexion ſe doit faire dans la meſme ligne, dans laquelle ce corps s'eſtoit meu auparavant, n'y ayant aucune raiſon pourquoy il deuſt pluſtoſt tendre d'un coſté que d'un autre ; Ainſi, il n'y a de la difficulté, que quand la ligne dans laquelle le mobile avoit commencé à ſe mouvoir, fait des angles obliques avec la ſurface du corps ſur lequel il tombe ; Mais ce qu'on doit penſer là-deſſus, dépend de ce que nous allons dire de la compoſition du mouvement, & de celle de ſa détermination.

CHAPITRE XIV.

De la compoſition du mouvement, & de celle de ſa détermination.

Tout mouvement qui dépend de deux ou pluſieurs cauſes, eſt ce qu'on appelle un mouvement compoſé ; Ainſi, ſi une force avoit agy ſur le corps A pour le faire mouvoir le long de la ligne A B, & ſi en meſme-temps une autre force avoit agy ſur le meſme corps A,

pour

pour le faire mouvoir le long de la ligne A C, le mouvement qui refulteroit de l'action de ces deux forces, ou
de ces deux caufes, feroit un mouvement compofé.

Pour déterminer maintenant dans quelle ligne le
mouvement fe doit faire, lors qu'il dépend ainfi de deux
caufes, décrivez les deux lignes dans lefquelles le mobile devroit eftre porté, fi chacune de ces deux caufes
produifoit fon effet feparement. Par exemple, fi la premiere caufe doit dans un certain temps faire avancer le
corps A, du lieu où il eft, jufqu'en B, & fi la feconde le
doit faire avancer dans le mefme-temps jufqu'en C, dé-

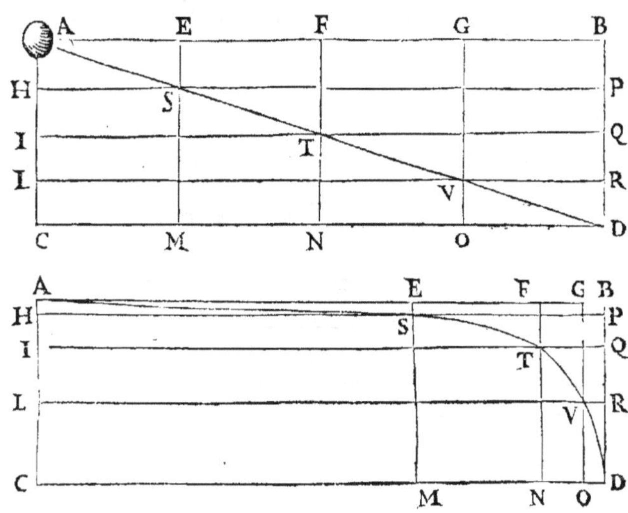

crivez les lignes A B, A C; Puis, ayant divifé le temps pendant lequel fe doit faire ce mouvement, en tant de parties égales que vous voudrez, divifez aprés cela la ligne
A B, en autant de parties, aux points E, F, G; & de mefme
divifez auffi la ligne A C en autant de parties, aux points
H, I, L; en telle forte que fi la premiere caufe agiffoit toute

O

feule, le corps A fe deuft rencontrer aprés la premiere
partie du temps au point E, aprés la feconde au point
F, aprés la troifiéme au point G, aprés la quatriéme au
point B ; & que fi la feconde caufe produifoit toute feule fon effet, le corps A deuft aprés la premiere partie du
temps fe rencontrer au point H, aprés la feconde au
point I, aprés la troifiéme au point L, & aprés la quatriéme au point C. Tirez aprés cela les lignes droites E
M, F N, G O, B D, paralleles à la ligne A C, & les lignes
H P, I Q, L R, C D, paralleles à la ligne A B ; Cela fait, les
points S, T, V, D, où ces lignes s'entrecoupent, déter-

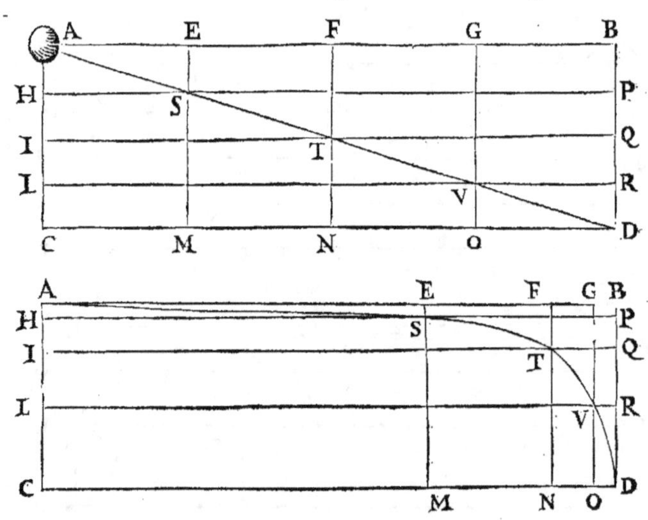

mineront la ligne dans laquelle fe doit faire le mouvement compofé.

Car il eft certain qu'on fatisfait à la premiere caufe
en affurant qu'aprés la premiere partie du temps le mobile fe doit rencontrer dans la ligne E M, & qu'on fatisfait à la feconde, en affurant qu'il fe doit trouver dans le
mefme-temps dans la ligne H P ; & partant on fatisfait

tout à la fois à ces deux caufes, en difant que le mobile
fe doit rencontrer en mefme-temps dans ces deux lignes
E M , H P ; ce qui ne pourroit eftre , s'il ne fe rencontroit
au point s de leurs concours ; De mefme , il eft certain
qu'on fatisfait à la premiere caufe, en difant qu'à la fin de
la feconde partie du temps le mobile fe doit rencontrer
dans la ligne F N, & qu'on fatisfait à la feconde, en difant
qu'au mefme moment il fe doit rencontrer dans ligne
I Q : & par confequent, il eft certain, que pour fatisfaire
enfemble à ces deux caufes, il fe doit trouver en mefme-
temps dans ces deux lignes, à fçavoir au point T , qui eft
celuy de leur concours. Ainfi, l'on prouvera que le mobile fe doit trouver au point V, où eft le concours des lignes
G O, L R , pour fatisfaire à ces deux mefmes caufes ; Et en
fin au point D , où les lignes B D, & C D s'entrecoupent.

Lors que chaque mouvement fimple eft égal, comme il eft fuppofé dans la premiere figure, le mouvement
compofé fe fait dans une ligne droite ; Mais quand chaque mouvement fimple eft inégal, comme il eft fuppofé dans la feconde, le mouvement fe fait dans une ligne
diverfement courbée , felon les diverfes inégalitez des
mouvemens fimples.

IV.
Par quelles fortes de lignes fe peut faire le mouvement compofé.

S'il y a plus de deux caufes qui concourent enfemble
à produire un mouvement compofé, vous le déterminerez en cette forte ; Vous marquerez premierement la
ligne dans laquelle le corps devroit eftre porté pour fatisfaire à l'exigence de deux caufes ; puis, prenant le
mouvement dans cette ligne comme dépendant d'une
feule caufe, vous déterminerez la ligne qu'il doit décrire,
pour fatisfaire à cette caufe & à une troifiéme ; & ainfi de

V.
Comment il faut déterminer le mouvement compofé de plus de deux fimples.

fuitte, s'il y a une quatriéme ou cinquiéme caufe qui produife fon effet particulier.

VI.
Que le mou-
vement d'un
boulet de ca-
non eft com-
pofé.

Il n'eft pas mal-aifé de juger qu'un boulet de canon, que le feu chaffe comme pour le mouvoir de niveau, décrit une ligne courbe, femblable à celle de la feconde figure : Car il y a deux caufes qui concourent à fon mouvement ; dont la premiere, qui fait avancer le boulet de niveau doit fe ralentir, parce qu'il communique peu à peu de fon mouvement à l'air qu'il déplace ; & la feconde doit augmenter, puifque l'experience nous aprend que la chûte des corps pefans eft plus lente au commencement qu'elle n'eft dans la fuitte.

VII.
Que la juf-
teffe à donner
au but prou-
ve que le
boulet def-
cend.

La juftesse d'un Canonnier à donner au but où il vife, ne nous doit pas détourner de cette penfée ; & il ne faut pas croire pour cela que le boulet décrive d'abord une ligne droite : Car fi l'on prend garde que l'épaisseur d'un canon n'eft pas égale par tout, & que la ligne de mire A B qui eftoit d'abord au deffus de la ligne de direction C D,

paffe à quelque diftance de là au deffous, l'on conclura que fi l'on donne droit au but B, il eft indubitable que le boulet a baiffé, & que fans cela il auroit frappé plus haut.

VIII.
Ce que c'eft
qu'une déter-
mination
compofée.

Comme il y a des mouvemens compofez, il y a auffi des déterminations compofées ; & il y en peut avoir, lors mefme que les mouvemens font tout-à-fait fimples. Or nous difons qu'une détermination eft compofée de

deux autres, quand un corps se mouvant dans une simple ligne, & avançant vers un certain costé, avance aussi
en mesme-temps vers deux costez differens. Ainsi, supposant que le corps A se meuve d'un mouvement simple
d'A vers B, comme il approche aussi en mesme-temps,
& continuellement, des lignes B C, B D, nous dirons que
la détermination qui le porte d'A vers B, est composée
de deux autres, dont l'une le fait aller d'A vers D, & l'autre en mesme-temps le fait avancer d'A vers C, qui sont
les quantitez dont il a avancé vers ces deux endroits differens.

Aprés avoir consideré une
détermination comme composée de deux déterminations
simples, on la peut encore
considerer comme composée
d'une infinité d'autres. Ainsi, la détermination d'A vers
B, peut encore estre considerée comme composée de
celles d'A vers E, & d'A vers F; à cause que quand
le corps A passe du lieu où il est jusqu'en B, il approche
aussi continuellement des lignes B E, B F, dont il estoit
éloigné de la quantité des lignes A E, A F.

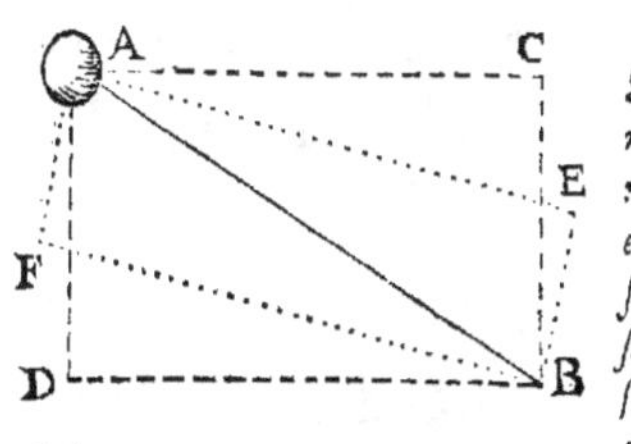

Mais il n'est pas necessaire de considerer toutes les diverses déterminations simples dont une autre peut estre
composée ; il suffit de considerer celles dont on peut
avoir besoin pour l'explication de quelques difficultez ;
Imitant en cela les Geometres, qui ne tirent pas d'un
mesme point toutes les lignes qui peuvent estre menées
de ce point, mais qui tirent seulement celles qu'ils estiment devoir estre employées dans leurs démonstrations.

CHAPITRE XV.

De la Reflexion, & de la Refraction.

I.
Ce que c'est que reflexion & refraction.

POur tirer quelque utilité de ce que nous venons d'établir, nous nous en servirons pour expliquer la maniere dont se fait la Reflexion & la Refraction; Mais de-peur de tomber dans la faute des anciens, qui confondoient ces deux choses, nous remarquerons icy, que par la Reflexion, nous entendons seulement le détour, ou le changement de détermination qui arrive à un corps qui se meut, à la rencontre d'un autre qu'il ne peut aucunement penetrer; Au lieu que par la Refraction, nous entendons le détour, ou le changement de détermination, qui arrive à un corps, quand il passe d'un milieu dans un autre, qui le reçoit plus ou moins facilement.

II.
Exemple d'une reflexion.

Supposons, par exemple, que le corps A, qui est parfaitement dur, se meuve d'un mouvement simple, suivant la ligne A B, & qu'il rencontre le corps C D E F, que je suppose aussi parfaitement dur, & tout-à-fait inébranlable; en suitte dequoy, suivant ce que nous avons étably, le corps A doit continuer de se mouvoir, puis

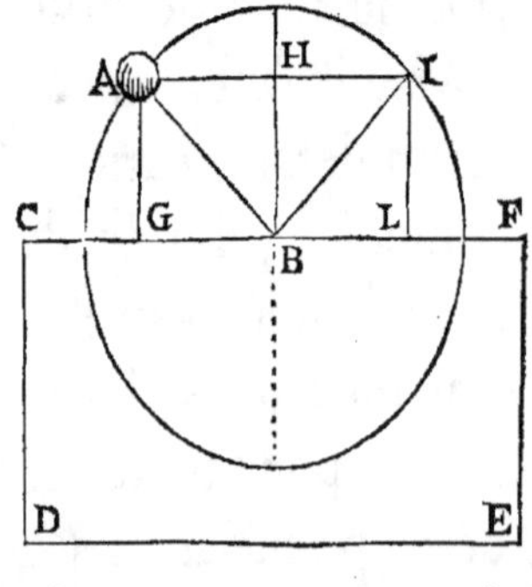

qu'il ne communique point de son mouvement; & doit

auffi fe refléchir, puis qu'il ne fçauroit paffer outre ;
Mais voyons où, & de quel cofté ? Et pour ne pas multi-
plier icy les difficultez, ne fongeons point à ce qui doit
arriver à caufe de fa groffeur, de fa figure, & de fa pefanteur ; penfons mefme que l'air ne luy fait aucune refiftance, & qu'il fe meut toûjours d'égale vîteffe.

Cela eftant fuppofé, décrivons un cercle du centre B, &
de l'intervalle B A ; Et confiderons, que puifque le corps
A eft venu dans un certain temps de la circonference
de ce cercle jufqu'à fon centre, il doit auffi dans un pareil
temps parvenir de ce mefme centre jufqu'à quelque
point de la circonference de ce cercle. Mais pour déterminer ce point en particulier, menons par les points A
& B les lignes droites A G, B H, perpendiculaires à la furface C F, & la ligne A H I parallele à la mefme furface ;
Et prenons garde, qu'encore que le corps A fe meuve
d'un mouvement fimple, il eft pourtant trés-vray qu'à
l'égard du corps C D E F, fa détermination dans la ligne
A B, eft compofée de deux autres, dont l'une le fait avancer de la gauche vers la droite, de la quantité de la ligne
A H, ou de fon égale G B, & l'autre le fait defcendre de
haut en bas vers G B, de la quantité de la ligne A G. Ob-
fervons de plus, que le corps C D E F s'oppofe bien à la
détermination de haut en bas, mais qu'il ne s'oppofe
point du tout à la détermination de gauche à droite,
c'eft à dire, à la partie du mouvement qui eft déterminée vers la droite, laquelle par confequent doit continuer comme elle a commencé. De forte que le corps A,
ayant dans un certain temps avancé en ce fens-là, de la
quantité de l'intervalle compris entre les lignes A G, H B,

c'est à dire, de la quantité de
la ligne A H, ou G B, il doit
dans un temps égal avancer
d'une quantité égale, ou, ce
qui est la mesme chose, il
doit au bout de ce temps-là se
rencontrer dans la ligne I L,
que je suppose perpendicu-
laire à la surface C F, & autant éloignée de H B, que H B

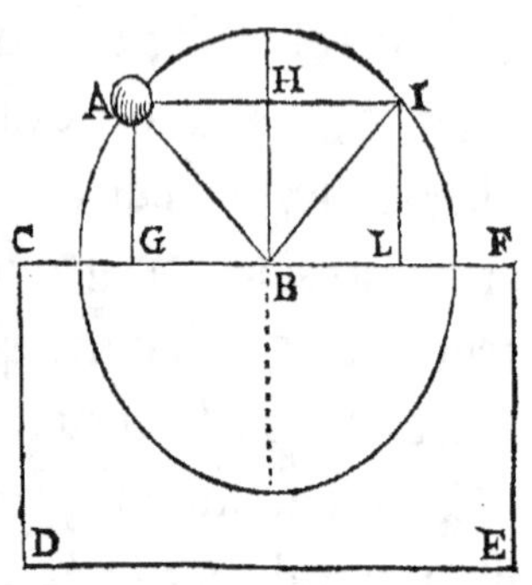

l'est de A G. Ainsi, pour satisfaire à cette partie du mouvement qui est déterminée vers la droite, laquelle ne
change point, nous trouvons que le mobile A, doit à un
certain moment se rencontrer en quelque endroit de la
ligne I L ; Mais pour satisfaire au total du mouvement,
nous avons déja jugé qu'il doit au mesme moment se
rencontrer dans quelque point de la circonference du
cercle ; Partant, pour satisfaire tout ensemble à tous les
deux, nous devons conclure qu'il se rencontrera tout à la
fois dans la circonference de ce cercle, & dans la ligne
I L, ce qui ne sçauroit estre s'il ne se rencontre au point
I, qui leur est commun. Vous voyez donc que le corps
A, qui avoit commencé à se mouvoir dans la ligne A B,
se reflechira dans la ligne B I, laquelle fait avec la surface C F, l'angle I B L, qui se nomme l'angle de reflexion,
qu'on peut facilement démonstrer estre égal à l'angle
A B G, qui s'appelle l'angle d'incidence.

IV.
*Exemple
d'une espece
de refraction.*   Passons maintenant à la Refraction. Pour en bien expliquer la nature, je me serviray encore icy de l'exemple
d'une balle, comme j'ay fait en la Reflexion. Supposons
donc que la balle A, ait esté poussée dans l'air le long de

la

la ligne A B, mais que rencontrant obliquement de
l'eau, qui est au dessous de
C D, au lieu d'aller directement vers E, elle tende
vers F, cette sorte de détour, qui se mesure par la

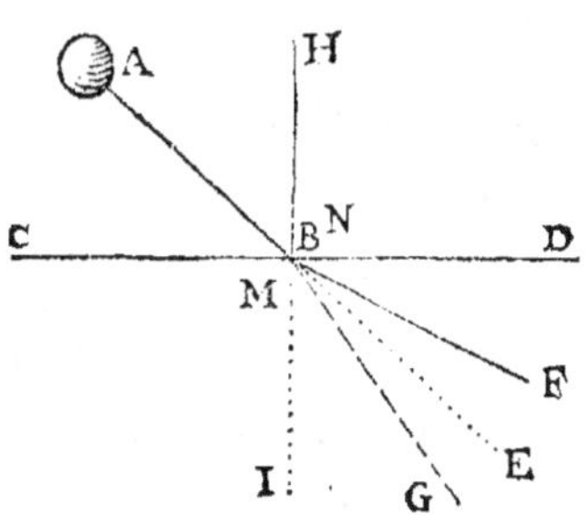

quantité de l'angle E B F, est ce que nous appellons
Refraction.

Ce seroit encore une refraction, mais d'une autre es- V.
*Autre es-
pece de re-
fraction.*
pece, si un corps, quel qu'il fust, aprés s'estre meu le
long de la ligne A B, au lieu de se détourner vers F, se détournoit vers G. Or pour remarquer ces deux differentes
manieres de refraction, on tire par le point B, où le mobile passe d'un milieu dans un autre, la ligne H B, perpendiculaire à la surface C D, qui separe les deux milieux,
& l'on désigne l'espece de la refraction, par l'éloignement ou l'approchement du mobile de cette perpendiculaire. Par exemple, si le mobile qui a parcouru la ligne A B, en se détournant continuë de se mouvoir le
long de la ligne B F, c'est une refraction qui se fait en s'é-
loignant de la perpendiculaire ; & s'il eust continué de se
mouvoir le long de la ligne B G, c'eust esté une refraction qui se seroit faite en s'approchant de la perpendiculaire.

Il y a long-temps que l'on a remarqué ces deux VI.
*Qu'un corps
qui se dé-
tourne nous
oblige à recõ-
noistre un
obstacle du
costé dont il
se détourne.*
sortes de refractions, mais jusques icy la cause en a
esté tres-inconnuë ; & l'on peut dire que c'est une
des choses que l'antiquité a ignorées, & dont la découverte est deuë à l'un des premiers hommes de ce siecle.

P

Voicy comme je m'explique avec luy fur ce fujet;
Sçachant que chaque chofe perfifte de foy-mefme
autant qu'elle peut dans fa façon d'eftre, quand l'experience nous fait voir qu'un corps quitte la ligne droite
dans laquelle il avoit commencé à fe mouvoir, nous
devons penfer en mefme-temps qu'il rencontre quelque
obftacle du cofté d'où il s'é-
loigne ; Ainfi, fi quand le
corps A eft parvenu au point
B, il fe détourne pour tendre de-là vers F, nous devons conclure qu'il rencontre plus de refiftance du cô-
té de M, que du cofté d'N ; & s'il fe détournoit vers G,
nous aurions raifon de dire au contraire qu'il auroit
trouvé plus de refiftance, du cofté de N, que du cofté
de M.

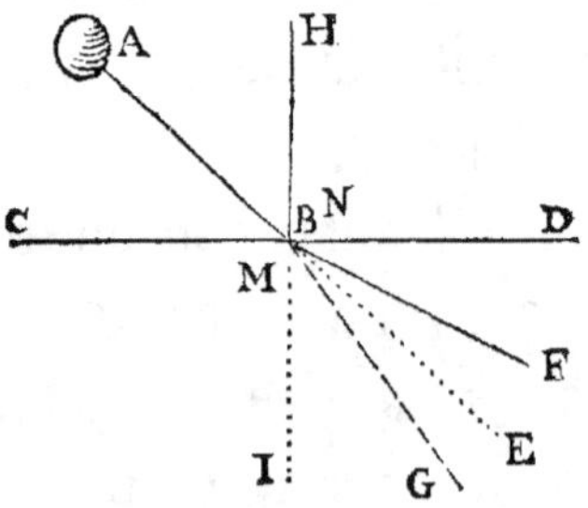

    Nous pouvons icy nous fervir du revers de ce raifon-
nement, pour conclure de quel cofté fe doit faire le détour d'un corps qui paffe d'un milieu dans un autre : Car
dautant que nous fçavons déja, que l'inégalité de la refiftance qu'un corps qui fe meut rencontre des deux
coftez (felon la diverfité des deux milieux par où il paffe) eft capable d'obliger ce corps de fe détourner & de
s'éloigner du cofté où il trouve plus de refiftance ;
Quand une fois nous connoiftrons qu'il y en a plus d'un
cofté que de l'autre, nous conclurons qu'il fe détournera
en s'éloignant du milieu où la refiftance eft plus grande.
Et ainfi, fi l'on fçait une fois que l'eau refifte plus que
l'air au mouvement d'une balle, l'on doit juger que la

balle qui s’eſt meuë dans l’air depuis A juſques en B, pour
delà paſſer dans l’eau, qui eſt au deſſous de B, ſe détournera vers F; & ainſi s’éloignera de la perpendiculaire.

Cette verité ſe peut appliquer à toutes ſortes de corps,
& à toutes ſortes de milieux; C’eſt pourquoy nous pouvons établir pour maxime generale, que quand un
corps paſſe obliquement d’un milieu dans un autre, qui
luy fait plus de reſiſtance, il ſe doit détourner en s’éloignant de la perpendiculaire; & qu’au contraire quand il
paſſe d’un milieu dans un autre, où il trouve moins de
reſiſtance, il ſe doit détourner en s’approchant de la perpendiculaire.

VIII.
Maniere de
determiner
les differen-
tes eſpeces de
refractions.

Je ſuppoſe expreſſement que le corps qui ſe preſente
pour paſſer d’un milieu dans un autre, tombe obliquement ſur la ſurface qui ſepare les deux milieux, afin
que ce corps ſoit obligé de ſe détourner: Car s’il tomboit perpendiculairement ſur cette ſurface, comme
l’obſtacle ou la facilité à ſe mouvoir, ne ſe rencontreroit
pas plus d’un coſté que de l’autre, auſſi ne devroit-il ſouffrir aucun détour, & il devroit continuer de ſe mouvoir
dans la meſme ligne.

IX.
Qu’un corps
qui tombe
perpendicu-
lairement
ſur un autre,
ne doit point
ſouffrir de
refraction en
le penetrant

La quantité préciſe de la refraction d’un corps, qui
paſſe obliquement d’un milieu dans un autre, peut eſtre
déterminée, ſuppoſé que l’on ſçache de combien un
milieu reſiſte plus qu’un autre au paſſage du mobile.
Suppoſons, par exemple, que la ligne C D ſepare deux
milieux, dont celuy de deſſus ſoit de l’air, & celuy de
deſſous ſoit de l’eau, & que cette eau reſiſte deux fois
plus que l’air au mouvement de la balle A; Penſons enſuitte, que cette balle ayant parcouru la ligne A B, avec

X.
Exemple du
mouvement
d’un corps
qui doit ſouf-
frir refrac-
tion.

une vîteſſe qui la luy a fait parcourir en une minute, ſe
preſente pour entrer obliquement dans l'eau ; Et pour
rendre la choſe plus facile, n'entreprenons pas de rien
déterminer de ce qui doit arriver à l'occaſion de la groſſeur, de la figure, & de la peſanteur de la balle ; Penſons
meſme que ſon mouvement a toûjours eſté égal dans
l'air ; & qu'aprés avoir perdu la moitié de ſa vîteſſe à la
rencontre de la ſuperficie de l'eau, elle n'en perd plus
du tout à quelque profondeur qu'elle penetre ; auſſi-bien
le détour ne ſe fait-il qu'en la ſeule ſuperficie ; & l'eau
qui reſiſte également de toutes parts, peut ſeulement
faire que la balle employe plus ou moins de temps à ſe
mouvoir dans un certain eſpace, mais non pas qu'elle
s'écarte ou ſe détourne de la ligne qu'elle aura commencé à parcourir.

X I.
*Comment ſe
doit faire la
refraction.*

Cecy ſuppoſé, aprés avoir décrit un cercle du centre B, & de l'intervalle B A,
conſiderons, que la balle eſtant
venuë dans une minute de
temps, de la circonference de
ce cercle, juſqu'au centre, où
elle perd la moitié de ſa vîteſſe, elle doit deſormais employer deux minutes, pour parvenir du centre, à quelque point
de la circonference. Or afin de
déterminer quel peut eſtre ce point, remarquons, que
bien que le mouvement de cette balle ait eſté ſuppoſé
ſimple, ſa détermination dans la ligne A B, a l'égard de
la ſuperficie de l'eau, ne laiſſe pas d'eſtre compoſée de

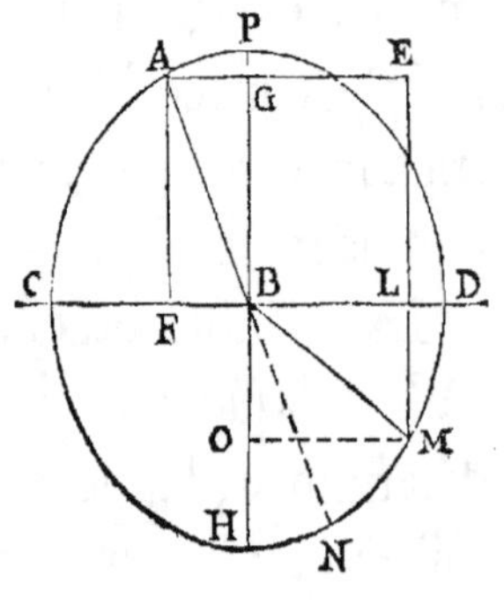

deux autres, dont l'une la fait avancer de la gauche vers la droite, de l'intervalle compris entre les lignes A F, B G, qui font perpendiculaires à la furface de l'eau C D, c'eft à dire, de la quantité de la ligne A G, ou F B; & l'autre la fait defcendre de haut en bas, de l'intervalle compris entre les paralleles A G, C D; C'eft à dire, de la quantité de la ligne A F. Prenons garde encore, que la furface de l'eau s'oppofe bien à la détermination de haut en bas, dans laquelle par confequent il doit arriver quelque changement, mais qu'elle ne s'oppofe en aucune façon à la détermination de gauche à droite; D'où il fuit qu'elle ne doit point du tout changer, & que la balle ayant avancé en ce fens-là de la quantité F B, pendant une minute qu'elle a employée pour venir de la circonference du cercle jufqu'au centre B, elle devra avancer du double, dans le double du temps qu'elle employe pour venir de ce centre à la circonference. Prenant donc B L double de B F, & menant la ligne E L M perpendiculaire à C D, ce fera dans cette ligne que la balle devra arriver, deux minutes aprés qu'elle fera partie du point B. Mais nous avons déja reconnu qu'elle doit aufli arriver dans ce mefme-temps dans la circonference de ce cercle; C'eft pourquoy, nous devons conclure que cette balle fe rencontrera en mefme-temps, & dans cette ligne, & dans cette circonference, c'eft à dire au point M, où elles s'entrecoupent. Ainfi, au lieu de continuer fon chemin dans la ligne A B, prolongée vers N, elle fe portera dans la ligne B M, qui s'éloigne de la perpendiculaire, & la refraction fera de la quantité de l'angle M B N. Par ce qui vient d'eftre dit, il eft aifé de conclure, que fi le milieu de deffous avoit efté plus aifé à penetrer au mobile que celuy de deffus, la Refraction fe feroit faite tout au rebours, à fçavoir en approchant de la perpendiculaire.

XII.
Difficulté qui arrive quand la cheute eft fort oblique.

Sans rien changer à ce que nous avons fuppofé, touchant la diverfité de la refiftance des deux milieux, & la vîteffe de la balle, fi nous fuppofons maintenant que la balle, pour tendre vers le point B, parte d'un autre point, qui foit plus éloigné du point P, que nous ne l'avons fuppofé dans l'autre exemple, en forte que la ligne F B, qui defigne la quantité de la déterminationde gauche à droite, foit plus gran-

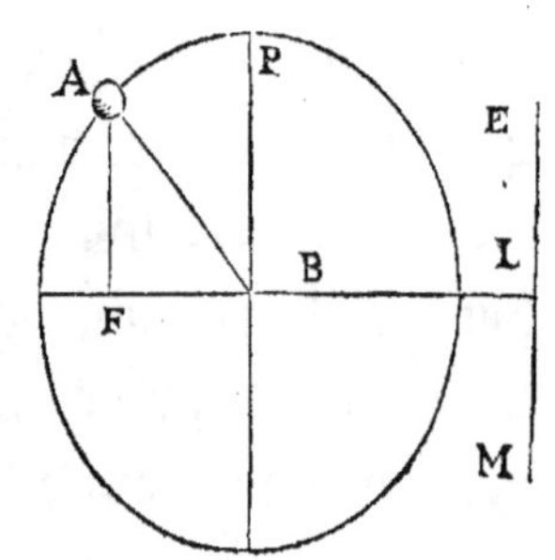

de que la moitié du rayon du cercle, & par confequent que la ligne BL, qui en eft le double; foit plus grande que le rayon entier; il doit fuivre de noftre premier raifonnement, que la ligne E L M, tombera hors du cercle, & ne le coupera point; Et ainfi, noftre raifonnement fera ce femble conclure que la balle doit parvenir en mefme-temps en deux lieux differens, à fçavoir, & dans cette ligne, & dans la circonference du cercle; ce qui eft impoffible.

XIII.
Qu'un corps qui tombe trop obliquement fur un autre ne le doit pas penetrer.

Il faut avoüer qu'il y a icy de l'erreur, de quelque cofté qu'elle vienne: Car tout raifonnement qui mene à l'impoffible eft defectueux, foit de la part de la forme, foit de la part de la matiere; Mais ne penfez pas qu'il y ait icy aucun defaut dans la forme de ce raifonnement, qui femble nous faire conclure cette impoffibilité; dites plûtoft,

que l'ayant concluë, c'est une marque indubitable qu'il
y a de la fausseté dans quelqu'une des choses que nous
avons supposées ; En effet, il y en a, en ce que nous
avons supposé que la balle ayant perdu la moitié de sa
vîtesse à la rencontre de la superficie de l'eau, ne laisse
pas de la penetrer, quoy que la cheute en soit fort oblique ; Car l'experience fait voir que pendant un combat
naval, les boulets de canon qu'on tire fort obliquement
de haut en bas, se réflechissent à la rencontre de la surface de la mer, & vont enlever les soldats qui sont sur
le tillac du navire qui est opposé ; On observe aussi la
mesme chose dans ces pierres que les enfans jettent sur
l'eau, avec lesquelles ils font des ricochets.

CHAPITRE XVI.

Des corps durs plongez dans des liqueurs.

Nous pouvons rapporter à la doctrine du mouvement, ce que l'on peut dire du lieu que les corps
durs doivent occuper dans une liqueur, selon qu'elle
est plus ou moins pesante : Car ces corps se meuvent,
quand ils s'enfoncent dans une liqueur, & ils se meuvent
aussi, quand ils s'élevent du fond jusques à sa superficie.

I.
*Que la si-
tuation des
corps durs
dans des li-
queurs est un
effet du mou-
vement.*

Afin donc de ne rien obmettre de ce qui pourra servir dans la suitte ; Supposons une cuve pleine d'eau,

II.
*Que la sur-
face d'une li-*

comme eſt icy A B C D , & penſons d'abord que cette
eau ſoit de niveau, c'eſt à dire que ſa ſurface A D , ne ſoit
pas plus haute en un endroit qu'en un
autre ; puis la diviſant par la penſée
en pluſieurs colomnes, perpendiculaires au fond de cette cuve, examinons en particulier une de ces colomnes , comme E F G H , & remarquons
qu'encore que toute l'eau de cette colomne tende à ſe mouvoir de haut en
bas, elle ne le ſçauroit neantmoins
faire , à cauſe que les petits filets,

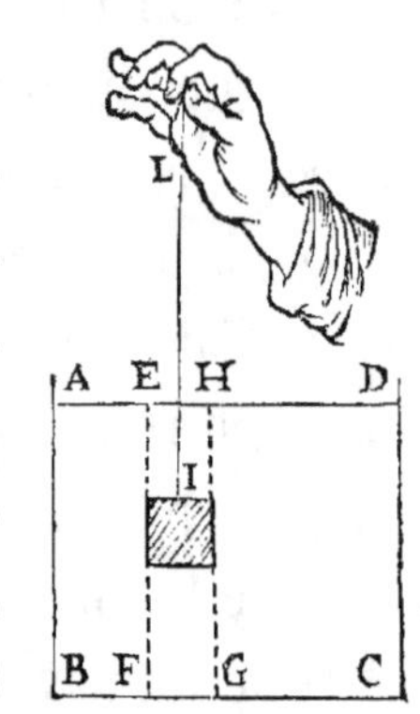

dans leſquels on peut ſubdiviſer toute ſon épaiſſeur,
devroient ſe courber au fond de la cuve pour retourner
de bas en haut ; ce qu'ils ſont empêchez de faire, en
ſe rencontrant, & ſe ſoûtenant par conſequent les-uns
les autres , ou meſme eſtant ſoûtenus par les filets des
autres colomnes qui ſont à coſté d'elle , qui tendent auſſi
à deſcendre, & avec pareille force ; De façon que l'eau
de la cuve conſervera ſon niveau, & demeurera dans un
parfait repos & équilibre, s'il n'y a point d'autre cauſe
que ſa peſanteur par qui elle puiſſe eſtre meüe & agi-
teé. En ſuitte dequoy , il eſt évident, que ſi on ſuppoſoit
que l'eau de la cuve fuſt plus haute en un endroit qu'en
un autre , elle ne pourroit pas demeurer en cet eſtat ; par
ce que les filets d'eau qui ſeroient plus longs que les autres , auroient plus de force qu'eux pour deſcendre ; ſi-
bien qu'ils ne manqueroient pas de les ſoûlever juſqu'à
ce que la ſurface de la liqueur s'eſtant remiſe de niveau,
ils fuſſent tous en équilibre les-uns avec les autres. C'eſt
pourquoy

pourquoy, lors qu'une liqueur pesante sera contenuë dans un vaisseau, nous jugerons que sa pesanteur disposera sa surface a estre de niveau, & que cet estat ne pourra estre changé que par une cause estrangere.

Considerons en suitte, que si l'on avoit plongé dans l'eau de cette cuve un corps dur, comme I, qui fust justement aussi pesant qu'un pareil volume d'eau ; comme sa pesanteur ne feroit ny plus ny moins d'effet que celle de l'eau dont il occupe la place, il n'y auroit aucune raison pourquoy il deust arriver du changement à la colomne E F G H; & ainsi ce corps I demeureroit où on l'auroit placé.

III.
Qu'un corps dur, qui pese autant qu'un pareil volume d'une liqueur, y estant plongé, doit s'arrester où on le place.

Mais si l'on supposoit que la pesanteur de ce corps surpassast la pesanteur d'un pareil volume d'eau, d'une certaine quantité, par exemple, d'une once, il est évident qu'il n'y auroit plus d'équilibre entre toutes ces colomnes d'eau, & que ce corps tendroit à tomber au fond de l'eau, non pas avec sa pesanteur ordinaire, mais seulement avec la force dont il excede un volume d'eau pareil au sien, c'est à dire avec la force d'une once; D'où il suit, que si on le soûtenoit avec un filet, comme I L, qui n'eust aucune pesanteur, quelque pesant qu'on l'eust senti, lors qu'on le soûtenoit dans l'air, on ne devroit alors sentir qu'une once de pesanteur.

IV.
Avec quelle force un corps qui pese plus qu'une pareille masse d'eau doit tomber au fond.

Mais dautant que l'eau n'a icy esté prise que pour exemple, & que le raisonnement que nous venons de faire, se peut appliquer à toute autre liqueur pesante, nous pouvons assurer generalement, qu'en soûtenant un corps pesant, nous ne devons sentir que l'excés de

V.
Que nous ne sçaurions sentir la pesanteur absoluë d'aucun corps.

Q

fa pefanteur pardeffus celle d'une pareille maffe de la liqueur dans laquelle il eft. En fuitte dequoy, nous ne trouverons aucun fujet d'admiration dans l'experience que nous avons faite d'un jeune homme mediocrement gras, qui pefant cent trent-huit livres dans l'air, ne pefoit que huit onces dans l'eau. Mais comme nous avons fait voir cy-devant par plufieurs experiences, que l'air eft pefant, quand nous fentons un corps pefant dans l'air, nous ne devons pas fentir fa pefanteur abfolüe, mais feulement ce dont il pefe plus qu'une pareille maffe d'air ; Et par confequent, à moins de quelque indifpofition particuliere, nous ne devons jamais nous fentir moins pefants, que quand l'air à le plus de pefanteur.

VI.
Qu'un corps moins pefant qu'une liqueur doit remonter, & avec quelle force.

Il eft évident, que fi le corps I, dont il a efté parlé un peu auparavant, avoit efté fuppofé moins pefant que la maffe d'eau dont il occupe la place ; la colomne E F G H, auroit moins de pefanteur qu'il ne luy en faut pour eftre en équilibre avec le refte de l'eau de la cuve ; C'eft pourquoy cette colomne devroit eftre contrainte de ceder, jufques à ce que le corps I fuft parvenu vers la furface A D, au deffous de laquelle il ne pourroit demeurer enfoncé, qu'autant qu'il le faut, pour occuper la place d'une quantité d'eau, dont la pefanteur feroit égale à la fienne.

VII.
Moyen pour connoiftre fi

De ce que nous venons de dire, nous tirerons deux conclufions affez importantes ; La premiere eft, que fi

nous voyons cy-aprés qu'un corps plongé dans une liqueur aille au fond, ce nous fera une marque aſſurée
qu'il peſe plus qu'une pareille maſſe de cette liqueur ; &
s'il nage toûjours au deſſus, c'eſt une marque infailli-
ble qu'il peſe moins.

un corps dur peſe plus ou moins qu'une pareille maſſe d'une certaine li-queur,

La ſeconde eſt, que ſi un corps dur eſtant plongé dans
deux liqueurs differentes, remonte au deſſus de l'une, &
deſcend au fond de l'autre, la premiere doit neceſſairement eſtre plus peſante que l'autre.

VIII.
Moyen exact de connoiſtre laquelle de deux li-queurs eſt la plus peſante

En ſuitte de cecy, ſi nous faiſons reflexion ſur ce que
quelques Philoſophes enſeignent, qu'il y a certains lieux
naturels à chaque ſorte de corps, où ils demeurent d'eux-
meſmes en repos, ſans plus faire d'effort pour ſe porter
ailleurs ; & que c'eſt pour cela que l'eau ne peſe pas dans
l'eau ; Nous ne feindrons pas de dire, que c'eſt une erreur
auſſi groſſiere, que ſeroit celle d'un homme, qui voyant
un de nos gros canons dans le baſſin d'une balance, &
ſept ou huit milliers de livres dans l'autre baſſin, ſe perſuaderoit qu'un canon ne peſe pas dans ce lieu-là, à cauſe qu'en y portant la main, il le feroit hauſſer & baiſſer
fort aiſément : Car les Philoſophes n'ont fondé en cecy
leur opinion que ſur l'experience, qui fait voir qu'en tirant de l'eau d'un puis, on ne commence à ſentir la peſanteur de celle dont le ſeau eſt plein, que quand il commence à paſſer dans l'air ; au lieu qu'ils devoient juger,
que comme le canon eſt toûjours peſant, & qu'on ne le
ſoûleve facilement, qu'à cauſe des poids, avec leſquels
il eſt en équilibre ; De meſme auſſi l'eau peſe toûjours
également, & que ce qui fait qu'on ne ſent point ſa peſanteur, quand le ſeau eſt enfoncé dans l'eau du puis,

IX.
Erreur de quelques Philoſophes.

c'eſt qu'on eſt aidé par le reſte de l'eau du puis, qui eſt en équilibre avec celle du ſeau.

CHAPITRE XVII.

De l'accroiſſement , du décroiſſement , & de l'alteration.

I.
Ce que l'on entend par l'accroiſſe-ment & le décroiſſement

COMME Ariſtote parlant du mouvement local, fait encore conſiderer d'autres changemens qui arrivent au corps naturel, qu'il appelle auſſi des mouvemens ; à ſçavoir l'accroiſſement, le décroiſſement, & l'alteration, ſon exemple nous invite à ne les pas paſſer icy ſous ſilence, & à faire voir qu'il a eu raiſon de les conſiderer ſous ce nom, puis qu'en effet ce ne ſont que des ſuittes du mouvement local. Tout le monde demeure d'accord , que l'on donne le nom d'accroiſſement, ou de décroiſſement, à l'augmentation ou diminution ſenſible d'un corps en ſa propre ſubſtance ; ainſi , l'on reconnoiſt qu'il y a de l'accroiſſement au tronc d'un arbre , quand on remarque qu'il eſt plus gros qu'il n'eſtoit auparavant.

II.
Comment ſe fait l'accroiſ-ſement & le décroiſſement

Puiſque nous voyons que les arbres, & generalement tous les corps ont beſoin de nourriture pour croître, & qu'il eſt meſme impoſſible de concevoir comment un corps pourroit croître & devenir plus grand, à moins que quelques parties ſe fuſſent jointes à celles qui compoſoient deja ſa grandeur ; 'c'eſt une preuve convaincante que tout corps qui croiſt, reçoit quelque augmentation de matiere ; Mais si cela est vray à l'égard d'un corps qui croist, l'on peut dire de mesme que tout corps qui décroist perd de celle qu'il avoit.

Cela n'empesche pourtant pas que l'on ne reconnoisse qu'il y a de la difference entre l'accroissement & la rarefaction, comme aussi entre le décroissement & la condensation ; daurant que la matiere qui s'ajoûte au corps qui croist, ou celle qui est ostée de celuy qui décroist, est considerée comme luy appartenant, & comme faisant partie de sa propre substance ; au lieu, comme nous avons déja remarqué, que celle qui entre dans les pores d'un corps qui se rarefie, ou qui échape de celuy qui se condense, passe pour une matiere qui luy est étrangere.

III.
Qu'il y a de la difference entre l'accroissement & la rarefaction.

L'idée que l'on a d'un arbre qui croist estant differente de celle que l'on a d'un arbre que l'on transplante, il faut avoüer qu'Aristote a eu raison de mettre de la difference entre l'accroissement & le mouvement local ; Cependant, comme un arbre ne sçauroit estre transplanté, que par le mouvement local de tout son corps, l'on ne peut pas aussi concevoir qu'il puisse croître, que par le mouvement local & l'union des petites parties qui ont contribué à le faire croître.

IV.
Que l'accroissement d'un corps est different du mouvement local de ce corps.

Quand on ne considere ny l'augmentation, ny la diminution d'un corps, quelque changement qui luy arrive, pourveu qu'il ne le fasse pas entierement méconnoître, c'est ce que nous avons déja dit, que l'on appelle alteration. Delà, il est aisé à juger, qu'il ne peut y avoir d'alteration sans mouvement local : Car quel moyen qu'il puisse arriver du changement dans un

V.
Comment se fait l'alteration.

Q iij

corps, si toutes les parties qui le composent, & dont l'arrangement particulier fait sa nature, ne changent point de situation : Cela estant, l'on prévoit aisément qu'il doit y avoir de l'alteration dans un corps, lors qu'il arrive quelque dérangement, ou quelque changement notable dans la figure des parties sensibles ou insensibles dont il est composé ; ou mesme qu'il peut souffrir de l'alteration, par l'acquisition de quelques nouvelles parties, & par la perte de quelques autres ; ce qui ne se peut faire sans mouvement local. Ainsi, quand il nous paroist de l'alteration dans une pomme qu'on a froissée, nous concevons aisément que plusieurs de ses parties ont esté contraintes de changer de situation ; & que quelques-unes ont peut-estre aussi changé de figure. Que si aprés cela quelqu'un doutoit encore s'il n'y a point quelque espece d'alteration dans laquelle il arrive quelque autre chose que du mouvement local, je n'estime pas qu'on le puisse satisfaire, que par ce que nous dirons cy-aprés touchant les formes.

CHAPITRE XVIII.

Des formes.

I.
Que les formes se doivent traiter en particulier.

LEs formes ne sont point un sujet duquel il faille esperer de pouvoir parler comme nous avons fait de la matiere : Car comme la matiere est un sujet commun, & qu'on ne sçauroit sçavoir ce qu'elle est, dans du bois, qu'on ne sçache en mesme-temps ce qu'elle est dans du feu, & dans toute autre chose, une seule réflexion nous a pû suffire pour nous en faire acquerir la connoissance ; au lieu que la forme d'un Estre estant ce qui le fait estre en particulier ce qu'il est, & qui le rend different de toute autre chose, il ne s'ensuit pas que connoissant la forme du bois, on connoisse aussi la forme du feu, ou de quelque autre chose que ce soit. C'est pourquoy, si nous voulons réüssir en cecy, & dire quelque chose de plus que le commun, il faut se resoudre à descendre dans le particulier, nonobstant la coûtume des Philosophes, qui n'y descendent presque jamais, & qui se contentent pour l'ordinaire de proposer plusieurs questions fort vagues, & qui peuvent mesme passer pour superfluës, en ce qu'on n'en peut tirer aucune utilité.

Je ne voudrois pas neantmoins dire qu'il fust inutile de demander, comme ils font en ce lieu-là, s'il y a des Formes Substantielles, c'est à dire des formes qui soient de veritables substances, & qui par consequent ayent une existence distinguée de l'existence de la matiere ; Mais du moins, j'ose assurer que la solution de cette difficulté dépend de la connoissance particuliere de chaque chose. L'exemple de l'Ame raisonnable ne sçauroit rien prouver là-dessus : Car quoy que nous sçachions que c'est une substance réellement distincte du corps auquel elle est unie, & qu'elle n'en dépend aucunement pour estre, cela ne peut tirer à consequence pour les formes des autres Estres purement materiels.

II.
Ce que l'on entend par formes substantielles; & que l'exemple de l'ame raisonnable ne prouve pas qu'il y en ait d'autres.

Et mesme à considerer la chose de prés, quoy que je

III.
Que l'ame

reconnoisse avec tout le monde, que l'Ame est ce qui nous donne particulierement l'Estre d'homme ; & par consequent qu'elle est veritablement la forme du corps humain, entant qu'humain ; je ne voudrois pas neantmoins demeurer d'accord, qu'elle fust à proprement parler, la forme de ce tout sensible, que nous appellons nostre Corps, entant que consideré simplement comme corps ; non plus qu'on ne peut pas dire qu'elle soit la forme de chacune de ses parties, entant que considerées comme differentes les-unes des autres : Car en ce sens, chacune doit avoir sa forme particuliere tellement attachée à la matiere, qu'elle y demeure toûjours tandis que la partie subsiste, mesme aprés que l'ame est separée du corps ; Et de fait, aprés cette separation, chaque partie ne nous paroist point differente de ce qu'elle estoit immediatement auparavant : Car, par exemple, ce qui estoit de la chair, est encore de la chair, ce qui estoit un os, est encore un os, & ainsi du reste.

Ce qui cause en cecy la méprise de plusieurs, qui confondent mal-à-propos les proprietez du corps avec celles de l'Ame, est qu'un cadavre, aprés la separation de l'Ame, n'est plus capable de plusieurs fonctions que l'on remarquoit auparavant estre en luy, comme de se mouvoir, de respirer, de se nourrir &c. De sorte que l'on s'est persuadé que toutes ces choses estoient des dépendances de l'Ame, & qu'elles n'ont cessé dans le corps, qu'à cause que l'Ame s'en estoit separée ; Au lieu que l'on devoit plûtost dire, que la demeure de l'Ame dans le corps, est en quelque façon dépendante de la disposition qu'a le corps à faire ces fonctions, & que sa
separation

separation est une suitte de ce que ces fonctions ne s'y peuvent plus faire; Estant certain par toutes les experiences journalieres, que la mort n'arrive, & que l'Ame ne se separe du corps, qu'aprés qu'il a receu quelque blessure, où qu'il a esté en quelque autre façon gasté & corrompu; Mais il n'y a aucun exemple qui nous ait appris, qu'un Ame se soit jamais separée d'un Corps qui fust sain & parfait; & que ce Corps n'ait commencé à se corrompre, qu'ensuitte, & à cause de la separation de l'Ame.

Ce seroit donc sans raison, si sur le simple exemple de l'Ame raisonnable, qui est d'un autre ordre que les formes ordinaires des corps, & sans la connoissance précedente de la forme particuliere de chaque espece de corps, nous osions assurer icy temerairement, qu'il y a des formes substantielles dans des Estres purement materiels. Cependant, nous pouvons sans craindre de nous méprendre avancer icy hardiment, qu'il y a quelques-unes de ces formes qui sont essentielles, entant qu'elles conviennent necessairement à leurs sujets, comme la liquidité est essentielle à l'eau, n'y ayant point d'eau sans liquidité; nous pouvons aussi dire qu'il y en a d'autres qu'on peut nommer accidentelles, parce qu'elles conviennent en telle sorte à un sujet, qu'il pourroit bien exister sans elle, & ne pas laisser d'estre ce qu'il estoit; ainsi la froideur est une forme accidentelle à l'eau, par ce que de l'eau est encore de l'eau nonobstant qu'elle soit chaude.

Il pourroit mesme bien estre qu'Aristote auroit reconnu des formes essentielles, & non point des for-

R

riſtote n'admette pas de formes ſubſtantielles.

mes ſubſtantielles ; eſtant certain que le mot grec dont il s'eſt ſervy, peut auſſi bien, & meſme mieux, ſignifier l'un que l'autre.

VII.
Que les formes artificielles ſont auſſi naturelles.

L'on a de coûtume de diviſer ordinairement les formes en naturelles & en artificielles ; Les naturelles, dit-on, ſont celles qui arrivent à un ſujet, ſans que l'induſtrie des hommes y contribuë, c'eſt ainſi qu'une portion de matiere reçoit la forme de marbre dans les entrailles de la terre ; Les formes artificielles ſont celles que l'art fait naître ; & ainſi la forme d'une horloge s'appelle artificielle, parce qu'elle doit ſa naiſſance à l'induſtrie de l'Horloger. Je demeure d'accord que ſi ce nom ne leur eſtoit donné que par rapport aux cauſes qui les produiſent, l'on auroit raiſon de nommer les-unes naturelles, & les autres artificielles ; mais dautant qu'on pretend de là inferer, que les formes naturelles ſont differentes des artificielles, & qu'elles agiſſent par des principes internes, qui ſont tout autres que ceux des formes artificielles, c'eſt en celà que l'on ſe méprend, & que l'on ſe trompe : Car les formes artificielles ſont auſſi naturelles, que les naturelles meſmes ; puis qu'elles naiſſent de cauſes purement naturelles, & que l'art, comme l'on dit, ne fait rien autre choſe qu'appliquer les choſes actives aux paſſives.

VIII.
Diviſion des formes en ſimples & compoſées.

L'on peut bien plus raiſonnablement diviſer les formes en ſimples & en compoſées ; Les ſimples ſont celles des Eſtres ſimples, c'eſt à dire, des Eſtres qui ſont capables de peu de proprietez ; Et les compoſées ſont celles des Eſtres compoſez, ou qui ſont capables d'un

plus grand nombre de proprietez. Par exemple, la forme
du corps dur, quelle qu’elle soit, doit paſſer pour ſimple en comparaiſon de la forme du bois, qui à l’égard
de l’autre peut eſtre ditte compoſée; parce que le corps
dur, entant que dur, n’eſt point capable de tant de proprietez que le bois.

Cette obſervation eſt plus digne de remarque que
l’on ne s’imagine : Car il eſt évident qu’on peut bien
connoître les choſes ſimples, encore qu’on ne connoiſ-
ſe pas les compoſées qui en peuvent naître ; Au lieu
qu’on ne ſçauroit bien connoiſtre les compoſées, ſans
avoir une connoiſſance diſtincte des ſimples qui concourent à leur compoſition. C’eſt pourquoy, dans le deſſein que nous avons de connoiſtre les formes en particulier, il eſt neceſſaire que nous commencions à examiner celles qui ſont les plus ſimples, pour delà paſſer à
celles qui ſont les plus compoſées.

IX.
Que les for-
mes ſimples
doivent eſtre
connües les
premieres.

CHAPITRE XIX.

Des Elemens, dans la penſée des Anciens.

L’On ne pourra pas douter que les formes des Elemens ne ſoient les plus ſimples de toutes, lors que
l’on ſçaura diſtinctement ce que les Philoſophes entendent par le mot d’Element. Il faut donc remarquer
que le principal but des Philoſophes, eſt de tellement

I.
Ce que les
Philoſophes
entendent
par les Ele-
mens.

R ij

expliquer les generations de chaque Eſtre, qu'ils faſſent connoître tous les differens eſtats par où ces Eſtres paſſent, depuis leurs premiers principes, juſqu'à ce qu'ils ſoient entierement achevez, & dans l'eſtat parfait auquel nous les voyons. Et pour y parvenir, comme ils ſçavent par experience qu'une choſe ne ſe fait pas indifferenment de toute autre choſe; & par exemple, que des pierres ou du marbre ne ſont pas propres à eſtre converties en chair, & à ſervir de nourriture au corps pour l'entretenir & le faire croiſtre, ils jugent par proportion, que les ſeuls principes s'alliant d'abord enſemble, & le plus ſimplement qu'il eſt poſſible, ne peuvent pas compoſer toutes ſortes de Corps, mais ſeulement quelques Eſtres fort ſimples, du mélange deſquels tous les autres Eſtres peuvent en ſuitte eſtre compoſez. Or quels que ſoient ces Eſtres tres‑ſimples qui naiſſent ainſi des premieres déterminations & du premier alliage des principes, c'eſt ce que les Philoſophes appellent des Elemens; Si‑bien que les Elemens different des principes, en ce qu'un principe, comme par exemple la matiere, eſt un Eſtre en quelque façon incomplet & indéterminé, au lieu que l'Element eſt déja un Eſtre complet & déterminé.

<table>
<tr><td>II.
Qu'il y doit avoir plus d'un Ele-ment; & quelle a eſté la penſée des anciens tou-chant les Elemens.</td><td>Cela eſtant expliqué, il eſt indubitable qu'il doit y avoir plus d'un Element, autrement tout demeureroit dans une ſimplicité uniforme, & il n'y auroit point d'Eſtres compoſez; Mais les Philoſophes ne s'accordent pas, touchant ce qui doit paſſer pour Element; dont la raiſon eſt, qu'ils ont moins conſideré les choſes dans leur</td></tr>
</table>

propre Nature, que par rapport aux ſentimens qu'elles
peuvent exciter en nous. Ainſi quelques Philoſophes,
qui n'ont eu égard qu'au ſens de la veuë, ont aſſuré que
les Elemens de ce monde eſtoient le lumineux & l'obſcur, ou le tranſparent & l'opaque ; & d'autres, qui ont
tout rapporté à l'attouchement, ont pretendu que le
dur & le liquide, ou le chaud & le froid eſtoient les
Elemens.

Ariſtote peut eſtre mis au nombre de ces derniers ; *III.*
toutesfois il a procedé en cecy d'une maniere un peu *De la ma-*
differente de la leur. Il conſidere d'abord les principales *niere dont*
Ariſtote a
qualitez tactiles, qui ſont la chaleur, la froideur, la ſe- *étably les*
chereſſe ou la dureté, & l'humidité ou la liquidité ; puis *quatre Ele-*
mens.
remarquant que deux de ces qualitez ſe peuvent rencontrer dans un meſme ſujet, & que les quatre ſe peuvent
accoupler en quatre diverſes façons, il établit quatre
Elemens, dont l'un eſt froid & ſec, l'autre froid & humide, le troiſiéme chaud & humide, & le quatriéme
chaud & ſec.

En ſuitte, pour impoſer des noms à ces Elemens, il *IV.*
a cherché dans la Nature quelles pouvoient eſtre les *Quels ſont*
les noms
choſes dans chacune deſquelles un Element ſembloit *qu'il leur a*
prédominer, & où ſes qualitez fuſſent plus ſenſibles ; *donnez.*
Ainſi penſant que la Terre eſtoit la choſe du monde
la plus froide & la plus ſeche tout enſemble, il a donné
le nom de terre à ſon premier Element ; De meſme,
penſant que l'eau eſtoit la choſe qui avoit le plus de froideur & d'humidité, il a donné le nom d'eau à ſon ſecond
Element ; De plus, eſtimant qu'il n'y avoit rien qui fuſt
plus humide, & tout enſemble plus chaud que l'air, il a

donné à son troisiéme Element le nom d'air ; Et enfin, ne doutant point que le feu ne fust la chose du monde la plus chaude & la plus seche, il a donné le nom de feu à son quatriéme Element.

V.
Qu'il y en a qui les entendent mal.

Aristote, pour s'estre servy de ces noms qui estoient déja en usage pour signifier d'autres choses, a donné lieu à plusieurs qui n'ont pas bien penetré sa pensée, de croire avec beaucop de simplicité, que cette terre que nous habitons, l'eau que nous beuvons, l'air que nous respirons, & le feu que nous allumons sont ses quatre Elemens. Ce qui paroistra une erreur fort grossiere, à quiconque considerera que le nom d'Element ne se donne qu'à un corps simple, & que les quatre dont nous venons de parler, sont les plus composez que nous connoissions.

VI.
Que les Elemens établis par Aristote & par les autres, ne doivent pas estre admis.

Mais quand on prendroit les Elemens d'Aristote dans la simplicité qu'il leur attribuë, si on les compare avec ceux que d'autres Philosophes ont tâché d'introduire, on ne remarque pas qu'ils ayent en eux aucun avantage qui les doive faire preferer aux autres ; parce qu'il n'y a pas plus de raison de considerer en cecy lesqualitez de l'attouchement, que celles de la veuë, ou des autres sens. Mais ny les-uns ny les autres ne doivent point estre admis ; & cela pour deux raisons qui me semblent tres-fortes. La premiere est, que pour bien établir les Elemens, ils le doivent estre sur les déterminations qu'on prévoit pouvoir arriver à la matiere considerée en elle-mesme, & absolument, & non pas sur les rapports que les differentes formes dont elle est capable peuvent avoir avec nos diverses facultez de sentir. Et la seconde est, que tous ces prétendus Elemens, estant déterminez par des qualitez sensibles, dont on ne nous donne aucune idée distincte, il est impossible qu'il ne leur reste une obscurité, au travers de laquelle il n'y a point de Philosophe qui puisse penetrer, pour prévoir ce qui pourra naistre de leur mélange ; De mesme qu'un Medecin ne sçauroit prévoir quelle sera la vertu d'un medicament composé de plusieurs simples, dont il n'a qu'une connoissance confuse.

CHAPITRE XX.

Des Elemens des Chymistes.

JE ne sçay si ces raisons, ou d'autres semblables, ont porté les Chymistes à ne pas approuver les Elemens que les Anciens avoient voulu introduire ; mais toûjours est-il certain qu'ils nous en ont proposé d'autres qui sont fort differens des leurs. Et pour les établir, comme ils faisoient profession d'un art qui consiste principalement à se servir du feu en diverses manieres, pour separer autant qu'il est possible les diverses parties dont les differens Estres sont composez, ils ont pretendu que cette resolution estoit l'unique moyen de connoître quels sont les veritables Elemens dont la Nature se sert dans la composition des Estres ; De mesme que la desunion de toutes les parties d'une machine, est l'unique moyen de bien faire connoître dequoy elle est composée.

II.
Ce que c'est que le Mercure des Chymistes.

Or en travaillant sur certains Corps, comme par exemple sur du vin, ils en mettent une grande quantité dans un alambic, & en font exhaler par le moyen du feu certaines parties, lesquelles aprés s'estre épaissies par le froid, tombent dans une autre vaisseau, sous la forme d'une liqueur qui est savoureuse, subtile, & penetrante, à laquelle il leur plaist de donner le nom de *Mercure*, *d'Esprit*, ou *d'eau de vie.*

III.
Ce que c'est qu'ils appellent le flegme & le souffre.

Aprés quoy, laissant toûjours l'alambic sur le feu, ils en font distiler une liqueur insipide, qu'il leur plaist d'appeller *Flegme* : Ce qu'ils continuent, jusques à ce qu'il ne paroisse plus dans leur alambic, qu'une matiere gluante, à peu-prés comme du miel. Ensuitte ils mettent cette matiere gluante dans une cornüe, & derechef, par le moyen du feu, ils en font distiler *du flegme*, qui est semblable au premier ; puis une liqueur acide, à qui ils donnent encore le nom de *Mercure*, & aprés, une autre liqueur moins coulante, qui ressemble à de l'huile, & qui se peut enflammer comme elle, à qui ils donnent le nom *de souffre.*

IV.
Ce que c'est qu'ils nomment la teste morte, & le sel.

Enfin, brûlant ce qui reste dans la cornuë, qui est déja fort sec, ils en mettent les cendres dans une jatte, ou terrine, avec une certaine quantité d'eau, laquelle y devient en peu de temps comme salée : puis, par le moyen de la filtration l'ayant fait tomber toute claire dans un autre vaisseau, il leur reste dans la terrine une espece de terre poudreuse & insipide, qu'ils appellent *teste morte*, ou *terre damnée* ; Et quant à l'eau claire qui est tombée dans cet autre vaisseau, ils la font entierement évaporer par le moyen d'un feu lent ; & alors il

reste

reſte au fond de ce vaiſſeau un corps dur & friable, qui reſſemble aſſez à du ſel, & à qui pour cela ils donnent le nom *de ſel.*

Et delà ils concluent, que ces cinq ſortes de ſubſtances, à ſçavoir *le mercure, le flegme, le ſouffre, le ſel, & la teſte morte,* ſont les Elemens du vin ; Et dautant que tout ce qu'ils peuvent tirer de tout autre ſujet, reſſemble à quelqu'une de ces choſes, ils concluent generalement, que ces choſes ſont les ſeuls & veritables Elemens de tous les Corps mixtes qui ſont au monde, & que c'eſt de leur different mélange que vient toute la varieté que nous y remarquons.

V.
Que le mercure, le flegme, le ſouffre, le ſel & la teſte morte ſont les Elemens des Chymiſtes.

J'eſtime que ce ſeroit commettre une injuſtice, que de refuſer aux Chymiſtes les loüanges que leur induſtrie & leur aſſiduité laborieuſe merite ; Tout le monde ſans doute, & les Philoſophes en particulier, leur ſont fort obligez de la peine qu'ils ſe ſont donnée, & qu'ils ſe donnent encore tous les jours, à faire un tres-grand nombre d'experiences, par le moyen deſquelles ils leur font connoître les diverſes proprietez de pluſieurs Eſtres differens : Ce qui leur donne la commodité de rechercher & de découvrir la Nature des choſes, & leur ſert en meſme-temps, de regle pour ſonder la verité de leurs principes, & pour juſtifier leurs raiſonnemens, & les conſequences qu'ils en tirent. Neantmoins je n'eſtime pas que l'on puiſſe ſe contenter de leur maniere de philoſopher ; ny en particulier que l'on doive admettre ce qu'ils nous propoſent pour Elemens.

VI.
En quoy la Chymie peut eſtre utile aux Philoſophes.

Quoy que les loüanges exceſſives que la pluſpart ſe donnent eux-meſmes, & dont leurs livres ſont pleins,

VII.
Defauts des Chymiſtes.

S

comme d'eftre les feuls Philofophes, & les feuls depo-
pofitaires des fecrets de la Nature, & que les grandes
promeffes qu'ils font, qui pour l'ordinaire font fauffes
& vaines, les ayent prefque univerfellement fait mé-
prifer de tout le monde; & que les termes obfcurs,
& les équivoques prefque continuelles dont ils fe
fervent, les ayent auffi rendus ridicules à plufieurs:
Ce n'eft pas pourtant cela qui me fait écarter de leurs
fentimens. Car pour ces loüanges exceffives & ces
vaines promeffes, ce ne font que des defauts perfon-
nels, dont on fe peut aifement exempter, & dont
en effet quelques Chymiftes de ma connoiffance,
font exempts, qui bien loin d'eftre vains & fuperbes
comme les autres, ont au contraire une modeftie, qui
feule meriteroit qu'on les mift au rang des honneftes
gens, quand d'ailleurs ils n'auroient rien qui les rendift
recommandables; Et pour l'obfcurité de leurs termes,
dont quelques-uns font déja autorifez par l'ufage, on
la peut aifement diffiper, en fe donnant la peine de fe
les faire expliquer.

  Ce qui fait donc que je n'approuve pas la methode
des Chymiftes, c'eft premierement parce qu'elle eft
défectueufe: dautant qu'il eft certain qu'en travaillant
le plus exactement qu'il eft poffible, ils ne fçauroient
recueillir & ramaffer que les parties fenfibles dont un
corps eft compofé: Car pour celles qui reffemblent à
cette matiere fubtile, dont nous avons cy-devant reconnu l'exiftence, & qui peuvent concourir à la compofition de plufieurs chofes, elles échappent à tous
leurs foins; Mais de plus, c'eft que ce qu'ils nous don-

nent pour principe, ne fçauroit qu'il ne foit fort alteré, & fort different de ce qu'il eftoit dans le mixte ; le feu n'ayant pû agiter les diverſes parties qu'ils tirent, & les faire entrechoquer les unes les autres, ſans s'eftre ſubdiviſées, & ſans avoir par conſequent changé de figure & de nature. Ce qui ſe confirme par l'experience meſme : Car en mêlant enſemble toutes les parties, dans leſquelles il ont pû reſoudre un mixte, ce qui en reſulte ne reſſemble plus à ce meſme mixte.

On peut ajoûter à cela, que les Chymiſtes ſe trompent eux-meſmes, quand ils diſent qu'il n'y a que cinq Elemens : Car poſé leur methode, & la maniere ſur laquelle ils ſe fondent, il faudroit dire qu'il y en a un tres-grand nombre, & ſi grand, qu'il eſt meſme impoſſible de le connoiſtre. Ainſi, il y auroit un grand nombre de ſortes de mercure, de ſouffre, de ſel, & ainſi des autres. En effet, pour ne parler icy que du ſel ſeul, autant qu'il y a de mixtes differens, autant trouve-t-on preſque de differens ſels ; Par exemple, celuy qui ſe tire du freſne a une vertu cauſtique, c'eſt à dire de ronger la chair ſur laquelle il eſt appliqué, ce que l'on ne remarque point dans le ſel qui ſe tire du cheſne.

Mais ce qui me choque le plus dans tous les raiſonnemens des Chymiſtes, eſt la confuſion de laquelle ils ne veulent point ſortir, & l'averſion qu'ils ont pour les connoiſſances diſtinctes, qu'il eſt ſi naturel de ſouhaiter d'avoir. Par exemple, ſi on leur demande ce qu'ils entendent par le ſouffre, ils repondront bien que c'eſt une substance grasse & inflammable ; Mais si on les interroge plus avant, pour sçavoir ce que c'est que cette substance grasse & inflammable, à qui ils donnent le nom de souffre, & en quoy consiste la proprieté qu'elle a de s'enflammer, non seulement ils ne veulent pas répondre là-dessus, ce qu'il ne faut pas trouver étrange, puis qu'ils ne le sçavent pas, mais mesme ils trouvent mauvais que l'on ait cette curiosité, & que l'on se mette en peine d'y satisfaire ; Si-bien que toute leur science se borne à sçavoir donner des noms à des choses qu'ils ne connoissent point du tout, & du mélange desquelles il est par consequent impossible de prévoir ce qui en pourra resulter ; qui est cependant une des conditions principales que l'on demande dans les Elemens.

X I.
Usage pretendu des Elemens des Chymistes &
de ceux des anciens.

L'on dira peut-estre icy en faveur des Elemens des Chymistes, & mesme en faveur de ceux des Aristoteliciens, que si l'on ne connoist pas distinctement ce qu'ils sont en eux mesmes, au moins connoist-on ce dont ils sont capables, c'est à dire les sentimens qu'ils excitent en nous, & la commodité ou l'incommodité que nous en pouvons recevoir ; ce que l'on se persuadera estre suffisant pour nous faire connoistre de quoy pourra estre capable ce qui resultera de leur mélange. Car, dira t-on, nous pourrons sur cela establir deux regles generales, dont la premiere sera que si deux choses sont separément capables d'un mesme effet, elles en seront encore capables lors qu'elles seront mêlées ensemble. La seconde, que si deux choses sont separément capables de deux effets contraires, elles composeront enſemble un tout capable de quelque choſe de moyen entre ces deux effets ; ce que l'on ne peut nier devoir eſtre d'une tres-grande utilité.

Mais quoy que ces deux regles ſe trouvent ordinai- rement vrayes, ce ſeroit pourtant une imprudence de ſy fier par trop ; & je ne doute point qu'elles ne ſoient meſme deſaprouvées par les Chymiſtes, qui ſçavent fort bien que ſi on les ſuivoit exactement, l'on formeroit ſouvent des jugemens auſquels l'experience ſeroit con- traire.

XII.
*Que cet uſa-
ge pretendu
nous pourroit
faire faire
pluſieurs
faux juge-
mens.*

Par exemple, ſi l'on ſuivoit ces deux regles à la let- tre, l'on aſſureroit que deux corps que l'on ſent ſepa- rément froids, compoſeroient un tout qui ſeroit auſſi ſenti froid.

XIII.
1. Exemple.

L'on aſſureroit que deux corps liquides compoſe- roient un tout liquide.

XIV.
2. Exemple.

Que deux liqueurs tranſparentes compoſeroient en- ſemble un tout tranſparent.

XV.
3. Exemple.

Que deux liqueurs rouges mêlées enſemble ſeroient encore rouges.

XVI.
4. Exemple.

Qu'un corps de couleur jaunâtre avec un autre de couleur verte, compoſeroit un verd tirant ſur le jaune.

XVII.
5. Exemple.

Que deux choſes que l'on peut prendre ſeparément ſans danger, pourroient auſſi eſtre priſes ſans danger en les prenant enſemble.

XVIII.
6. Exemple.

Cependant, l'on ſçait que ces jugemens ſont démen- tis par les experiences ſuivantes ; Par exemple, de la chaux, qui eſt froide au toucher, eſtant arroſée d'eau froide, s'échauffe juſqu'à brûler. De plus, ſi l'on mêle

XIX.
*1. Expe-
rience con-
traire.*

enſemble de l'huile de vitriol & de l'huile de tartre, chacune deſquelles eſt ſentie froide, on s'apperçoit d'une
ſubite ébullition, & en meſme-temps d'une chaleur fort
ſenſible.

XX.
2. Expe-
rience.

Si l'on mêle enſemble de l'eſprit de vin & de l'eſprit
d'urine, qui ſont deux liqueurs fort coulantes, il s'en fait
preſqu'en un moment un corps qui ne coule plus du
tout, & qui meſme eſt aſſez dur.

XXI.
3. Expe-
rience.

Si aprés avoir fait boüillir un demy-quart d'heure
durant un demy-ſeptier de vinaigre diſtilé, dans lequel
on ait mis environ une once.de litarge d'argent, & ſi
aprés avoir fait infuſer pendant vingt-quatre heures un
morceau de chaux vive, dans une quantité d'eau ſuffi-
ſante (ſe ſervant à cet effet de pots de terre vernis, qui
ſoient neufs & bien nets) l'on filtre ſeparément ces deux
liqueurs, on les trouvera parfaitement tranſparentes ;
mais ſi on les mêle enſemble, elles deviendront opaques
& de couleur fort brune.

XXII.
De l'encre
ſympathique.

C'eſt dans l'uſage de ces deux eaux, que conſiſte tout
le ſecret de l'encre, que quelques-uns appellent l'encre
de ſympathie. Ils écrivent avec la premiere eau ce dont
ils ne veulent point qu'on s'apperçoive, & l'écriture diſparoiſt au moment qu'elle eſt ſeche ; Mais celuy qui reçoit la lettre, paſſant ſur le papier une eſponge tant ſoit-
peu humectée de la ſeconde eau, l'écriture commence à
paraeiſtre ſous la couleur d'un roux tirant ſur le noir. Lors
que ces eaux ſont fraiſchement faites, & que l'on a eu
le ſoin de bien couvrir le pot dans lequel on a fait infuſer la chaux vive, il n'eſt pas neceſſaire que l'eſponge
humectée touche l'écriture pour la faire paraeiſtre, il ſuffit

de la paſſer à un peu de diſtance ; & j'ay veu meſme pluſieurs fois, que l'eau de chaux eſtoit ſi efficace, qu'aprés
avoir étendu ſur une table la lettre écrite de la premiere
eau, & l'avoir couverte d'une main de papier, en verſant de la ſeconde eau ſur la feüille de deſſus qui en
eſtoit ſeule mouillée, l'écriture de la lettre ne laiſſoit pas
de ſe noircir.

Faiſant boüillir ſur le feu de l'eau dans laquelle on XXIII.
ait mis un peu de bois de breſil, l'on a en fort peu de 4. *Expe-*
temps une liqueur d'un aſſez-beau rouge ; & la verſant *rience.*
en ſuitte dans un verre où il y ait le moins du monde
de vinaigre, cette couleur ſe change en couleur d'am-
bre ; & cela ſe fait ſi promptement, que la premiere
couleur diſparoiſt tout-à-fait, ſi-toſt que l'eau a touché
le fond du verre.

Il eſt certain que la noix de galle eſt de couleur jau- XXIV.
nâtre, & que quand on la mettroit en poudre l'on n'y 5. *Expe-*
verroit rien de noir, non plus que dans le vitriol qui eſt *rience.*
de couleur verte ; cependant en faiſant infuſer pendant
quelques jours ces deux choſes dans de l'eau commune, ou pour avoir plûtoſt fait, faiſant boüillir l'eau une
heure ou deux ſur le feu, il s'en fait un tout de couleur
noire, qui ne differe de l'encre, ſinon qu'il y manque un
peu de gomme arabique.

Les Medecins ordonnent quelque fois de prendre XXV.
dans un boüillon, ou dans une autre liqueur, quelques 6. *Expe-*
gouttes d'eſprit de nitre, ou quelques gouttes d'huile *rience.*
de vitriol, & ces deux choſes priſes ſeparément & bien
à propos ſont des remedes ; cependant, ſi on les prenoit
enſemble, elles deviendroient un poiſon. Or cette ex-

perience, auffi bien que les précedentes, & plufieurs autres que j'y pourrois joindre, montre fi évidemment l'incertitude de ces deux regles que j'ay cy-deffus rapportées, & par confequent l'inutilité des Elemens des Anciens, & des Chymiftes, qu'il eft fuperflu de m'y arrefter davantage. Ce que nous avons donc maintenant à faire, eft de tafcher à faire connoître quels font les vrais Elemens des chofes naturelles.

CHAPITRE XXI.

Des Elemens des chofes naturelles.

I.
Qu'on ne fçauroit fe tromper en attribuant des figures aux parties de la matiere.

POUR agir en cecy avec le plus de circonfpection qu'il nous fera poffible, & pour établir le nombre des Elemens, fur la confideration des chofes en elles-mefmes, fans penfer à ce qu'elles pourront operer en nous ; remarquons que la premiere chofe que nous fçaurions concevoir qui puiffe arriver à la Matiere, eft qu'elle foit divifée en plufieurs parties contenuës fous certaines figures. Cette confideration eft d'une extrême importance, mais pour peu que l'on y prenne garde, on aura lieu de s'étonner de certaines gens, qui croyent avoir fujet de rire, lors qu'on leur fait obferver que les moindres parties de la matiere font figurées, & qui écoutent ferieufement ceux qui leur parlent de qualitez occultes, qu'ils ne comprennent en aucune façon.

II.
Qu'il y a

Remarquons auffi, qu'outre les Eftres groffiers & palpables

palpables dont nous sommes environnez; il y en a en_ *plusieurs Es-tres fort pe-tits.*
core une infinité d'autres fort petits, qui échappent à
nostre veuë, & dont l'antiquité n'a point eu de con_
noissance. Ce n'est pas que parmy ceux-là mesmes, il
n'y en ait quelques-uns que l'on peut appercevoir en y
regardant de prés, comme sont ces petits serpents que
l'on voit naistre presqu'en un moment dans le meilleur
vinaigre que l'on expose au soleil quand il fait un peu
chaud; Mais il est certain que nous ne connoistrions pas
ces petits Estres, comme nous les connoissons aujour-
d'huy, si l'on n'avoit dans ce siecle icy heureusement
inventé le Microscope. On avoit bien veu, par exemple, dés il y a long-temps des taches de moisissure sur
la couverture d'un livre; on sçavoit qu'un ciron, qui est
beaucoup plus petit qu'un grain de sable, estoit un animal, parce qu'on le voyoit marcher; Mais ce n'est
que depuis l'invention du Microscope, que nous avons
eu le plaisir de voir plus d'une fois, qu'une simple ta-
che de moisissure est un petit parterre couvert de plantes, qui ont leurs tiges, leurs feüilles, leurs boutons,
& leurs fleurs; & qu'un ciron a le dos couvett d'escail-
les, qu'il a trois pieds de chaque costé, & deux taches
noires à la teste, que l'on juge estre ses yeux, parce
qu'il se détourne à la presence de la pointe d'une épingle dont on traverse son chemin.

Que si le Microscope nous a fait voir & découvrir des III.
Que ces Es-tres ont en-core des par-ties plus pe-tites.
Estres si petits, nostre raison ne nous doit-elle pas faire
juger qu'ils ont des parties incomparablement encore
plus petites, qui échappent à tous nos sens, à toute l'industrie des hommes, & à nostre imagination mesme?

T

Et pour vous le faire remarquer dans un feul exemple, puis qu'un ciron marche, & qu'il a des jambes, il faut neceffairement que fes jambes ayent des jointures; pour donner du mouvement à fes jointures, il faut qu'il ait des mufcles, des nerfs, & des tendons, & que dans ces nerfs il y ait des filets, comme nous voyons qu'il y en a dans ceux des plus gros animaux; ou du moins il faut qu'il ait des chofes équivalentes à celles là; Mais fi nous voulions pouffer noftre confideration plus avant, & parler de fon cœur, de fon fang, de fon cerveau, & de fes efprits animaux, cela nous feroit perdre terre, & nous obligeroit à avoüer que noftre imagination n'eft pas capable de comprendre ny de fe reprefenter l'extrême petiteffe que doivent avoir les dernieres parties qui entrent dans la compofition d'un ciron. Je defire pourtant que l'on y faffe reflexion, & je m'arrefte expreffement là-deffus, pour nous empêcher de tomber dans la foibleffe de ceux qui trouvent ridicule tout ce qu'on leur propofe, qui n'a point de rapport avec leurs groffieres idées, & qui font des railleries, lors qu'on leur parle d'une matiere fubtile, dont l'agitation & la petiteffe luy ouvrent paffage, & luy font trouver place par tout.

IV.
Que les Elemens naiffent de la premiere divifion qui peut arriver à la matiere.

Ces remarques fuppofées, comme nous fçavons que les plus petits Eftres qui foient au monde, naiffent, auffi-bien que les plus gros, du mélange des Elemens; & comme il eft certain qu'un nombre fuffifant des plus petites parties, en peuvent compofer de fi groffes que l'on voudra, nous devons conclure qu'il doit y avoir autant d'Elemens, qu'il peut y avoir de diverfitez notables dans les parties infenfibles de la matiere , en fuitte de fa premiere divifion.

Mais afin de mieux faire comprendre ma penfée , je me crois obligé de reïterer icy un avertiffement que j'ay déja donné, qui eft, que je confidere les chofes dans leur eftat purement naturel ; Et bien que je fçache que la premiere divifion qui eft arrivée à la matiere vient de Dieu, qui l'a faite comme il luy a pleu, lors qu'il a creé le Monde, ce n'eft pas neantmoins de celle-là que je pretens icy parler, parce que la creation eft un Myftere que je crois, & qu'il ne m'appartient pas d'approfondir. Je parle donc d'une autre divifion, qui pourroit avoir efté faite conformément à la penfée que j'en puis avoir, & dont toutes les chofes de ce Monde pourroient eftre des fuittes.

V.
Qu'il ne s'a-git pas icy de la divi-fion qui s'eft faite lors de la creation du Monde.

Ainfi, confiderant autant que je puis toute la matiere, je la divife premierement par la penfée en un nombre innombrable de petites parties à peu-prés égales, fans m'arrefter aux figures qu'elles peuvent avoir ; parce qu'outre la cubique, qui frappe d'abord l'imagination de tout le Monde, elles en peuvent avoir un grand nombre d'autres qui feront le mefme effet. En fuitte dequoy, je fuppofe que Dieu fait tourner chacune de ces petites parties en plufieurs diverfes manieres alentour de fon propre centre, afin qu'il commence d'y avoir une veritable divifion des unes d'avec les autres.

VI.
Quelle eft la divifion d'où je fuppofe que naiffent les Elemens.

Cela fuppofé, il eft impoffible que toutes ces parties de la matiere ne fe rompent par tout ce qu'elles ont, qui avance en forme d'angle, & par où elles fe trouvent engagées dans leurs voifines ; fi-bien qu'ayant dé-

VII
Qu'il doit neceffaire-ment y avoir trois Ele-mens.

ja esté supposées fort petites, elles le deviennent toûjours de plus en plus, jusqu'à ce qu'elles ayent acquis la figure spherique. Ainsi nous avons de deux sortes de matiere déterminée, que nous devons reconnoistre pour les deux premiers Elemens; Et entre ces deux là, nous nommerons cy-aprés *le premier Element*, celuy qui consiste dans cette poussiere tres-subtile, qui s'enleve alentour des autres parties un peu moins subtiles qui s'arrondissent; Et ce sera à ces parties ainsi arrondies que nous donnerons le nom *de second Element*. Et dautant qu'il peut arriver, que certaines petites parties de la matiere, seules ou plusieurs ensemble, demeurent sous des figures irregulieres & embarassantes, & peu propres au mouvement, nous les prendrons pour *un troisiéme Element*, que nous joindrons aux deux autres.

VIII.
Proprietez
des Elemens.
Touchant les principales proprietez de ces trois Elemens, il est à remarquer qu'il n'y a aucune repugnance qu'ils se changent les uns dans les autres; Ainsi les parties du troisiéme Element se peuvent quelquefois arrondir, & acquerir la forme du second; & celle du second & du troisiéme se peuvent briser, & ainsi se changer & acquerir la forme du premier. Mais entre ces trois Elemens, il n'y en a point qui doive plûtost conserver sa forme & sa façon d'Estre que le second, à cause qu'il est plus massif, & que la figure spherique qu'il a, luy permet de se mouvoir en luy-mesme, & sans s'engager dans les parties d'alentour. Au contraire, il n'y en a point qui doive si aisément se changer que le premier: Car ses parties se mouvant tres-vîte, & estant tres-subtiles, ne

font pas capables de refifter au choc des parties des autres Elemens qu’elles rencontrent, & font contraintes
d’accommoder à tous momens leurs figures à celles
des lieux par où elles paffent, & où leur mouvement les
emporte.

Le premier Element doit auffi avoir plus de mouvement qu’aucun des deux autres : Car quand bien mefme ces trois Elemens auroient efté d’abord également
meus par le Premier Moteur, il doit eftre arrivé dans la
fuitte, que le premier Element ait plufieurs fois rencontré d’autres corps qui luy ont refifté, & que n’ayant
pû les ébranler, il a efté contraint de rejaillir, fans
rien perdre de fon mouvement; au lieu que les autres
Elemens ne le fçauroient rencontrer qu’ils ne le meuvent; & qu’ainfi ils n’augmentent fon mouvement par
la diminution du leur.

Et dautant que le premier Element eft fouvent forcé
de glifler & de fe couler dans les petits intervalles que
les petites boules du fecond Element laiffent entre
elles, c’eft une neceffité que plufieurs de fes parties fe
trouvant preffées, quittent celles à cofté defquelles elles
eftoient, pour prendre le devant; Et qu’ainfi ayant un
mouvement compofé de leur mouvement propre, &
de celuy des parties qui les fuivent & qui les preffent,
elles acquierent une plus grande vîteffe que n’en ont les
parties du fecond Element qui les chaffe. De mefme
que l’air qui eft renfermé dans un foufflet, eft forcé de
fortir avec beaucoup plus de vîteffe que n’en ont les
deux panneaux de ce foufflet qu’on approche l’un de
l’autre, & qui en s’approchant le pouffent & le font fortir.

IX.
Proprietez du premier.

X.
Comment le premier Element acquiert plus de vîteffe que les deux autres.

XI.
Pourquoy nous ne donnons pas de noms propres à ces Elemens.

Remarquez en paſſant, que je pourrois bien, à l'exemple d'Ariſtote, donner aux trois Elemens dont je viens de parler, le nom des choſes qui en participent le plus ; ainſi je pourrois donner le nom de *feu* au premier Element, le nom d'*air* au ſecond, & celuy de *terre* au troiſiéme ; Mais outre que ce ſeroit pecher contre l'ordre, puiſque je n'ay pas encore prouvé que le feu eſt pour la plus-part compoſé de la matiere du premier Element, l'air de celle du ſecond, & la terre de celle du troiſiéme ; Il y a encore une autre raiſon qui me doit empêcher de le faire, qui eſt, que je rendrois ces trois mots équivoques, & que je pourrois par là donner occaſion d'en abuſer, & de les prendre dans une autre ſignification que celle dans laquelle je deſire qu'on les prenne.

XII.
Que ces trois Elemens ne ſont point imaginaires.

On me dira peut-eſtre que la matiere n'a pas eſté au commencement diviſée comme je l'ay ſuppoſé ; cela peut eſtre, j'en demeure d'accord ; mais cela ne fait rien contre moy ; Et il importe fort peu comment la matiere ait eſté au commencement diviſée : Car de quelque maniere qu'elle l'ait eſté, on ne peut douter qu'il n'y ait maintenant de ces trois ſortes de matiere que j'ay décrites ; eſtant certain qu'elles ſuivent neceſſairement du mouvement & de la diviſion des parties de la matiere, que l'experience nous oblige de reconnoître dans l'Univers. Si-bien que les trois Elemens que j'ay établis ne doivent pas paſſer pour des choſes feintes ; au contraire, comme ils ſont tres-aiſez à concevoir, & qu'on voit la neceſſité de leur exiſtence, l'on ne peut avec raiſon ſe diſpenſer de s'en ſervir, dans l'explication des Eſtres purement materiels.

CHAPITRE XXII.

*De la forme du corps dur, & du corps liquide;
ou de la dureté, & de la liquidité.*

COMME c'eſt par le moyen des ſens que nous avons reconnu les principales differences que nous avons remarquées dans tous les Eſtres, j'eſtime que je ne ſçaurois mieux faire que de les conſulter les uns aprés les autres, pour trouver l'ordre avec lequel je dois cy-aprés traitter des formes des corps naturels, en commençant par ceux qui nous font découvrir un moindre nombre de proprietez dans leurs objets; Et comme le ſens du toucher eſt le plus groſſier de tous, & celuy qui nous fait porter nos veuës moins loin que les autres, je commenceray par luy la recherche que je veux faire. Or lors que nous employons le ſens du toucher, pour découvrir quels ſont les corps qui ſont autour de nous, nous en pouvons remarquer quelques-uns qui reſiſtent au mouvement de nos mains, & ne ſe diviſent que tres-difficilement; & d'autres au contraire qui n'y reſiſtent point, mais qui ſe diviſent tres-aiſément en tous ſens. Nous nommons les premiers *des corps durs*, & les autres *des corps liquides*, & nous diſons qu'un corps eſt d'autant plus dur, qu'il reſiſte plus à ſa diviſion; & qu'un autre eſt d'autant plus liquide, qu'il y reſiſte moins, & ſe diviſe avec plus de facilité; Et pour les corps qui nous paroiſſent moyens entre les durs & les liquides,

& qui ne refiſtent que mediocrement au toucher & au mouvement de nos mains, ce ſont ceux-là à qui nous donnons le nom *de mols*.

II.
Que le corps dur & le corps liquide ſont des eſpeces du corps ſec & du corps humide des anciens.

L'on obſerve outre cela que le meſme corps qui reſiſte au toucher & à ſa diviſion, ſe contient auſſi dans ſes propres bornes, & conſerve ſa figure ſans avoir beſoin de vaiſſeau qui le contienne ; & qu'au contraire le corps qui ne reſiſte point au toucher, ne ſe contient pas dans ſes propres bornes, mais s'écoule & s'épanche, à moins qu'il ne ſoit renfermé dans quelque vaiſſeau. Si-bien qu'Ariſtote ayant impoſé le nom *de ſec*, au corps qui ſe contient dans ſes propres bornes, & le nom *d'humide*, à celuy qui ne s'y contient pas, & qui a beſoin de bornes étrangeres qui le contiennent ; il s'enſuit, ou que le corps dur dont nous parlons, eſt le meſme que le ſec chez Ariſtote, ou du moins que c'en eſt une eſpece ; & pareillement que le corps liquide eſt le meſme que l'humide, chez luy, ou du moins que c'en eſt une eſpece.

III.
Ce que c'eſt que la dureté & la liquidité ſelon les Ariſtoteliciens.

Comme Ariſtote n'a pas expliqué en quoy conſiſte la ſechereſſe, & l'humidité ; auſſi n'a-t-il pas expliqué la nature du corps dur & du corps liquide. Mais la pluſpart de ſes diſciples enſeignent, qu'un corps eſt dur, parce qu'il contient beaucoup de matiere ſous un petit volume ; & qu'un corps eſt liquide, parce qu'il contient peu de matiere ſous un volume aſſez grand ; ſi-bien qu'ils font conſiſter la dureté dans la condenſation, & la liquidité dans la rarefaction.

IV.
Que la doctrine des

Il faut remarquer qu'ils entendent parler d'une rarefaction qui ſe fait ſans addition d'aucune matiere, non

pas

pas mefme étrangere ; & d'une condenfation qui ne préfuppofe pas qu'il forte rien des pores du corps qui fe condenfe ; qui font des chofes entierement oppo-fées à ce que nous avons cy-devant étably ; C'eſt pourquoy il ne faut pas trouver étrange, fi nous ne convenons pas enfemble touchant la nature du corps dur & du corps liquide.

Mais quand bien mefme la rarefaction & la condenfation fe feroient comme ils le pretendent, il feroit toûjours aifé de prouver qu'ils fe trompent au regard de la dureté, & de la liquidité : Car comme il fuffit de produire un feul bloc de marbre blanc, pour montrer que la nature du marbre ne confifte pas dans la noirceur ; auffi fuffit-il d'apporter un feul exemple d'un corps qui fe dilate en fe durciffant, pour montrer que la dureté ne confifte pas dans la condenfation ; Or nous voyons que l'eau fe dilate quand elle fe convertit en glace, puifque les vaiffeaux qui la contenoient, & qui en eftoient la mefure, ne la fçauroient plus alors contenir, & fe caffent mefme fouvent.

Je fçay bien que l'on répondra à cecy, ce que l'on a coûtume d'y répondre, à fçavoir, que les vaiffeaux ne fe caffent que par la crainte du vuide ; c'eſt à dire, par ce que leurs coftez s'approchent, pour ne laiffer aucun efpace entre leur furface concave & la convexe de l'eau qui fe condenfe. Mais fi cela eftoit, il s'enfuivroit que tous les tuyaux de verre que l'on employe pour faire ces experiences dont nous avons déja tant parlé, devroient auffi fe caffer, quand le vif-argent ceffe de remplir une certaine partie où l'air ne fuccede point ; ce

V

qui poutant n'arrive pas ; ainſi que j'ay pluſieurs fois experimenté.

VII.
Autre preu-
ve que la
glace n'eſt
pas une eau
condenſée;&
pourquoy elle
nage ſur
l'eau.

Ajoûtez à cela, que ſi la glace eſtoit une eau conden-ſée, pour faire, par exemple, un pied cubique de glace, il faudroit plus d'un pied cubique d'eau, & par conſequent un morceau de glace peſeroit plus qu'un égal volume d'eau. D'où il ſuit, ſuivant ce que nous avons déja démontré, que la glace devroit s'enfoncer au fond de l'eau, & non pas nager au deſſus, comme on l'experimente.

VIII.
Demonſtra-
tion oculaire
de la meſme
verité.

Mais pour convaincre entierement les eſprits, qui ſemblent ſe défier de toute ſorte de raiſonnement, & ne ſe vouloir fier qu'à ce qu'ils voyent ; il ne faut que prendre un verre de figure conique, ou de pyramide ren-verſée, & aprés l'avoir rempli d'eau à fleur de bord, l'expoſer au grand froid, afin que l'eau ſe gele ; Car alors, ſi ce verre tient ſeulement un demy-ſeptier, l'on verra que l'eau gelée s'élevera prés de deux lignes pardeſſus le bord ; ce qui eſt une dilatation aſſez ſenſible pour ne point douter du fait.

IX.
En quoy con-
ſiſte la natu-
re du corps
dur.

C'eſt donc une verité conſtante, que tout corps qui devient dur ne ſe condenſe pas, & conſequemment que la dureté ne conſiſte pas dans la condenſation, ny par conſequent auſſi la liquidité dans la rarefaction : Car comme l'eau ſe dilate en ſe glaçant, de meſme auſſi la glace ſe condenſe en ſe fondant. Ainſi, l'opinion qui depuis long-temps a eu le plus de vogue, eſtant ſuffiſamment refutée, & n'eſtimant pas qu'il ſoit beſoin de montrer le peu de fondement qu'ont eu les autres, qui n'ont eſté ſuivies que de tres-peu de perſonnes, je viens à l'établiſſement de la mienne. Et d'abord j'examine ce qui paroiſt du corps dur, & du corps liquide, & je trouve que l'un ſe contient dans ſes propres bornes, & que l'autre ne s'y contient pas ; Mais parce que ſe contenir dans ſes propres bornes, c'eſt ne ſe pas mouvoir, je conclus qu'eſtre dur, c'eſt eſtre compoſé de parties qui ſont tellement en repos les unes auprés des autres, que leur liaiſon & leur ſuitte n'eſt pas tout-à fait interrompuë par quelque matiere qui ſe meut entre elles ; D'où il ſuit, que ce corps-là eſt le plus dur, qui a plus de parties qui ſe touchent immediatement ſans ſe mouvoir.

Tout au contraire, par ce que ne ſe pas contenir dans ſes propres bornes, c'eſt ſe mouvoir, & qu'on ne ſçauroit imaginer de cauſe plus efficace, d'où s'enſuive ce mouvement ſenſible du liquide, que le mouvement meſme de ſes parties inſenſibles, j'eſtime que la liquidité conſiſte dans l'agitation continuelle des parties inſenſibles du corps liquide ; En ſorte, par exemple, que quand un verre plein d'eau eſt en repos ſur une table, quoy que les ſens ne nous y faſſent remarquer aucune agitation, il ne laiſſe pas d'y avoir de ſes parties qui ſe meuvent de haut en bas, & en meſme-temps autant d'autres qui ſe meuvent de bas en haut, quelques-unes de droite à gauche, & d'autres de gauche à droite, bref il y a des parties d'eau qui ſe meuvent dans toutes les déterminations imaginables ; D'où il ſuit, que ce corps-là eſt le plus liquide, dont les parties inſenſibles ſont les plus delicates & les plus agitées.

Si l'on joint ce que je viens de dire de la liquidité, avec   XI.

En quoy con-
siste la natu-
re du corps
mol.

ce que j'ay dit auparavant touchant la dureté, l'on comprendra aisément qu'un corps mol, qui paroist moyen entre le dur & le liquide, & semble participer de l'un & de l'autre, n'est tel, qu'à cause qu'il est composé de deux sortes de parties, dont les unes ont quelque sorte de repos & de liaison entre elles, pendant que les autres se meuvent, & entretiennent par ce moyen quelque peu d'agitation dans les premieres.

XII.
Pourquoy le
corps dur re-
siste à l'at-
touchement.

Or ce qui peut confirmer l'opinion que j'ay touchant la nature du corps dur & du corps liquide, est que ses principales proprietez en sont necessairement déduites. Et premierement, supposé que la nature que j'attribuë au corps dur soit telle que je le dis, il suit delà qu'il ne peut estre que difficilement divisé. Car, par exemple, si j'avance le doigt vers quelques unes de ses parties, je dois sentir de la resistance, qui sera composée non seulement de celle des parties que je touche, mais aussi de celle de toutes les autres qui sont derriere; & souvent mesme il sera bien plus aisé de mouvoir le corps dur tout entier, que non pas d'en separer une partie; parce que le reste du corps aura plus de liaison & de repos à l'égard de cette partie, que les corps voisins n'en auront à l'égard de tout le corps.

XIII.
Pourquoy le
corps liquide
se divise fa-
cilement.

Tout au contraire, posé la Nature que j'ay attribuée au corps liquide, il s'ensuit que le liquide se doit diviser tres-aisément; Et de fait, si j'avance le doigt vers quelque endroit, rien ne luy peut faire de resistance: Car ce peu de parties insensibles que mon doigt touche, estant déja en mouvement, se trouvent toutes disposées à luy quitter la place, & ne sont point soutenües ny empeschées par l'appuy de celles qui font au delà, lefquelles estant auffi en continuelle agitation, luy cedent auffi facilement la leur, & luy ouvrent le paffage de tous costez.

Ce que j'ay avancé touchant la nature du corps dur & du corps liquide, est encore confirmé, de ce que toutes les conféquences que l'on en peut tirer, fervent à expliquer quelque experience, qu'il feroit peut-estre impoffible d'expliquer fans cela. Et premierement, fi nous confiderons que certains corps peuvent estre facilement alterez par le feul dérangement de leurs parties, & que chaque chofe tend d'elle-mefme à demeurer dans l'estat où elle fe trouve, & confequemment que ce qui est une fois en repos ne commence jamais de foy-mefme à fe mouvoir, il ne nous fera pas difficile de prévoir un moyen fort aifé pour conferver long-temps un corps dur, qui est, de l'entourer d'un autre corps dur, duquel les parties estant en repos les unes auprés des autres, ne pourront faire aucune impreffion fur luy, & luy ferviront mefme comme de rempart contre l'attaque des caufes exterieures qui pourroient tendre à le corrompre; En effet, nous voyons que les fels, le fucre, & les metaux, fe confervent entiers, quand ils font ainfi renfermez.

XIV.
Pourquoy plufieurs corps fe confervent entre les parties d'un corps dur.

D'un autre cofté, nous prévoyons que le contraire devroit arriver, fi ces corps durs estoient entourez d'un liquide: Car comme les parties de celuy-cy fe remuënt fans cesse, elles pourroient bien tellement fecoüer & ébranler celles des corps durs, qu'elles les contraindroient de fortir de leur place, & les emporteroient

XV.
De la vertu que les liqueurs ont de diffoudre certains corps.

avec elles. Aussi est-ce ce que l'on experimente dans tous les corps durs qui se peuvent alterer, comme dans le sucre & dans les sels, qui sont presque en un moment dissipez ou fondus dans l'eau ; en sorte que si l'on jettoit une livre de sucre dans une cuve pleine d'eau, elle n'y seroit pas long-temps sans disparoistre entierement à nos yeux ; & mesme ses parties seroient à la fin tellement dissipées, & éparses dans toutes les gouttes d'eau, qu'il n'y en auroit pas une qui n'en fust teinte, & qu'on ne sentist sucrée en la goûtant.

XVI.
Pourquoy une liqueur ne dissout pas entierement certains corps.

Et dautant que les corps durs peuvent estre composez de parties de diverses grosseurs, aussi bien que les corps liquides, il est aisé de conjecturer qu'il peut y avoir tel liquide qui n'enlevera que certaines parties d'un corps dur, & que les autres resisteront à leur déplacement ; Ainsi, l'eau ne détache que les parties les plus delicates de la reglisse, & laisse les plus grossieres en repos les unes auprés des autres.

XVII.
De la vertu dissolvante des eaux-fortes.

Il se peut mesme rencontrer des corps durs, dont les parties à peu-prés égales seront d'ailleurs si massives, & toutes celles d'une certaine liqueur seront au contraire si delicates, que le corps dur n'en pourra estre aucunement ébranlé, bien qu'il le puisse estre par les parties plus grossieres d'un autre liquide ; ce qui sans doute est la cause pourquoy l'eau commune n'est pas capable de dissoudre l'argent, & pourquoy l'eau forte, que les Chymistes appellent Esprit de Nitre, le peut facilement dissoudre, bien que d'ailleurs elle soit trop foible pour dissoudre l'or.

XVIII.

Toutesfois, ce n'est pas la seule grosseur des parties

d'un liquide, qui les peut rendre capables de diffiper cel- *Pourquoy l'eau regale ne diffout point l'argent.* les d'un corps dur, les pores qui font entre les parties de ce corps dur y doivent auffi contribuer : Car ils pour- roient eftre de telle figure, & avec cela fi petits, que les parties du liquide ne les pourroient penetrer. Et c'eft ain- fi que nous devons penfer que les parties des fels, dont fe fait l'eau regale, s'ajuftent de telle forte, que compo- fant des corps qui font trop gros pour penetrer les po- res de l'argent, elles ne font que gliffer pardeffus, fans en penetrer ny divifer les parties ; Et ainfi, nous n'au- rons aucun fujet d'admirer que cette eau ne le puiffe diffoudre, quoy que d'ailleurs on l'employe à diffoudre l'or.

C'eft fur la confideration des differentes proprietez XIX. *Moyen de fe-parer l'or d'avec l'ar-gent.* de diverfes eaux-fortes, que les Affineurs de ce temps icy ont trouvé le moyen de feparer l'or d'avec l'argent, avec lequel il eftoit allié. Tout le fecret confifte à mettre la maffe compofée d'or & d'argent, dans de l'eau-forte qui puiffe feulement diffoudre l'argent ; Car il arrive de-là que fes parties font emportées par celles du liquide, tandis que ce qui eft purement or, demeure en forme de fable ou de lie au fond du vaiffeau ; Ce qui fait que l'inclinant doucement, & verfant l'eau-forte dans un autre vaiffeau, l'eau emporte avec foy l'argent, & laiffe l'or au fond. Puis pour feparer l'argent de l'eau-forte, voicy comme l'on fait. L'on verfe une quantité d'eau commune dans cette eau-forte, pour la rendre moins corrofive, & l'on y plonge une barre de cuivre, con- tre laquelle les parcelles de l'argent, qui font empor- tées par celles du liquide, venant à heurter, elles s'y arreſtent ; de meſme que la pouſſiere qui vole dans une chambre s'arreſte contre les tapiſſeries & les meubles qui ont quelque moleſſe , ou comme une pierre ceſſe de ſe mouvoir en rencontrant de la boüe ; Ainſi, l'on a l'or & l'argent ſeparez l'un de l'autre , mais en pouſſiere , que l'on fait fondre par aprés chacun à part dans un creuſet , pour les aſſembler ſeparément en une maſſe.

X X.
Pourquoy les parties de divers corps plus peſans que l'eau ne tombent pas au fond.

L'on pourroit icy demander , pourquoy les parties inſenſibles des ſels , & des metaux , nagent ainſi indifferemment dans toutes les parties de l'eau commune , ou de l'eau-forte , & d'où vient qu'elles ne ſe précipitent pas au fond des vaiſſeaux ; Car il ſemble que cela devroit arriver , ſuivant ce que nous avons demonſtré cy-deſſus , en parlant des corps durs qui flottent dans des liqueurs , puiſque chaque parcelle de ſel , ou de metal , eſt plus peſante qu'une maſſe égale de la liqueur dans laquelle elle eſt. Toutefois il faut remarquer , que quand nous avons raiſonné de la ſorte , nous ſuppoſions ſeulement alors de la peſanteur dans le corps dur , & une facilité à ſe diviſer dans le liquide , & nous ne connoiſſions pas encore le mouvement des parties du liquide , qui fait qu'elles ramenent avec elles vers le haut , autant d'atomes de ſel ou de metal qu'il y en a que leur peſanteur fait deſcendre ; de meſme que le boüillonnement qu'on obſerve dans le vin bouru , fait que d'autres corps plus groſſiers y nagent ſans tomber au bas du tonneau ; où l'on voit qu'ils tombent à la fin , & compoſent la lie , quand ce grand mouvement , qui paſſe l'ordinaire du liquide , eſt ceſſé. A quoy ajoûtant que les parties du
corps

corps diſſous ont quelque engagement avec celles du liquide qui les entraiſne, l'on connoiſtra plus particu-lierement que cela les empeſche de ſe pouvoir ſi aiſé-ment précipiter.

Et ce qui eſt icy digne de remarque, c'eſt que comme les parties du liquide ſont finies, & que la force qu'el-les ont de ſe mouvoir eſt limitée, il doit neceſſairement arriver, que quand elles ſe feront une fois ſaiſies de tout autant de parties du corps dur qu'elles en peuvent embraſſer, elles ne pourront plus en détacher davan-tage, ny vaincre la reſiſtance des autres parties qui ſont en repos; c'eſt pourquoy ce corps dur ne ſe doit plus diſſoudre. Et c'eſt ce qu'on experimente dans l'eau com-mune & dans les eaux-fortes, qui ne ſçauroient diſſiper qu'une certaine quantité déterminée des ſels ou des me-taux: Car, par exemple, un demy-ſeptier d'eau com-mune pourroit avoir fondu une telle quantité de ſel, qu'en y mettant aprés cela ſeulement un grain, il de-meureroit toûjours entier, comme s'il eſtoit dans un lieu bien ſec.

XXI. Qu'une cer-taine quanti-té d'eau ne ſçauroit diſ-ſoudre qu'-une quantité déterminée d'un corps dur.

Et delà il ſuit, qu'aprés qu'une liqueur a enlevé tout ce qu'elle a pû d'un corps dur, ſi on la fait évaporer juſqu'à une certaine quantité, le reſte ne ſera plus capa-ble d'embraſſer toutes les parties du corps diſſous; Ce qui ſera cauſe que pluſieurs feront contraintes de s'aſ-ſembler, & de compoſer quelque choſe de ſenſible. C'eſt ainſi que faiſant boüillir de l'eau, que l'on a au-paravant fait paſſer en forme de leſſive, par de la terre pleine de nitre, dont elle s'eſt chargée tout autant qu'-elle a pû, puis la retirant aprés cela du feu, & la laiſſant

XXII. Comment ſe fait la criſtal-liſation des Chymiſtes.

repofer quelque temps, plufieurs atomes de falpêtre, qui fe trouvent dégagez, ceffent de fe mouvoir; & à force de s'arrefter plufieurs enfemble contre les parois interieurs du vaiffeau, ils compofent à la fin ces admirables corps hexagones qu'on y voit attachez; à l'exemple defquels on peut comprendre toutes les criftallifations des Chymiftes.

XXIII.
Que l'eau qui ne peut plus diffoudre d'un certain corps, peut encore diffoudre un corps d'une autre efpece.

Encore qu'une certaine quantité d'un liquide, ne puiffe fervir de diffolvant qu'à une quantité déterminée d'un certain corps dur, cela n'empefche pas que d'autres corps durs ne puiffent encore eftre diffous par le mefme liquide; à caufe que leurs parties fe rencontreront de telle figure, qu'elles s'ajufteront avec les atomes du corps déja diffous, d'une façon qui leur donnera moyen de mouvoir plus commodement plufieurs parties diffemblables, que celles d'un mefme corps; Auffi experimente-t-on qu'aprés que l'eau a diffous tout ce qu'elle a pû de fel, elle fond encore une petite quantité de vitriol & d'alum.

XXIV.
Comment fe fait la précipitation des Chymiftes.

Mais fi l'on jettoit dans une liqueur un corps, avec les parties duquel elle fe joignift plus commodement, qu'avec les parties d'un autre corps qu'elle auroit auparavant diffous, fuppofant d'ailleurs qu'elle ne pûft embraffer ces deux fortes de parties tout à la fois, il arriveroit qu'elle feroit contrainte d'abandonner les parties dont elle fe feroit déja faifie, lefquelles par confequent tomberoient au fond du vaiffeau; C'eft ainfi que verfant un peu de fel refous, que les Chymiftes appellent de l'huile de tartre, dans de l'eau-forte qui avoit déja diffous de l'argent, ce metal eft contraint de tomber au fond du vaiſſeau; Et par cet exemple, l'on peut comprendre la raiſon de toutes les précipitations que l'on voit dans la Chymie.

Il ne faut pas icy obmettre une autre circonſtance tres-conſiderable, qui eſt, que les parties de deux liqueurs pourroient eſtre de telle groſſeur & de telle figure, que ſe rencontrant mutuellement les unes les autres, elles s'accrocheroient, & ſe mouveroient aprés plus difficilement; d'où il ſuit, qu'elles compoſeroient un tout moins liquide. Et meſme, ſi les parties de deux liqueurs s'ajuſtoient tellement les unes aux autres, que la pluſpart fuſſent empeſchées de ſe mouvoir, il faudroit que toutes ces parties formaſſent un corps aſſez dur. Auſſi voit-on qu'il s'en forme un, quand on mêle enſemble des quantitez égales d'eſprit de vin & d'eſprit d'urine, qui ſont deux liqueurs dont chacune eſt fort fluide.

XXV. Comment il ſe peut compoſer un corps dur du mélange de deux liqueurs.

Nous pouvons ajoûter à tout ce qui a eſté dit du mélange de diverſes liqueurs, qu'il s'en pourroit bien trouver une, qui ſeroit compoſée de telles ſortes de parties, que les unes eſtant plus groſſieres que les autres, celles-là ne pourroient continuer leur agitation que par le moyen des plus delicates; Que ſi celles-cy venoient à s'en dégager, la ſeule peſanteur des premieres, ou l'irregularité de leur figure, les obligeroit de demeurer en repos les unes auprés des autres; & ſelon qu'elles ſe joindroient plus ou moins étroitement, elles compoſeroient un corps plus ou moins dur; Et c'eſt la raiſon pourquoy quelques-unes des parties du laict ou du ſang ſe caillent, tandis que celles qui ſont les plus pro-

XXVI. Comment un corps dur peut naiſtre d'un ſeul liquide.

pres à continuer leur mouvement, s'eſtant dégagées des
autres, compoſent la ſeroſité, qui demeure liquide ;
C'eſt auſſi la raiſon pourquoy dans ces creux ſoûterrains,
qu'on appelle les Caves Gouttieres, certaines gouttes liquides, qui diſtillent des voutes, ſe durciſſent en pierre,
aprés avoir eſté expoſées quelque-temps à l'air libre.

XXVII.
*Des cauſes de
la liquidité.*

Aprés avoir ſuffiſamment démontré par toutes ces
experiences, que les parties des corps liquides ſont en
continuelle agitation, la raiſon veut que nous recher-
chions quelle peut eſtre la cauſe efficiente de ce mouvement, principalement pour ce qui eſt de l'eau, & de
ſemblables liqueurs, qui ne ſe durciſſent que rarement,
& particulierement de l'air, dont les parties ne ſe durciſſent jamais, mais qui demeure toûjours liquide. Pour
cela nous devons premierement penſer, que les parties
des liqueurs conſervent leur figure, tandis que les ſens
ne nous font point remarquer qu'elles s'alterent en aucune façon ; Mais de plus, parce qu'elles ne ſçauroient
ſe mouvoir les unes à l'égard des autres, comme elles
doivent pour compoſer un tout liquide, qu'elles ne laiſſent autour d'elles pluſieurs intervalles, nous devons
croire que ces intervalles ne pouvant eſtre vuides, elles
doivent neceſſairement eſtre entourées de quelque matiere qui ſoit extraordinairement ſubtile, telle que peut
eſtre celle à qui nous avons donné le nom de premier
& de ſecond Element. Et comme les parties des corps
durs, qui ſont diſſous dans une liqueur, ſont entrete-
nuës en mouvement par les parties de cette liqueur ;
Auſſi nous devons concevoir que les parties de l'eau,
& celles de tous les corps qui ne ſe gelent jamais, &

qui demeurent toûjours liquides, ne font en perpetuelle agitation, que parce qu'elles nagent dans la matiere du premier & du fecond Element.

Que fi cette matiere eftoit extremement agitée, l'on peut comprendre qu'elle pourroit mouvoir de telle forte les parties d'un liquide, qu'elle les écarteroit les unes des autres, & les feroit envoler dans l'air ; ce qui s'appelle évaporer.

XXVIII. Comment fe fait l'évaporation des liqueurs.

Et au contraire, fi fon mouvement eftoit fort ralenty, ou feulement fi elle eftoit extraordinairement fubtile, il s'enfuivroit qu'elle ne feroit plus capable d'entretenir la liquidité de certains corps groffiers ; De mefme que nous voyons que l'eau qui paffe au travers de certains joncs, entretient leur mouvement & les tient feparez, là où l'air les laiffe tout confus les uns fur les autres, & fans mouvement ; Et c'eft ainfi que l'eau fe gele en hiver, & fe convertit en glace. Mais on ne fçauroit rendre raifon pourquoy cela arrive en un certain temps de l'année plûtoft qu'en un autre, à moins que de connoître déja quelque chofe du fyftheme du Monde.

XXIX. Comment elles fe gelent

Si l'arrangement des parties d'un corps eftoit tel, qu'elles laiffaffent entre elles des pores affez grands pour admettre de la matiere la moins fubtile du premier & du fecond Element, cette matiere pourroit fecoüer peu-à-peu fes parties, ayant que de les feparer, & de les mouvoir tout-à-fait ✹unes à l'égard des autres ; Et par confequent il faudroit que ce corps s'amolift, avant que de devenir liquide, comme on l'experimente en la cire.

XXX. Pourquoy certains corps s'amoliffent avant que de fe fondre.

Que fi les pores d'un corps dur eftoient fi petits,

XXXI.

*Pourquoy
d'autres
corps se fon-
dent sans
s'amolir.*

qu'il n'y pûst passer que de la matiere la plus subtile,
en ce cas, celle qui est moins subtile, & qui seule a la
force d'ébranler ce qui fait tant soit peu de resistance,
ne pourroit s'appliquer qu'aux parties exterieures de ce
corps ; D'où il suit, qu'il faudroit qu'elle eust tout dis-
sous le dehors de ce corps, avant que de pouvoir rien
changer au dedans ; Et ainsi, ce corps-là se dévroit fondre ou dissoudre tout-à-fait, sans s'amolir ; qui est ce
que l'on experimente en la glace.

XXXII.
*Comment
l'eau sert à
durcir le
plâtre.*

　　Il n'y a pas grand sujet de s'étonner, que l'eau qui est
liquide, puisse amolir plusieurs corps durs qu'elle penetre & qu'elle dissout, & qu'estant mêlée, par exemple, avec du plâtre, il en resulte d'abord un composé
assez liquide ; Mais c'est vn sujet d'étonnement, de voir
que le plâtre acquiert en suitte une dureté, qu'il n'auroit jamais euë sans le mélange de l'eau, qui devroit
ce semble l'amolir plûtost que d'aider à le durcir. Et il
ne faut pas s'imaginer que cela arrive par une subite
évaporation des parties de l'eau : Car si aprés avoir pesé
le plâtre quand il est presque liquide, on le pese derechef aussi-tost qu'il est durcy, on ne s'apperçoit point
qu'il ait rien perdu de sa pesanteur. Ce que l'on peut
donc penser là-dessus, est à mon avis que le plâtre a
quantité de pores, que le feu a formez de telle grandeur, que les parties les plus grossieres de l'air ne les
sçauroient penetrer, à cause qu'elles ne sont pas assez
massives pour forcer les obstacles qu'elles rencontrent ;
ce que les parties de l'eau, qui sont plus grossieres &
plus penetrantes, peuvent faire. Tellement que quand
on met du plâtre dans de l'eau, en telle quantité qu'-

elle suffit seulement pour en entourer tous les grains
ou grumeaux, & quand aprés cela l'on vient à les broüil-
ler enfemble, il arrive que les parties de cette eau, qui
fe fourrent dans leurs pores, & qui comme autant de
petits coins les entr'ouvrent & les fendent, diffipent
tous ces grains en parcelles beaucoup plus petites ; Et
dautant que ces parcelles ont alors beaucoup plus de
furface que n'avoient les grains, dont elles font comme
la pouffiere, il s'en faut beaucoup que l'eau ne fuffife
pour les entourer toutes ; Tellement que la plus-part fe
touchant immediatement, & demeurant en repos les
unes contre les autres, ce n'eft pas merveille qu'elles
compofent un corps dur.

Delà nous tirerons cette confequence, que fi l'on
met du plâtre dans une telle quantité d'eau qu'elle puiffe entourer toutes les parcelles qui refultent de la divifion de fes grumeaux, leur repos en doit eftre empêché, & ainfi le plâtre ne doit point fe durcir. Ce que
les Maffons éprouvent affez ; & c'eft ce qu'ils entendent, quand ils difent que leur plâtre eft noyé.

XXXIII.
*Qu'une trop
grande
quantité
d'eau em-
pefche le
plâtre de fe
durcir.*

Il ne faut pas pour cela s'étonner, s'il y a de certains
corps que l'eau divife, & dont elle n'aide pas à affembler & à durcir les parties en une feule maffe, comme
elle fait celles du plâtre: Car les parties de ces corps peuvent eftre de telle figure, qu'elles ne fe toucheront
prefque point, & ainfi ne pourront s'unir enfemble
pour compofer un feul tout. A quoy l'on peut encore
ajoûter que l'eau a vn mouvement fi rapide dans certains corps, qu'elle écarte fort fenfiblement les parcelles qu'elle defunit ; & ainfi rendant les pores ou les

XXXIV.
*Pourquoy
l'eau ne dur-
cit point la
chaux.*

intervalles qui font entre-elles affez grands, l'air a moyen de s'y fourrer, & d'empefcher que ces parcelles ne fe touchent les unes les autres. Et c'eft pour cette raifon que la chaux, que l'eau a divifée, ne fe durcit point comme le plâtre: Car fi un morceau de chaux, qui a efté arrofé d'un peu d'eau, acheve de fe divifer fans qu'on y touche, la pouffiere en laquelle il fe refout, paroift fous un volume deux ou trois fois plus grand qu'auparavant.

XXXV.
Que la matiere du premier ou du fecond Element ne s'arrefte pas dans les pores des corps durs.

Quand l'eau penetre les pores de certains corps qu'elle ne peut entierement divifer, il eft aifé de juger qu'elle s'y doit arrefter quelque-temps; parce qu'elle peut bien perdre le mouvement qu'elle a, en fecoüant les parties qu'elle touche; Mais il n'en eft pas de mefme lors que la matiere du premier & du fecond Element paffe par les pores des corps durs : Car quoy qu'ils foient fort petits, comme ces pores fe font formez pendant qu'elle continuoit de paffer au travers, elle fe les eft refervez affez grands pour y trouver toûjours paffage, & n'eftre pas contrainte de s'y arrefter.

XXXVI.
Ce qui arrive quand la matiere du fecond Element paffe par des pores trop petits.

Il eft pourtant à remarquer, que fi l'on plie un corps dur, comme par exemple une lame d'épée, on fait que fes parties s'écartent du cofté convexe, & qu'elles s'approchent du cofté concave; fi-bien que fes pores deviennent plus petits & plus étroits de ce cofté-là; Mais cela ne doit pas empefcher que la matiere du premier ou du fecond Element ne paffe outre, parce qu'eftant tres-delicate, & ayant un mouvement fort rapide, elle doit plûtoft changer de figure en s'alongeant, ou refouler la matiere du corps dur qui la refferre, que

de

de s'arrester ; & ainsi ses pores ne se doivent pas boucher.

Mais par ce que la matiere subtile qui passe dans des pores ainsi rétrecis, ne sçauroit faire effort pour refouler les parties du corps dur au travers duquel elle passe, qu'elle ne fasse aussi effort pour remettre ces mesmes parties dans l'estat où elles estoient avant que ce corps eust esté courbé, il s'ensuit qu'elle doit faire que ce corps se redresse ; Et ainsi, l'on doit experimenter cette proprieté, que l'on nomme *roideur*, & que les ouvriers appellent la vertu de faire le ressort.

XXXVII.
En quoy consiste la vertu de faire le ressort.

Cette proprieté ne se doit pas neantmoins trouver indifferemment dans toutes sortes de corps durs ; parce qu'il y en a qui ont les pores si grands, que si on les rétrecit en pliant ces corps, ils demeurent encore assez ouverts pour donner facilement passage à la matiere subtile. Ainsi, les sens nous faisant voir que l'acier qui n'est pas trempé, a ses grumeaux plus gros, & consequemment ses pores plus grands, que l'acier qui est trempé, l'on comprend aisément que ses pores se peuvent rétrecir, sans apporter aucune contrainte à la matiere subtile qui passe au travers ; D'où il suit, qu'estant plié il ne se doit pas redresser.

XXXVIII.
Pourquoy elle ne se rencontre pas dans toute sorte de corps durs.

Et pour vous faire voir que la vertu de faire le ressort ne consiste que dans la seule petitesse des pores du corps dur, considerez, que si l'on bat à froid, sur une enclume, une lame d'acier qui n'est pas trempé, cette lame acquiert la vertu de faire le ressort, qu'elle n'avoit pas auparavant ; Or il est évident, que l'on ne fait au-

XXXIX.
Pourquoy une lame de fer battu à froid fait le ressort.

tre chofe qu'en approcher les parties plus prés les unes des autres, & par mefme moyen en rétrecir les pores ; D'où il fuit, que ce n'eft qu'en cela que confifte cette vertu.

X L.
Comment cette vertu fe peut perdre.

Mais remarquez, que fi l'on tenoit fort long-temps un reffort en contrainte, de telle forte qu'il ne pûft en aucune façon fe redreffer, la matiere fubtile feroit toûjours forcée de changer de figure en s'alongeant, fi ce n'eft que la matiere de ce corps dur fuft capable de refoulement ; auquel cas, fes pores devroient peu-à-peu s'agrandir, en telle forte que le premier & le fecond Element y pûffent librement paffer ; C'eft pourquoy ce corps devroit d'autant plûtoft perdre la vertu de fe redreffer, qu'il feroit plus capable d'eftre refoulé ; A quoy l'experience s'accorde.

XLI.
D'où vient la force avec laquelle les refforts fe débandent.

La force avec laquelle un corps fe redreffe, dépend en partie de la rapidité du mouvement de la matiere fubtile, & en partie du grand nombre des pores par où elle paffe tout à la fois ; Mais elle dépend principalement de la difpofition de ces pores, quand ils vont en rétreciffant infenfiblement : Car cela fait que ce qui s'y introduit, doit avoir la mefme force, & produire le mefme effet, qu'un corps qui paffe entre deux autres dont les fuperficies font prefque paralleles. Or fuivant les loix des Mechaniques, quoy que le corps qui paffe ainfi entre deux autres foit fort petit, & qu'il ne fe meuve que foiblement, il ne laiffe pas d'avoir une force incroyable pour écarter les deux autres.

XLII.
Pourquoy certains

Quand la matiere fubtile commence à écarter les parties des corps qui luy font obftacle, elle a à furmonter leur refiſtance toute entiere, & meſme un peu de celle des corps d'alentour ; Mais dautant que ce qui eſt une fois ſous une certaine façon d'Eſtre, continuë de ſoy-meſme dans cette façon, & qu'ainſi les corps qui ont receu un certain branle, perſeverent à ſe mouvoir ainſi d'eux-meſmes, cette matiere ſubtile ne ſçauroit continuer à les ébranler, qu'elle n'en augmente l'effet ; Et il peut meſme arriver qu'en les pouſſant & ébranlant de la ſorte, elle éloigne de telle façon les parties du corps au travers duquel elle paſſe, qu'elle les diviſe & les rompe tout-à-fait ; principalement ſi ce corps eſt fort fragile.

corps ſe rompent en ſe redreſſant.

Mais afin que vous ſçachiez d'où vient que certains corps ſe plient ſans ſe rompre, & que d'autres au contraire ſe rompent ſi aiſément, remarquez, que la tiſſure de quelques-uns peut eſtre telle, que leurs parties s'entrelacent comme les anneaux d'une chaine, ou comme les petits cordons qui compoſent une groſſe corde ; Or il eſt aiſé de comprendre, qu'on peut donner divers plis à ces ſortes de corps ſans les rompre ; dautant que leurs parties demeurent d'ailleurs aſſez accrochées pour entretenir quelque ſorte de liaiſon. Au contraire, il ſe peut rencontrer des corps qui n'ont point cet embaras de tiſſure, & qui ne ſont durs qu'à cauſe que leurs parties ſe touchent ſeulement en quelques endroits ; D'où il ſuit, qu'on ne les ſçauroit tant ſoit peu écarter, qu'on ne leur faſſe perdre toute leur continuité ; Et ce ſont ces corps-là qu'on nomme fragiles.

XLIII.

En quoy conſiſte la ſoupleſſe & la fragilité de certains corps.

Le cuir peut eſtre pris pour ſervir d'exemple d'un corps ſouple, c'eſt à dire d'un corps qui ſe peut plier ſans

XLIV.

Pourquoy l'endroit où

un corps fou-
ple se rompt
est tout iné-
gal, & que
celuy d'un
corps fragile
est fort poly.

se rompre, & le verre au contraire pour l'exemple d'un corps fragile, c'est à dire, qui rompt plûtost que de plier; Et l'on ne pourra douter que la souplesse de l'un & la fragilité de l'autre ne consistent en ce que je viens de dire, si l'on considere l'endroit par où l'on aura déchiré un morceau de cuir sec, & l'endroit par où l'on aura cassé une piece de verre: Car le cuir paroissant tout inégal, & comme efilé, c'est une marque évidente, que les parties qui sont aux extremitez d'une moitié, avançoient assez avant entre les parties de l'autre; & au contraire la coupe du verre parroissant extremement polie, c'est une marque que les parties d'une des moitiez, touchoient seulement les parties de l'autre sans s'y enfoncer.

XLV.
Pourquoy les
verres fraîf-
chement
faits font
sujets à se
casser, sans
qu'on les
touche.

Si le verre, qui est fort fragile, avoit en quelque endroit de sa superficie des pores assez grands, & qui allassent en diminuant peu-à-peu vers quelque autre endroit, il ne pourroit entrer dans ces grands pores de la matiere subtile capable de les remplir, qu'en continuant à se mouvoir fort vîte, vers où les pores seroient plus étroits, elle n'en desunist tout-à-fait les parties. Or quand un verre à boire, qui vient d'estre fait, se refroidit tout à coup, il est impossible que ses pores ne soient plus grands, aux endroits où il est plus épais; à cause que la chaleur qui dilate les corps, s'y conserve plus long-temps, qu'aux autres endroits; C'est pourquoy la matiere subtile qui entre par ces grands pores, continuant son chemin avec vîtesse, & avec effort, doit casser le verre dans les endroits où les pores diminuent sensiblement. Ce qui arrive si ordinairement, que ce seroit une espece de merveille, si de cent verres que l'on expose à l'air, aussi-tost qu'ils sont faits, il en échappoit un seul sans se rompre.

L'on a trouvé un moyen d'éviter cet inconvenient dans les Verreries, en remettant le verre fraîchement fait dans l'arche du fourneau, où on l'éloigne petit à petit de la flamme, en sorte qu'on ne luy fait faire qu'un chemin de huict ou dix pieds dans l'espace de six heures, avant que de l'exposer à l'air libre ; & ainsi toutes les parties se refroidissant insensiblement, & l'une aussi-tost que l'autre, le rétrecissement des pores se fait également par tout, & la matiere subtile qui peut bien entrer dans l'un d'eux, peut aussi delà se couler librement vers tous les autres endroits du verre, où les passages luy sont également ouverts.

XLVI.
Moyen pour empescher les verres de se casser.

Ce que nous venons de dire de la cause qui fait que les verres se cassent comme d'eux-mesmes, nous peut servir de planche pour passer à l'explication d'un petit miracle de la nature, que l'on a découvert depuis peu, qui nous a esté envoyé de Hollande, & qu'on a déja promené par toutes les Universitez de l'Europe , où il a excité la curiosité, & confondu le raisonnement de la pluspart des Philosophes. C'est une espece de larme de verre grossier, semblable à celuy de nos vitres, & à peu-prés de la figure & grandeur qu'on la voit icy depeinte. Elle est toute massive, si ce n'est qu'on y remarque quelquefois certaines petites bubes d'air à l'endroit le plus gros, comme vers D ; où on la peut fraper assez rudement à coups de

XLVII.
Proprieté admirable d'une larme de verre.

marteau , fans qu'elle fe brife ; Et cependant, fi l'on
rompt le petit bout de fa queüe vers l'endroit B ,
tout fon corps fe brife avec éclat ; & l'on voit qu'il fe
diffipe à la ronde , & affez loin , en une
pouffiere, laquelle, quoy qu'affez menuë, a
encore fes grains feffez en tant d'endroits,
qu'on la peut fort aifément divifer en la pref-
fant entre fes doigts ; ce qu'on peut mefme
faire fans danger de fe piquer , comme il arriveroit , fi l'on manioit ainfi de la pouffiere
d'un morceau de verre qu'on auroit pilé dans
un mortier.

XLVIII.
De la caufe
exterieure du
mouvement
des parties
de la larme.

A dire le vray, ce phenomene eft fi particulier , qu'il ne faut pas s'étonner s'il nous fur-
prend de prim'abord ; Mais en meditant deffus avec un peu d'attention, il eft aifé de remarquer que tout ce qui fe prefente à nos
yeux n'eft rien autre chofe que le mouvement local des
parties d'un corps, qui font portées comme d'un centre vers fa circonference. Or comme nous ne penfons
point qu'un corps commence jamais à fe mouvoir , s'il
n'eft pouffé par quelqu'autre corps qui fe meuve déja ,
nous n'avons pas de peine à juger, que l'éparpillement
des parties de la larme arrive de ce qu'une matiere qui
fe fourre dans fes pores les pouffe & les écarte ; de mefme que nous voyons qu'un coin pouffe & écarte de
part & d'autre les parties du corps qu'il fend , quand il
eft enfoncé avec grande force & vîteffe. Et mefme, il
n'y a pas ce femble lieu de douter, que cette matiere
ne foit la mefme que celle qui dans les Verreries caffe

les verres qu’on laiſſe trop promptement refroidir.

Pour ſçavoir maintenant comment cette larme a pû acquerir les diſpoſitions neceſſaires pour produire cet effet, il y a lieu de conjecturer que l’ouvrier qui en fait un ſecret, a trouvé le moyen de la refroidir tout à coup, en la trempant, quand elle eſt fort chaude, dans quelque liqueur particuliere qui fait qu’elle ne ſe briſe point: Car l’experience fait voir que le verre qu’on refroidit ainſi dans de l’eau froide ſe briſe en petits morceaux. Mais quelle que ſoit cette liqueur, il eſt certain que les parties de la larme qui ſont les plus proches de ſa ſurface ſe refroidiſſent les premieres, & qu’en communiquant du mouvement à cette liqueur, elles perdent ce qu’elles en avoient auparavant qui les tenoit un peu écartées les unes des autres; ſi-bien qu’elles ſe condenſent, & ſe reſſerrent, en accommodant leurs pores à la petiteſſe des parties les plus delicates de la matiere ſubtile, qui ſe conſerve des paſſages au travers; Ce qui n’arrive pas de meſme aux parties interieures de la larme, qui ne ſe refroidiſſant qu’aprés les autres, ne ſe peuvent pas ainſi reſſerrer, à cauſe que celles-cy eſtant déja endurcies, & diſpoſées en forme de voute, ne les preſſent aucunement; Si-bien que les pores qui ſe rencontrent entre les parties les plus voiſines du milieu, ſont grands, & vont delà en diminuant inſenſiblement vers la ſuperficie. Et cela une fois poſé pour conſtant, nous avons une cauſe neceſſaire de ce qui donne tant d’admiration.

La merveille n’eſt pas en ce que la larme reſiſte aux coups de marteau, car elle eſt aſſez maſſive pour cela;

XLIX.
Quelle doit eſtre la diſpoſition particuliere de cette larme.

L.
Qu’elle peut bien reſiſter

aux coups de marteau.

& des grains de verre de pareille groffeur refifteroien
bien de mefme.

L I.
Qu'elle ne fe doit pas rompre toute feule.

Il eft auffi manifefte qu'elle ne fe doit point caffe
fans qu'on y touche, comme font les verres dont j'ay
parlé cy-deffus, parce que la matiere fubtile qui paffe
au travers, trouve fon paffage auffi libre à la fortie qu'à
l'entrée.

L I I.
Comment elle fe brife.

Mais fi on rompt la queuë vers l'endroit marqué B.
on y découvre de grands pores, par où les parties de la
matiere fubtile, qui font de cette groffeur, entrent en
grande quantité, & de-là continuant leur chemin avec
vîteffe vers tous les endroits de la fuperficie où les pores
vont en rétreciffant, elles ne peuvent qu'elles n'écartent
de tous coftez les parties du verre; & qu'ainfi elles ne le
divifent en cette pouffiere que nous voyons.

L I I I.
Pourquoy elle ne fe brife pas quand on rompt le petit bout de fa queüe.

Pour premiere confirmation de cette verité, confiderez que l'extremité de la queuë qui eft vers A, eft
fi menuë, qu'elle n'a pû fenfiblement eftre plûtoft re-
froidie au dehors qu'au dedans; tellement que les pores y font par tout également étroits ; Ainfi, fi l'on
rompt la queüe en cet endroit-là, on ne donne point
pour cela moyen à la matiere fubtile d'y tranfmettre
des parties plus groffieres que fi elle n'eftoit point du
tout rompüe; & par confequent la larme doit demeurer entiere; à quoy l'experience s'accorde.

L I V.
Que la larme eftant recuite doit perdre la vertu de fe brifer.

De plus, fi aprés avoir fait rougir une de ces larmes
dans le feu, on la laiffe en fuitte refroidir lentement,
fes pores deviennent alors à peu prés égaux, de mefme
qu'il arrive à l'acier que les ouvriers font ainfi recuire;
C'eft pourquoy, fi l'on rompt la queuë de la larme en
quelque

quelque endroit que ce foit, comme il ne fçauroit alors
entrer aucune matiere, qui ne puiſſe ſortir de tous coſtez
avec la meſme facilité qu'elle y eſt entrée,
la larme ne ſe doit point caſſer; ce que l'experience nous fait voir.

Enfin pour derniere confirmation de l'inégalité qui ſe rencontre entre les pores du
milieu & ceux de la ſuperficie de ces ſortes
de larmes, j'en ay porté trois chez trois differens Lapidaires; Au premier deſquels je
fis ſcier celle que je luy donnois, avec de la
poudre de diamant, vers l'endroit C; Au ſecond, je luy en fis percer une autre, avec de
la meſme poudre, à l'endroit D; & au troiſiéme, je luy fis uſer ſur ſa roüe, avec de la
poudre d'Emery, la partie de la larme mar-

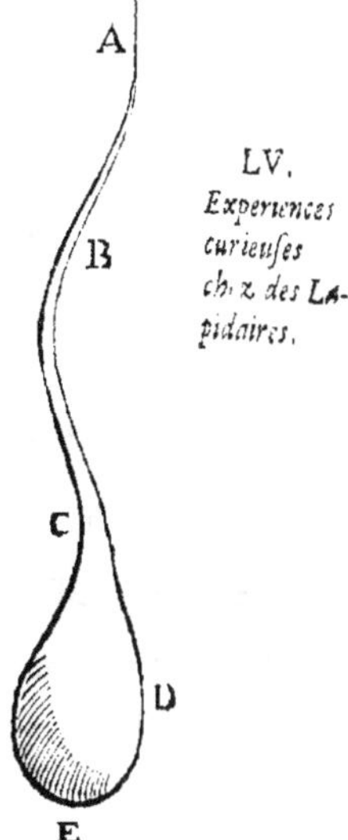

LV.
*Experiences
curieuſes
chez des La-
pidaires.*

quée E, comme pour la rendre plus platte; Et bien
que ces trois Ouvriers travaillaſſent chacun à part, avec
autant de circonſpection que s'ils euſſent manié des
perles ou des pierreries de grand prix, il eſt arrivé en
ma preſence, qu'aprés que les poudres eurent rongé
environ l'épaiſſeur d'un double, qui eſt à mon avis juſqu'où s'étendent les plus petits pores, chaque larme
s'eſt briſée à l'ordinaire, au grand étonnement des Ouvriers, qui ne s'attendoient pas à cet effet.

Pour revenir maintenant à la conſideration des liqueurs, je remarque premierement, que ſi on les reduit
toutes à deux eſpeces, dont l'une comprenne celles
qu'on appelle maigres, & l'autre celles qu'on nomme
graſſes, il ne ſera pas difficile de déterminer en quoy

LVI.
*Des deux
principales
differences
des liqueurs.*

confiſte leur principale difference : Car puiſque les premieres s'évaporent aſſez aiſément, & que les ſecondes
ne ſçauroient s'exhaler qu'avec peine, nous penſerons
que les parties de celles-là doivent avoir des figures
aſſez ſimples pour ſe pouvoir dégager les unes des autres, & que les parties de celles-cy ont des figures plus
embaraſſantes, & à peu prés ſemblables à celles des
branches d'arbres, au moyen dequoy elles s'entretiennent.

LVII.
D'où vient que l'eau verſée de haut ſe diſ- ſipe en gout- tes.

Et cecy ſe confirme, en ce que ſi l'on vuide lentement un vaiſſeau plein d'une liqueur maigre, elle coule,
& tombe en pluſieurs gouttes ſeparées ; au lieu que ſi
c'eſtoit une liqueur graſſe, elle feroit un long filet,
dont toutes les parties ſe ſuivroient ſans interruption.

LVIII.
Pourquoy certaines li- queurs ne ſe peuvent brouiller.

Cela ſuppoſé, nous ne trouverons point étrange que
l'huile ou l'air ſe mélent ſi mal-aiſément avec l'eau; dont
la raiſon eſt, que les parties de ces liqueurs s'ajuſtent
mieux toutes ſeules qu'avec celles de l'autre. D'où vient
que ſi l'on avoit tellement agité de l'eau & de l'huile,
qu'on auroit miſes enſemble dans un meſme vaiſſeau,
qu'elles ne paruſſent plus compoſer qu'une ſeule liqueur, elles ne pourroient pas demeurer long-temps
ainſi, ſans que les parties d'huile qui ſe rencontreroient
ne s'accrochaſſent les unes aux autres, juſqu'à compoſer
diverſes gouttes, que leur legereté feroit monter au deſſus ; tandis que les parties d'eau, que leur mouvement
feroit auſſi rencontrer, ſe joindroient auſſi enſemble,
& compoſeroient d'autres gouttes qui prendroient le
deſſous; & delà il arriveroit que ces deux liqueurs ſe de-

broüilleroient tout-à-fait, & qu’on les auroit pures, l’une au deſſus de l’autre.

Il eſt important de remarquer, que les gouttes des liqueurs, qui nagent dans une grande quantité d’une autre liqueur avec laquelle elles ne ſe mêlent point, ont toutes la figure ronde comme des boules. Ce n’eſt pas qu’on puiſſe s’appercevoir de cela dans les gouttes de plüie pendant qu’elles tombent dans l’air, car la vîteſſe de leur cheute ne nous le ſçauroit permettre ; au contraire, elles nous doivent plûtoſt paroiſtre longues, en ſorte qu’on les prenne pour de petites colomnes; par la meſme raiſon qu’en remuant fort vîte un baſton allumé par l’un de ſes bouts, il paroiſt comme une longue traiſnée de feu. Le meilleur moyen donc qu’on puiſſe prendre pour voir ſi les gouttes d’eau qui nagent dans l’air ſont rondes, eſt de mettre un peu d’eau dans le creux de la main, & de la jetter en l’air environ la hauteur des yeux : Car alors elle ſe diſſipera en pluſieurs petites gouttes, qui commençant à deſcendre aſſez lentement, donneront au ſpectateur le moyen d’obſerver leur figure.

Ce phénomene a eſté connu de tout temps, & l’on a tâché d’en rendre raiſon, en diſant que les parties d’une meſme liqueur ont un amour mutuel les unes pour les autres; d’où s’enſuit un deſir d’union, lequel ne ſçauroit eſtre parfaitement accomply, ſi elles ne compoſent une boule; dautant que ſi elles eſtoient ſous quelqu’autre figure, celles qui ſeroient plus loin du centre, tendroient à s’en approcher avec un peu plus de force que les autres, leſquelles par conſequent ſeroient

contraintes de ceder, & de reculer, jufqu'à ce qu'elles
fuffent également rangées alentour du centre; & ainfi
s'arrondiroient.

LXI.
*Refutation
de l'opinion
des Arifote-
liciens.*

Mais parce que ces mots d'amour, & de defir, n'ont
aucune fignification qui nous foit connüe, à moins de
les attribuer à des fujets qui foient capables de connoiffance, on ne peut les approprier aux parties de l'eau,
fans parler fort improprement, & fort obfcurement.
Ainfi, bien loin d'expliquer une chofe, qui doit eftre
affez aifée, puis qu'il ne s'agit que de la figure d'un
corps, on l'embroüille par des termes qui ne fignifient
rien de clair & de diftinct, eu égard aux fujets aufquels
on les applique. De plus, quelque explication que l'on
puiffe donner au defir d'union, c'eft contre toute raifon qu'on l'attribüe à des fujets, qui de leur nature femblent eftre déterminez à fe defunir, puifque la nature
mefme les a rendus fi capables de defunion.

LXII.
*Que les cho-
fes qui font
contraintes
de fe détour-
ner, tendent
plûtoft à dé-
crire une
circonference
de cercle qu'-
une ligne
droite, &
plûtoft une
circonference
d'un grand
cercle que
d'un petit.*

Afin donc de trouver la caufe de l'ar-
rondiffement des gouttes des liqueurs
qui nagent dans d'autres, remettons
nous devant les yeux cette verité, Que
chaque chofe perfifte de foy-mefme autant qu'elle peut dans l'eftat où elle fe
trouve; & par confequent, que celles
qui fe meuvent, continuent de fe mouvoir avec la mefme détermination qu'-
elles ont commencé; c'eft à dire, fuivant ce qui a déja efté dit cy-deffus,
dans la mefme ligne droite. Ainfi, fi
le corps A, par exemple, s'eft déja meu le long de la

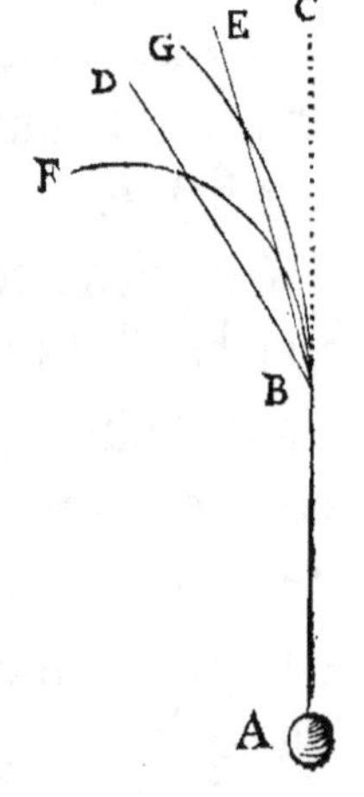

ligne A B, ce commencement de mouvement le détermine à aller vers C, & il n'arrivera jamais qu'il tende de foy-mefme à aller vers E, ou vers D. Si pourtant
le corps A eftant parvenu au point B, y rencontroit
quelque obftacle, il pourroit bien fe détourner de la ligne B C, & fe porter dans quelqu'autre ligne ; Mais
comme il feroit forcé à faire ce détour, il s'enfuit qu'il
le feroit le moindre qu'il feroit poffible, c'eft à dire,
qu'en quittant la ligne A B au point B, il tendroit à fe
mouvoir dans une ligne qui fift avec B C le moindre
angle que l'on puiffe concevoir. C'eft pourquoy, comme B D ne fait pas un fi petit angle avec la ligne B C,
que B E fait avec la mefme ligne, il faut penfer que le
corps A tendra plûtoft à fe mouvoir dans la ligne B E,
que dans la ligne B D; Et dautant que la circonference d'un cercle, dont B C eft tangente, fait avec B C un
angle plus petit que tout angle compris de deux lignes
droites, il faut conclure, que le corps A, eftant parvenu au point B, refiftera moins à fe détourner felon une
circonference de cercle, que felon quelque ligne droite
que ce foit. Enfin, parce qu'il eft certain que la circonference d'un grand cercle, fait avec fa tangente un
moindre angle, que ne fait celle d'un petit cercle avec
la fienne, on doit conclure que le corps A, eftant parvenu au point B, où il feroit contraint de fe détourner,
refifteroit encore moins à décrire la grande circonference B G, que la petite B F.

En fuitte de cecy, fi nous comparons au corps A, les
parties qui compofent une goutte de liqueur, & qui
font empefchées par la liqueur environnante de conti-

LXIII.
*Quelle eft la
caufe de la
rondeur des*

Z iij

nuer leur mouvement en ligne droite;
& si tout ce qui a esté dit du corps qui
faisoit obstacle vers l'endroit B, est entendu des parties de cette liqueur environnante, lesquelles en effet ne resistent pas tellement qu'elles ne puissent un peu reculer, nous conclurons
que les parties de la goutte écarteront
peu-à-peu celles qui les entourent, &
qui avancent en dedans au delà de la
superficie spherique, sous laquelle cette
goutte peut estre contenuë. Et parce

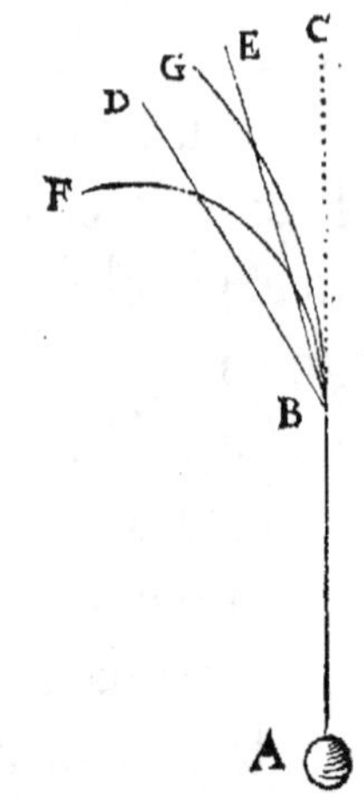

que le monde est plein, & que les parties qui sont
chassées hors de leur place ne sçauroient trouver où se
loger, à moins que d'en déplacer autant d'autres, il faut
necessairement qu'elles soient chassées vers les espaces
angulaires que la goutte occupoit au delà de la mesme
superficie spherique ; ainsi, cette goutte se procure-
roit d'elle mesme la figure ronde, quand bien mesme le
liquide environnant n'y contribueroit rien autre chose,
sinon qu'il ne resisteroit point. Mais dautant que les
parties de ce liquide sont plus empêchées de continuer
leur mouvement en ligne droite, par les endroits angulaires de la goutte, que par les autres qui approchent
plus prés du centre, il est évident qu'elles les doivent
pousser vers le centre, en faisant que d'autres parties
s'en éloignent en mesme-temps ; Et de cette façon le
liquide environnant contribuë encore comme agent à
l'arrondissement de la goutte ; Et mesme on peut dire
qu'il y a la meilleure part, si, le reste estant égal, ses

parties se meuvent beaucoup plus vîte.

Mais il est à remarquer, qu'afin que l'experience s'accorde avec cette démonstration, deux conditions sont requises ; La premiere est, que le liquide environnant n'ait aucune agitation étrangere ; & la seconde, que ces gouttes ne soient point soutenües, du moins quand elles ont une grosseur un peu considerable ; parce qu'alors leur pesanteur prévalant à la cause de leur arrondissement, les applatiroit tant soit peu ; en sorte qu'elles ne seroient rondes , qu'au sens qu'elles seroient paralleles à la surface de la terre ; comme l'experience le fait voir dans les gouttes d'eau qui sont arestées sur des feüilles d'herbes qu'elles ne moüillent point, ou dans celles qu'on a jettées sur une table poudreuse, ou enfin dans les gouttes d'huile & de graisse fondüe qui nagent sur l'eau, lesquelles en effet ne sont rondes qu'en ce sens-là, & en un autre sens sont d'autant plus plates qu'elles sont plus grosses & plus pesantes.

Cette derniere condition se doit aussi entendre, supposé que tout le reste soit égal : Car il n'est pas impossible, que de deux gouttes de differentes liqueurs , celle qui est un peu plus pesante que l'autre, soit plus ronde, pourveu qu'avec cela elle soit beaucoup plus petite. Dont la raison est, que toutes les parties d'un liquide qui environne une goutte, ne servent pas à l'arrondir, mais seulement celles qui s'appliquent à sa surface, les autres, qui passent dans ses pores , tendant plûtost à la dissiper. Tellement qu'une goutte, qui est plus petite & plus pesante, ayant ses pores plus petits,

& peut-eſtre en moindre quantité, que n'en a une au[tre], qui eſt plus groſſe & plus legere, a auſſi une ſurf[a]ce plus continuë ; & conſequemment elle donne pl[us] de priſe à l'agent qui la doit arrondir, & reçoit moi[ns] de ce qui la pourroit diſſiper ; ainſi voyons-nous qu[e] une goutte de vif-argent eſt toûjours plus ronde qu'u[ne] goutte d'eau un peu moins peſante.

LXVI.
D'où vient que les gouttes d'eſprit de vin ne ſe font pas rondes.

L'eſprit de vin au contraire eſtant fort leger, do[it] avoir tant de pores, & ſa ſurface doit eſtre ſi interro[m]püe, qu'il n'y a que tres-peu de parties d'air qui s'y pu[iſ]ſent appliquer pour l'arrondir, la plus-part paſſant [à] travers, & tendant à le diſſiper ; auſſi eſt-ce une lique[ur] dont les gouttes ſont tres-malaiſément bornées ; co[m]me vous le pourrez experimenter ſi vous en verſez da[ns] la main, & le jettez en l'air aſſez haut : Car s'il eſt b[ien] rectifié, vous ne le verrez point retomber en goutt[es] comme l'eau, mais il ſera tellement diſſipé par l'a[ir] que rien de ſenſible ne parviendra juſqu'à terre ; & m[ê]me ſi vous en jettez ſur une table poudreuſe, il ne s['ar]rondira pas en gouttes, mais il s'étendra à la ronde, [&] ſe mêlant avec les autres corps qu'il y trouvera, meſ[me] avec le noir de fumée, que l'eau ne ſçauroit aucuneme[nt] détremper.

LXVII.
La cauſe qui fait qu'une liqueur mouille certains corps, & n'en mouille pas d'autres.

Aprés avoir montré comment ſe modifie la ſurf[ace] commune de deux liqueurs, dont l'une eſt tout-à-[fait] entourée de l'autre, il ne ſera pas inutile de nous ar[rê]ter un peu pour examiner quelle modification d[oit] prendre celle qui eſt moyenne entre deux liqueu[rs] dont l'une eſt contenuë dans quelque vaiſſeau, & l'au[tre] ne l'eſt pas. Mais parce qu'il peut y avoir en cecy qu[el]

que diverſité, ſelon que ce vaiſſeau pourra eſtre mouïl-
lé, ou ne l'eſtre pas, par la liqueur qu'il contient; il faut
remarquer qu'une liqueur ne moüille un corps dur, qu'à
cauſe qu'elle touche immediatement ſa ſuperfiſie, &
qu'une autre liqueur ne le moüille pas, à cauſe qu'elle
ne la touche pas immediatement, & qu'il y a de la matiere ſubtile qui ſe reſerve des paſſages entre la ſurface
concave de l'un & la convexe de l'autre.

Cecy ſuppoſé, nous conclurons premierement, que
ſi un verre bien net, & dont les bords ſeroient également hauts, eſtoit plein d'eau, cette eau auroit ſa ſurface toute plate; parce que l'air qui la toucheroit n'auroit pas occaſion de la preſſer plus en un endroit qu'en
un autre.

Mais ſi l'eau ne rempliſſoit le verre qu'en partie, ſa
ſurface devroit eſtre concave; dautant que l'air qui
circule alentour de cette maſſe compoſée de l'eau & du
verre, venant à ſauter du dehors en dedans, n'eſt pas
ſi diſpoſé à ſe détourner le long de la ſurface interieure
du verre, qu'il l'eſt à continuer ſon
mouvement vers le milieu; D'où
ayant à remonter par deſſus le bord
du verre, il décrit contre ſes bords
une ligne courbe, à contre-ſens de
la premiere, à peu-prés comme il
paroiſt dans cette figure; ſi-bien
qu'il preſſe plus l'eau vers le milieu
que vers le bord, où conſequem-
ment elle doit s'élever quelque peu plus qu'au milieu.

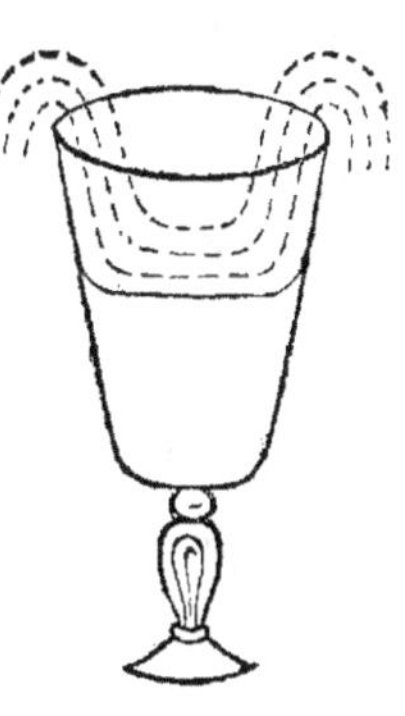

L'experience eſt parfaitement d'accord avec ce raifonnement ; fi ce n'eft que comme le mouvement le plus commode de l'air eft en cercle, auffi femble-t-il qu'il devroit courber la furface de l'eau en forme d'une fphere concave; ce qui n'arrive pourtant pas; puifque la furface de l'eau n'eft courbe que vers les bords, & qu'elle paroift toute plate vers le milieu ; Mais la raifon en eft évidente, en ce que le verre eftant large, il faudroit que l'eau montaft en grande quantité pour prendre la courbure que le mouvement le plus commode de l'air exige ; à quoy il eft certain que fa pefanteur refifte.

Et pour preuve de cecy, fi l'on emplit en partie un tuyau de verre affez étroit, & dans lequel l'eau ne doive monter qu'en petite quantité, pour faire que fa furface fe puiffe arrondir en demy fphere, on ne manquera pas d'obferver qu'elle prendra cette difpofition, quand mefme le tuyau feroit incliné, comme vous le voyez dans cette figure; où la courbure A B C reprefente la furface de l'eau, laquelle ne s'éloigne du niveau, & n'eft fenfiblement plus haute vers A que vers C, qu'à caufe que cette difpofition de l'eau s'accommode mieux avec le mouvement de l'air ; lequel devroit fe détourner beaucoup plus, & avec plus de contrainte, vers l'endroit marqué D, fi l'eau fe plaçoit à peu-prés felon le niveau D B E.

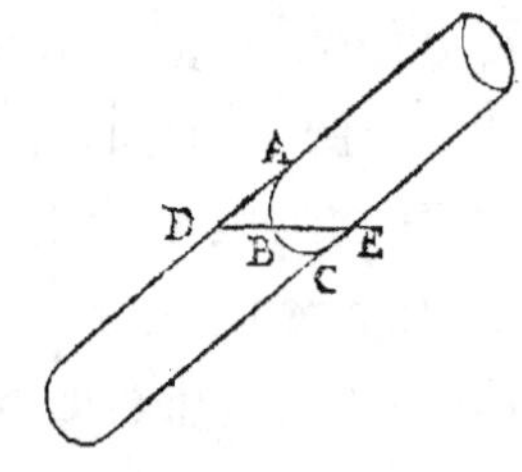

La mefme caufe qui empefche l'eau de fe placer de niveau dans ce tuyau incliné, empefche auffi qu'une bouteille, dont le goulet eſt fort étroit, ne ſe vuide, lors qu'elle eſt à demy renverſée; & l'inégalité qu'il y a en-tre la hauteur des deux parties de la liqueur qui ſe preſentent pour ſortir en meſme-temps, devroit rom-pre ce ſemble l'équilibre du preſſement de l'air, qui la repouſſe & qui la ſoutient, en tant qu'il agit par ſa pe-ſanteur. Par exemple encore que dans la bouteille qui eſt icy dépeinte, il y ait une plus grande hauteur d'eau qui ſe preſente pour ſortir vers C, que vers A, & qu'il ſemble qu'-elle devroit forcer l'air à l'en-droit C, de ceder à ſa deſcente, & de monter en ſa place par l'endroit A; Toutesfois cela n'arrive point; à cauſe que les

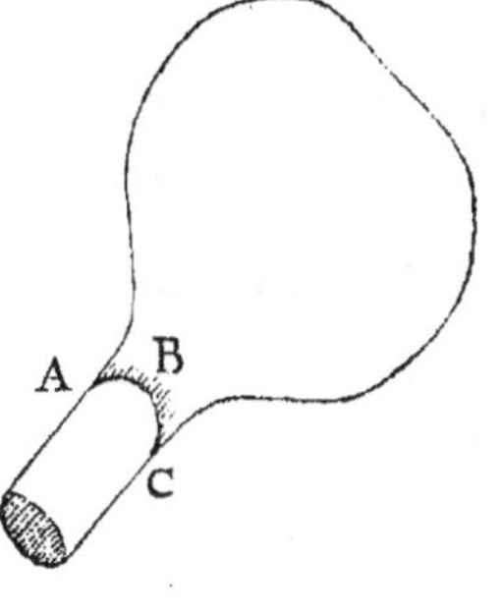

parties de l'air décrivent déja la ligne courbe A B C, & que le peu de peſanteur qu'il y a de plus vers C que vers A, n'eſt pas capable de le forcer à en décrire une autre encore plus courbe; comme il faudroit qu'il fiſt, ſi l'eau deſcendant vers C, occupoit une partie de la largeur du goulet.

Que ſi maintenant l'on verſe dans un verre de figure ordinaire un peu plus d'eau qu'il n'en faut pour le rem-plir juſtement, comme celle qui ſe preſente pour tom-ber par-deſſus les bords, eſt plus expoſée à l'action de l'air, qu'elle n'eſt en tout autre endroit, il s'enſuit que l'air la doit repouſſer vers le milieu, où ſon mouvement le plus commode exige qu'elle ſoit plus haute; auſſi voyons-nous que ce verre en peut tenir à comble; &

que la curvité de la superficie de la liqueur qu'il contient, approche d'autant plus de celle d'une sphere, que le verre est moins large ; à cause qu'il ne faut pas faire violence à la pesanteur d'une si grande quantité d'eau, & que la force de l'air suffit à cela.

LXXIV.
Que celle qui ne remplit qu'en partie un verre qu'elle ne moüille pas, doit aussi estre convexe.

Quelque quantité d'eau ou d'autre liqueur que l'on mette dans un verre gras, ou dans un verre que la liqueur ne moüille point, sa surface est toûjours convexe ; à cause qu'elle n'est pas tant déterminée à prendre sa forme, par l'air qui vient de dehors, que par celuy qui glisse entre les parties interieures du verre & la masse de la liqueur qu'il contient, alentour de laquelle comme il continuë de se mouvoir, il écorne les parties angulaires qui sont vers les bords, parce qu'elles font plus d'obstacle à son mouvement, & les chasse delà vers le milieu ; ou bien il les enfonce en dedans, & force ainsi l'eau à se soulever vers le milieu, où elle s'oppose moins à son passage, à cause qu'il ne sçauroit se porter vers là que par un mouvement détourné.

LXXV.
Pourquoy certains corps qu'on met flotter sur l'eau se portent du milieu vers les bords.

De ce qui vient d'estre dit dans les deux articles précedens, nous conclurons que l'air qui fait enfoncer le milieu de la surface de l'eau, laquelle ne remplit un verre qu'en partie, doit par la mesme action pousser delà vers les bords les corps legers qui nagent dessus, & qui touchent l'eau immediatement. Ce que je me suis avisé d'experimenter avec de petites bouteilles de verre, rondes, pleines d'air, & fermées, qu'un Emailleur a fait les plus legeres qu'il a pû, lesquelles ayant mises vers le milieu de la surface concave de l'eau, qui ne remplissoit qu'une partie d'un verre assez étroit, j'ay veu avec plaifir qu'elles eftoient chaffées de là vers l'endroit du bord qui fe rencontroit le plus proche d'elles.

Et dautant que dans cette experience, je me fers d'une petite bouteille de verre, & d'un vaiffeau de même matiere, quelqu'un pourroit peut-eftre s'imaginer que cette petite bouteille ne fe porte vers le bord, qu'à caufe qu'elle eft attirée par le verre ; Mais la refutation de cette conjecture n'eft pas malaifée : Car fans parler de fon obfcurité, il ne faut que fçavoir que la mefme chofe arrive dans un vaiffeau de bois, ou de telle autre matiere qu'on voudra, & qu'on ne pourra s'imaginer avoir quelque fympathie avec la bouteille.

LXXVI.
Que ce mouvement ne fe fait point par attraction.

Mais ce qui détruit plus évidemment cette opinion, & qui confirme d'autant plus ce que j'ay avancé, c'eft que fi l'attraction avoit lieu dans cette rencontre, il faudroit que dans un verre qui feroit remply d'eau à comble, la bouteille fe portaft avec rapidité du milieu de la furface convexe vers le bord : Car outre qu'elle y devroit eftre attirée, la pente devroit encore favorifer fon mouvement. Ce qui n'arrive pourtant pas ; au contraire, elle fe meut du bord vers le milieu ; & cecy doit arriver, fi ce que j'ay avancé eft veritable ; parce que, comme j'ay déja dit, quand le verre eft comble, ce font les bords qui font le plus expofez à l'action de l'air, & la mefme caufe qui chaffe l'eau du bord vers le milieu, y doit auffi chaffer la petite bouteille.

LXXVII.
Que ces mefmes corps fe doivent porter du bord vers le milieu dans un verre rempli à comble.

Remarquez que pour faire ces experiences, j'ay fuppofé que le corps qui nage fur l'eau la touchoit immediatement, ou ce qui eft la mefme chofe que ce corps en fuft moüillé, afin que l'air fuft obligé de tourner au-

LXXVIII.
Pourquoy un corps qui pefe plus que l'eau en flottant deffus

fait tout le contraire de ce que fait une petite bouteille de verre.

tour de la masse composée des deux ; Mais si ce corps qui flotte sur l'eau ne la touchoit pas immediatement, ou n'en estoit pas moüillé, on experimenteroit tout le contraire ; c'est à dire, que ce corps descendroit du bord vers le milieu quand la surface de l'eau est concave, & du milieu vers le bord quand cette surface est convexe, à cause que les parties de l'air qui passeroient par-dessous ce corps, feroient baisser la liqueur tout alentour ; Ce qui produiroit le mesme effet, que si un gros corps spherique & fort pesant estant terrassé sur le penchant d'une montagne, on ostoit également de la terre qui est à la ronde, & qu'on fourrast des leviers pour soulever ce corps : Car alors il est évident qu'on le disposeroit à descendre vers le bas de la montagne.

LXXIX.
Comment ces sortes de corps peuvent flotter sur l'eau.

Remarquez encore, que quand un corps, qui pese plus qu'une masse égale d'eau, nage sur l'eau, comme fait une petite aiguille d'acier, cela vient de ce que l'air, qui se reserve un passage entre l'eau & ce corps, le souleve, & l'empêche de s'enfoncer ; Et il ne faut pas penser que cela vienne de la resistance que l'eau apporte à sa division, laquelle on croiroit peut-estre estre plus grande vers la superficie qu'au dedans : Car ayant fait faire de petites aiguilles de verre, moins pesantes que des aiguilles d'acier de pareille grosseur, & les ayant couchées fort doucement sur l'eau, elles sont toûjours tombées au fond.

LXXX.
Pourquoy les liqueurs montent

De ce qu'un corps qu'on enfonce dans l'eau, en peut estre moüillé, ou ne l'estre pas, il s'ensuit, ou que l'eau montera contre ce corps plus qu'elle ne fait ailleurs, ou qu'elle y montera moins. La raison du premier cas est, que l'air qui se meut d'un bord à l'autre du vaisseau, & qui passe par-dessus ce corps, permet à la liqueur de monter dans les recoins, où il n'est pas disposé de se détourner; au lieu que passant pardessous, dans le second cas, il baisse cette liqueur à la ronde; Et de cecy l'on peut faire quantité d'experiences; Mais chacun en a déja fait une infinité, sans peut-estre y avoir pris garde: Car toutes les fois qu'on a trempé une plume dans un encrier, on a pû remarquer que l'encre est montée dans la plume, quand elle a pû la moüiller; & qu'au contraire l'encre est baissée au tour de la plume, quand elle ne l'a pû moüiller.

quelque-fois contre certains corps qu'on y enfonce quelque peu.

Si aprés avoir joint fort-prés l'un de l'autre, deux corps plats que l'eau peut moüiller, comme deux picces de verre fort net, on les enfonce quelque-peu dans l'eau d'un vaisseau, l'air qui tend d'un bord du vaisseau à l'autre, pour franchir l'obstacle qui traverse son chemin, doit bien plûtost passer par-dessus ces deux pieces de verre, que non pas descendre dans cette fente étroitte qui est entre-deux; si-bien que l'eau n'est pas pressée en cet endroit-là, comme elle est aux autres, où l'air se peut porter sans beaucoup de détour; Et ainsi elle y doit monter à une hauteur assez considerable pardessus le niveau de l'eau qui est contenuë dans le vaisseau; ce que l'experience nous fait voir.

*LXXXI.
Pourquoy deux pieces de verre qu'on a jointes estant quelque peu enfoncées dans de l'eau contenüe dans quelque vaisseau, cette liqueur monte notablement dans la fente.*

Et il ne faut pas douter que l'eau ne montast encore plus haut, si l'on pouvoit boucher par les deux costez la fente qui est entre ces deux pieces de verre: Car par ce moyen l'on empêcheroit qu'il n'y entrast quelque peu

*LXXXII.
Pourquoy l'eau paroist monter d'elle mesme dans de petits*

tuyaux de verre.

d'air, qui y peut venir de travers fans aucun détour. C[e]
c'est faire quelque chofe d'équivalent, que de prendr[e]
un tuyau de verre fort menu, qui foit ouvert feulemen[t]
par les deux bouts, & le tremper dans l'eau, parc[e]
qu'alors l'air n'y fçauroit entrer de cofté en aucune f[a]
çon ; Et ainfi l'eau doit monter extraordinairement hau[t]
dans ces fortes de tuyaux, quand ils font fort menus.
Et de fait, j'ay fait voir que trempant dans l'eau u[n]
tuyau de verre fi étroit, qu'à peine un crin de cheva[l]
y pouvoit entrer, l'eau y eft montée jufqu'à la hauteu[r]
d'un pied.

LXXXIII.
Pourquoy
elle ne mon-
te pas fans
fin.

L'on ne doit pas neantmoins pour cela conclure qu[']
elle doive monter fans fin dans ces petits tuyaux : Ca[r]
il eft aifé de juger, que l'eau doit s'arrefter, quand l[a]
pefanteur de ce qui eft monté, luy donne autant d[e]
force pour tendre vers le bas, que le preffement d[e]
l'air exterieur en a pour la pouffer vers le haut.

LXXXIV.
Qu'elle doit
monter en
plus grande
quantité
dans un
tuyau incli-
ne.

Que fi l'on incline le tuyau, l'eau y entrera alors e[n]
plus grande quantité, à caufe qu'eftant en quelque fa[ç]
çon foutenuë, elle ne tend plus avec tant de forc[e]
vers le bas; A quoy il eft certain que l'experience s'ac[-]
corde, fuivant toute l'exactitude des loix des Mechaniques.

LXXXV.
Pourquoy
l'eau monte
quelquefois
plus haut
dans la
branche la
plus menüe
d'un fyphon
renverfé que
dans la plus
groffe.

Aprés avoir reconnu le pouvoir qu'a l'air, entan[t]
que liquide, de pouffer les corps aufquels il s'appli[-]
que, nous pouvons parler avec plus d'affurance & d[e]
certitude que nous n'avons fait cy-deffus, de la difpofi[-]
tion que doit avoir la liqueur contenuë dans un fyphon
renverfé, dont les branches font d'inégale groffeur,
comme eft celuy qui eft icy reprefenté. Par exemple, à
ne

ne confiderer que la pefanteur, nous pouvons à la verité affurer que s'il y a de l'eau dans
la groffe branche jufqu'à la hauteur
A B, il doit y en avoir dans la petite
jufques à la hauteur C, pour eftre de
niveau avec l'autre ; Mais nous pouvons icy ajoûter, que fi cette branche
eft fi menuë que les parties de l'air
ne fe puiffent détourner dedans que
difficilement , l'eau y devra monter
notablement plus haut que dans la
branche qui eft la plus large, ainfi que
nous venons de prouver , enforte
qu'on la pourra voir monter jufques
à D.

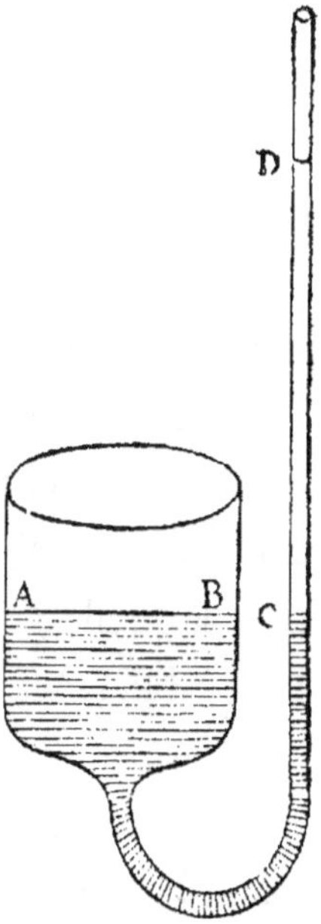

Il en eft peu de ceux qui ont cherché le mouvement perpetuel , qui
voyant cette experience, ne fe foient imaginez de l'a-
voir enfin trouvé, faute d'en bien comprendre la caufe. En effet, il femble d'abord, que prenant un de ces
fyphons dans lefquels l'eau monte affez haut du cofté de
la branche la plus menüe, & que courbant cette branche un peu plus bas que la hauteur à laquelle l'eau peut
monter, on pourroit difpofer cette menüe branche, à
verfer dans la plus large la liqueur dont elle auroit efté
remplie, pour delà monter de rechef dans la plus menüe, & ainfi produire un mouvement perpetuel. Toutesfois il eft certain que ceux-là fe trompent qui font
cette conjecture : Car outre que dans un fyphon, la
branche par laquelle l'eau s'écoule, doit neceffairement

LXXXVI.
Fauffe imagi-
nation du
mouvement.
perpetuel.

Bb

eftre plus longue que l'autre , ce qui ne fe rencontre
pas icy, où la branche courbée tient lieu de fyphon ;
il eft encore aifé à voir qu'au moment que l'eau fe prefente pour fortir par l'extremité de cette menuë branche ainfi courbée , elle eft beaucoup plus expofée au
choc de l'air, que n'eft celle qui eft contenuë dans la
largeur de l'autre branche ; d'où il fuit, qu'elle doit eftre empêchée de paffer outre.

LXXXVII.
Que dans un tuyau fort menu, courbé en fyphon, l'eau ne s'écoule pas toûjours par la plus longue branche.

Et cecy paroiftra encore plus évidemment, fi l'on confidere que trempant dans l'eau le bout d'un petit tuyau
courbé en fyphon, dont la hauteur n'excede pas celle à laquelle l'eau peut monter , elle le remplit bien
tout à-fait; Mais que fi l'autre bout n'eft un peu plus
que l'ordinaire plus bas que le niveau de l'eau du vaiffeau d'où elle vient , elle ne coulera point dans l'air
comme elle fait d'ordinaire ; par où l'on peut voir
qu'il la repouffe avec plus de force qu'elle n'en a pour
fortir.

LXXXVIII.
Experience curieufe du preffement de l'air.

Pour confirmation d'une chofe qui eft déja affez prouvée, l'on peut ajoûter , que bien loin que l'eau puiffe
fortir aifément par le bout d'un petit tuyau, elle peut
mefme quelquefois eftre forcée d'y entrer , & eftre enfoncée dedans, lors qu'elle eft tout-à-fait dehors. Ce
que vous pourrez experimenter, fi tenant à plomb un
petit tuyau fort net, & ouvert par les deux bouts, vous
verfez fur fa furface exterieure quelque goutte d'eau
qui puiffe entierement boucher le trou d'embas quand
elle y fera defcenduë : Car alors vous aurez le plaifir de
voir que le tuyau fe remplira tout autant que fi l'on avoit
trempé le bout dans de l'eau contenuë dans un vaiffeau.

Aprés ce qui a esté dit dans les articles précedens, il
est aisé de comprendre quelle peut estre la cause de la
filtration des Chymistes : Car la languette, ou cette petite bande de drap qu'ils mettent sur le bord d'un vaisseau, de telle sorte qu'un de ses bouts trempe dans la
liqueur qu'il contient, & l'autre pend plus bas dans l'air,
ressemble à un tuyau recourbé, dans lequel l'eau coule
comme dans un tuyau de verre ; & il n'importe que
cette languette, ou ce tuyau de drap, semble percé de
tous costez d'une infinité de trous, parce que l'air qui
se meut tout alentour recogne l'eau qui se presente
pour sortir par-là; & ainsi, il sert comme d'une envelope
continuë.

LXXXIX.
Quelle est la cause de la filtration.

Aprés que tant d'experiences ont confirmé nostre
pensée, ou si vous voulez nostre conjecture, touchant
les corps durs & les corps liquides, j'estime qu'il est su-
perflu de rien ajoûter icy davantage. C'est pourquoy
je finis ce Chapitre en faisant seulement remarquer
deux choses ; La premiere, que la dureté & la liquidité consistant dans le repos & dans le mouvement, qui
n'ont qu'une existence dépendante, ces formes ne sont
point substantielles ; mais sont seulement des qualitez
ou des façons d'estre des corps ausquels elles conviennent.

XC.
Que la forme des corps durs & liqui-des , entant que tels, n'est pas substan-tielle.

La seconde, qu'en expliquant la dureté & la liquidité, j'ay par mesme moyen expliqué en quoy consiste
la secheresse & l'humidité ; Ce qui est évident, si l'on
prend ces mots de sec & d'humide au sens des anciens,
qui ne les distinguoient point du dur & du liquide ;
Comme l'on peut voir, en ce que parlant de l'humide,

XCI.
Ce que c'est que la seche-resse & l'hu-midité.

Bb ij

ils se sont servis d'un seul mot grec, que tous leurs Interpretes ont indifferemment traduit humide, ou liquide. Il paroist encore que j'ay expliqué en quoy consiste la secheresse & l'humidité, suivant la signification que nous donnons presentement à ces mots ; puisque par celuy de sec nous entendons ce qui ne moüille point, & que par celuy d'humide nous entendons ce qui moüille, qui sont deux proprietez dont il a esté amplement & expressement traité cy-dessus.

CHAPITRE XXIII.

De la chaleur, & de la froideur.

I.
Que ces mots de chaleur & de froideur ont deux differentes significations.

CEs deux mots ont chacun deux significations: Car premierement, par la chaleur, & par la froideur, on entend deux sentimens particuliers qui sont en nous, & qui ressemblent en quelque façon à ceux qu'on nomme douleur & chatoüillement ; tels que les sentimens qu'on a quand on approche du feu, ou quand on touche de la glace. Secondement, par la chaleur, & par la froideur, on entend le pouvoir que certains corps ont de causer en nous ces deux sentimens dont je viens de parler.

II.
Dans quelle signification on se propose de traiter de la chaleur & de la froideur.

Je n'estime pas qu'on puisse comprendre ce que c'est que la chaleur ou la froideur, prises dans la premiere signification, autrement que par l'experience. C'est pourquoy, si nous avons à contenter nostre curiosité là-dessus, tous nos soins doivent aboutir & estre employez à rechercher en quoy consiste le pouvoir que certains corps ont de nous échauffer, & en quoy consiste aussi le pouvoir que nous remarquons que d'autres corps ont de nous refroidir.

Aristote dit que la chaleur est ce qui assemble les choses homogenes, ou de mesme nature, & qui dissipe les choses heterogenes, ou de diverse nature ; & pour la froideur, il dit que c'est ce qui assemble indifferemment les choses homogenes, & les choses heterogenes. Pour le prouver, on se sert ordinairement de l'exemple du feu, par la chaleur duquel on peut assembler plusieurs parties d'or en une seule masse, & separer deux ou plusieurs metaux qui sont confondus ; & de celuy de la gelée, pendant laquelle nous voyons que le froid unit tellement ensemble de l'eau, des pierres, du bois, & de la paille, que toutes ces choses semblent ne plus composer qu'un seul corps.

Mais remarquez qu'en cela mesme que l'on prend pour exemple il y a de l'erreur : Car en mettant dans un creuset sur le feu une masse composée d'or, d'argent, & de cuivre, il n'est pas vray qu'il arrive jamais que ces metaux se débroüillent de telle sorte, qu'ils se separent & se placent en differens lits les uns sur les autres, à proportion de leurs diverses pesanteurs ; au contraire, si l'on mettoit des morceaux separez d'or, d'argent, & de cuivre, dans un mesme creuset, le feu ne manqueroit pas de les confondre.

Il est vray, que si le feu agissoit fort long-temps sur une masse composée d'or, d'argent, & de cuivre, l'argent & le cuivre s'en iroient à la fin en fumée, & ainsi l'or resteroit seul dans le creuset. Mais on ne peut pas dire pour cela que le feu ait la proprieté d'assembler, si ce n'est peut-estre par accident, c'est à dire, entant que dissipant le premier ce qui resiste le moins à son action, il arrive que ce qui y resiste davantage, comme fait l'or, reste seul, ou le dernier. C'est ainsi qu'en souflant dans un plat, au fond duquel il y auroit de la poudre de bois & de plomb mêlées ensemble, il se pourroit faire qu'on chasseroit seulement la poudre de bois, & que celle de plomb resteroit au fond. Or il est bien manifeste que c'est la seule resistance des parcelles d'or, qui est cause que ce metail se trouve ainsi separé de l'argent ou du cuivre : Car si on le laisse trop long-temps dans le feu, il diminuë toujours peu-à-peu, jusqu'à s'évanouïr tout-à-fait, comme les Affineurs l'ont experimété, & c'est ce qui leur a fait dire qu'il n'y avoit point d'or à 24. karats.

Mais quand il seroit vray que la chaleur ne manqueroit jamais d'assembler les choses homogenes, & de dissiper celles qui sont heterogenes ; & que le froid assembleroit toûjours indifferemment toutes sortes de corps, cela nous apprendroit bien ce que font la chaleur & la froideur, mais non pas ce qu'elles sont ; Aussi a-t-on coûtume d'excuser là-dessus Aristote, & de dire qu'en définissant comme il a fait la chaleur & la froideur, il n'a pas parlé suivant sa pensée, mais suivant celle des autres.

Je ne sçay maintenant si ses Interpretes ont bien rencontré, lors qu'ils pretendent que sa pensée a esté, que la chaleur du feu, par exemple, est en luy une chose toute semblable à ce que nous ressentons quand nous

nous en approchons ; & de mesme que la froideur de *la froideur.*
la glace est une chose toute semblable à ce sentiment
que nous experimentons en la touchant ; à cause qu'au
chapitre 12. du 2. livre de l'Ame, aprés avoir montré que
sentir est une passion, il dit qu'au moment que nous
sentons nous devenons semblables à l'objet.

Mais soit qu'Aristote ait esté de ce sentiment, soit *VIII.*
quil n'en ait pas esté, toûjours est-il certain que c'est *Que leur*
une chose qui est avancée sans preuve : Car ce n'en est *pensée n'est*
nullement
pas une, de dire, comme l'on fait, que le feu ne sçau- *prouvée.*
roit donner ce qu'il n'a pas ; puis qu'en prenant le mot
de donner, dans la signification qu'on luy attribuë icy,
l'on ne peut douter qu'une épingle ne nous donne de la
douleur en nous piquant, & neantmoins on ne s'est
jamais avisé de croire pour cela qu'elle ait en soy une
douleur toute semblable à celle qu'elle nous cause.

D'ailleurs, la chaleur du feu & la froideur de la glace, *IX.*
estant des qualitez ou des proprietez qui appartiennent *Qu'elle est*
absolument
à des corps que chacun reconnoist pour inanimez, elles *fausse.*
ne sçauroient estre semblables aux sentimens que nous
experimentons à leur occasion, puis que ces sentimens
ne nous conviennent qu'entant qu'animez. Et mesme,
comme il arrive quelquefois qu'une mesme chose
excite en nous en mesme-temps ces deux sentimens
differens, il s'ensuivroit qu'un mesme sujet seroit tout
à la fois chaud & froid, ce qui est impossible ; Cependant, l'air que nous avons attiré par la respiration, peut
estre senty en mesme-temps chaud & froid, selon les
differentes manieres dont il s'applique sur nos mains, en
souflant dessus.

En faisant reflexion sur cette experience, qui nou
montre qu'un mesme air ne paroist pas seulement chau
ou froid, selon la differente maniere dont il s'appliqu
sur nos mains, mais aussi selon la differente façon don
nous le faisons sortir de nostre bouche, il est aisé d
conjecturer que la chaleur d'un corps consiste dans un
mouvement particulier de ses parties; Et dautant qu
plus on serre les levres, pour faire sortir l'air plus vîte
& moins on sent de chaleur, on peut conclure que l
chaleur d'un corps ne consiste pas dans le mouvemen
direct de ses parties. Or ce qui se meut, & qui ne s
meut pas directement, ne sçauroit se mouvoir que d'un
mouvement inégal & divers, & comme alentour d
son propre centre; ainsi l'on doit inferer, qu'outre qu
l'air qui sort de la bouche passe tout entier d'un lieu dan
un autre d'un mouvement direct, la pluspart de ses par
ties ont encore un mouvement en quelque façon cir
culaire alentour de leur propre centre; au moyen de
quoy, celles qui s'appliquent à nostre main avec l'ac
tion de ce mouvement, semblent la toucher comm
pour exciter en elle une espece de chatoüillement; E
comme c'est cette sorte d'action qui excite en nous l
sentiment de chaleur, il faut aussi conclure que c'es
dans cette sorte de mouvement des petites parties d'un
corps que consiste la chaleur de ce corps.

Ainsi, ce qui se rencontre de la part de l'objet, es
bien different du sentiment qu'il excite. Ce qu'il ne fau
non plus trouver étrange, que la difference qu'il y
entre la figure & le mouvement d'une épingle qui nou
pique, & la douleur qu'elle cause. Et mesme, comme
nous

nous paroiſt évidemment par l'exemple de la douleur, que l'Ame ayant eſté unie au Corps, il a eſté de l'inſti-tution de la Nature, qu'à l'occaſion des mouvemens & des diviſions qu'une épingle pourroit produire dans le corps, il arrivaſt certaines perceptions dans l'Ame; De meſme, il a dû eſtre de ſon inſtitution, que ſelon la maniere particuliere dont noſtre corps pourroit eſtre meu par le feu, il en reſultaſt une certaine perception; Et c'eſt cela qu'on appelle chaleur, en prenant ce mot dans ſa premiere ſignification.

Cela ſe confirme par l'experience, qui nous apprend que pluſieurs corps deviennent capables de nous échauffer, bien que nous ne puiſſions ſoupçonner qu'il leur ſoit arrivé autre choſe que du mouvement. J'entreprendois inutilement de les parcourir tous, c'eſt pourquoy je me contenteray d'en rapporter icy quelques exemples.

XII. *Que les corps peuvent devenir chauds, auſquels il eſt certain qu'il ne ſurvient que du mouvement.*

Et premierement, il eſt tres-certain qu'ayant les mains gelées de froid, on ne les ſçauroit frotter un peu long-temps l'une contre l'autre, qu'on n'experimente à la fin un ſentiment de chaleur aſſez conſiderable.

XIII. *1. Exemple.*

En ſecond lieu, comme il a déja eſté remarqué, la chaux qu'on a ſentie froide en la touchant, eſtant arro-ſée d'un peu d'eau froide, acquiert un tel mouvement dans ſes parties, qu'elles ſe deſuniſſent toutes en fort peu de temps; & par meſme moyen elle devient capable de nous échauffer de telle ſorte, que nous aurions de la peine à la ſouffrir long-temps dans la main.

XIV. *2. Exemple.*

Le fumier qui ſe pourrit, c'eſt à dire, qui ſe diſſipe petit à petit, devient aſſez chaud, pour ſervir au lieu

XV. *3. Exemple.*

d'un feu moderé dans plusieurs operations de Chymie ; laquelle nous fournit d'autres exemples moin:
communs , qui meritent bien d'estre sceus de tout l
monde.

XVI.
4. Exemple.

Par exemple , si l'on jette un peu de limure de laton
dans une grande bouteille où il y ait un peu d'eau-for
te, l'on voit tout à coup un si grand boüillonnement
que la bouteille paroist toute pleine ; & elle est en mes
me-temps si échauffée qu'on ne la pourroit touche
sans se bruler.

XVII.
5. Exemple.

Deplus, comme il a déja esté dit, si l'on mêle ensembl
de l'huile de vitriol & de l'huile de tartre , bien que cha
cune à part ne soit pas combustible, il arrive cepen
dant qu'elles acquierent tout d'un coup un boüillon
nement incroyable, & en mesme-temps un degré d
chaleur assez sensible.

XVIII.
6. Exemple.

Il est vray que dans ces sortes d'exemples on pour
roit avoir raison de dire qu'il y a quelque chose qui n
nous est pas entierement connuë, aussi reservay-je à dir
cy-aprés quelle peut-estre la cause de ces mouvemen
qui nous paroissent si surprenans ; C'est pourquoy pou
revenir à quelques exemples plus familiers , Remar
quez que deux corps durs qui se frottent mutuellement
agitent aussi mutuellement leurs parties , en telle sort
qu'ils pourroient non seulement vous brûler en les tou
chant, mais encore venir à un tel excés de mouvement
qu'ils s'embraseroient eux-mesmes. Ainsi, la roüe &
l'essieu d'un carosse , qui roule fort vîte pendant une
grande secheresse, & generalement toutes les machi
nes qui sont de matiere combustible, & qui avec cel

ont un mouvement fort rapide, font fujettes à s'enflammer. Il n'y a rien de plus ordinaire que de voir qu'-
un ville-brequin s'échauffe en perçant un morceau de
bois affez dur & épais. De mefme, fi on lime ou fi l'on
aiguife un morceau de fer ou d'acier, il s'échauffe quelquefois jufqu'à fe détremper ; Et une fcie qui ne fait
point fa voye dans une planche de bois acquiert une
chaleur fort notable ; Mais il n'y a rien qui devienne fi
promptement une petite flamme, qu'une parcelle d'un
caillou, ou d'un fuzil, que le choc de ces deux corps
détache & fait mouvoir d'une grande vîteffe. Or en tous
ces exemples, il n'y a rien qui foit furvenu de nouveau à
ces corps que du mouvement.

Tous les Anciens, qui ont fait reflexion fur la plus- **XIX.**
part de ces experiences, ont affuré que le mouvement *Explication de la penfée des Anciens touchant la chaleur.*
eftoit le principe de la chaleur ; Ce que je reconnois
avec eux eftre veritable, pourvû que par le mouvement
ils ayent entendu celuy du corps entier , entant qu'il
eft caufe que deux corps fe frottent l'un l'autre : Mais
fi par le mouvement ils ont entendu celuy de leurs parties infenfibles, j'eftime qu'ils n'ont pas affez dit, parce que le mouvement de ces parties eft la chaleur mefme de ces corps.

Je ne voy pas qu'on puiffe rien trouver à redire à cette **X X.**
doctrine : Car, quand pour montrer que le mouvement *Pourquoy un boulet de canon qui fe meut fort vîte ne s'é-chauffe & ne brûle point.*
n'eft pas le principe ou la caufe de la chaleur, on ob-
jecte qu'un boulet de canon qui fe meut fort vîte ne
brûle pas le bois dans lequel il s'enfonce, ou qu'une
balle de moufquet ne brûle pas un linge fort fec qu'-
elle perce, cela ne combat que l'opinion de ceux qui

pretendroient que la chaleur confiſtaſt dans la rapidité du mouvement de toute ſorte de corps, meſme
des plus groſſiers ; Mais cette objection ne fait rien
contre nous, qui faiſons conſiſter la chaleur dans la di-
verſe & violente agitation des parties inſenſibles des
corps: Or quand un gros boulet ſe meut fort vîte, ſes
parties peuvent bien eſtre en repos les unes auprés des
autres ; & par conſequent ce n'eſt pas merveille s'il ne
brûle point les corps qu'il touche.

XXI.
Pourquoy le moyeu d'une roüe s'é-chauffe, & non pas les bandes de fer qui cou-vrent les jantes.

Si vous faites reflexion ſur ce que je viens de dire,
vous n'aurez aucun ſujet d'admirer, que les bandes de
fer qui ſont autour d'une roüe ne s'échauffent point comme fait ſon moyeu : Car quoy qu'elles décrivent de plus
grandes lignes par leur mouvement, elles n'ont point
pour cela leurs parties agitées les unes à l'égard des autres, comme peuvent l'eſtre celles du moyeu, qui frotte
continuellement contre l'eſſieu.

XXII.
Pourquoy un morceau de fer qu'on li-me s'échauf-fe, & non pas la lime.

Vous pourrez meſme facilement répondre à pluſieurs queſtions qui nous ſont propoſées par ceux qui
n'approuvent pas que la forme du corps chaud ne conſiſte en autre choſe que dans le mouvement de ſes plus
petites parties. Ainſi, quand ils demanderont comment
il eſt poſſible qu'en limant un morceau de fer arreſté
dans un eſtau, il s'échauffe notablement, ſans que la lime qui ſe meut contre luy acquiere aucune chaleur conſiderable ; il vous ſera aiſé de faire remarquer, que les
parties de la lime gliſſant par-deſſus ce fer, & le frottant
ſans ceſſe, non ſeulement par elles-meſmes, mais encore avec quelques-unes des parties du fer qu'elles ont
enlevées, & qui demeurent quelque temps engagées

entre ſes dents, c'eſt une neceſſité qu'il s'excite une
aſſez grande agitation dans les parties du fer qu'on lime ; & par conſequent qu'il s'échauffe aſſez ſenſiblement. Et il n'en doit pas eſtre de meſme de la lime : Car
quand ſes parties ſeroient autant frottées que le ſont celles de la piece de fer, comme elle a plus d'étenduë,
elle ne touche pas deux fois de ſuitte par les meſmes
dents le corps qu'elle ronge, & il y a toûjours quelque intervalle de temps entre deux frottemens des parties de la lime, pendant lequel l'endroit qui pouvoit
avoir acquis un petit commencement de chaleur a le
loiſir de le perdre.

Il y a dans cette experience tant de choſes à conſiderer, que la moindre difference en change toutes les cir-
conſtances ; De-là vient qu'un morceau de cuivre ou du
plomb qu'on lime, ne ſe doit pas tant échauffer que du
fer, tant parce que le cuivre & le plomb n'ont pas tant
de roideur, qu'à cauſe qu'il eſt plus aiſé d'en enlever les
parties, que non pas celles du fer ; & ainſi, la lime ne
s'appliquant preſque jamais deux fois de ſuitte à une
meſme partie du corps qu'elle ronge, ne peut pas l'é-
branler ſi notablement ; Et cela eſt ſi vray, que ſi l'on
s'efforce de limer du cuivre avec une lime toute uſée,
& qui n'enleve preſque rien, on ne remarque preſque
pas de difference entre la chaleur qu'on luy imprime, &
celle qu'on produiroit dans du fer.

Que ſi maintenant l'on demande pourquoy en ſciant
une planche de bois la ſcie s'échauffe, & non pas la
planche, il n'y a autre choſe à répondre, ſinon que le
feüillet de la ſcie ſe trovuant engagé dans la fente du

Cc iij

bois, & estant frotté des deux costez, ses parties doivent estre assez sensiblement ébranlées ; Mais quant à la planche, il est évident qu'elle ne se doit point échauffer par l'endroit où les dents de la scie s'appliquent, pour la mesme raison pour laquelle nous venons de dire que le plomb qu'on rape ne s'échauffe point, sçavoir, à cause qu'on en enleve les parties ; elle ne se doit pas non plus échauffer par les costez, au moins quand on suppose que le bois est aisé à scier, parce que la scie avançant de plus en plus dans la fente, ne touche presque pas deux fois de suitte un mesme endroit du bois.

XXV.
Comment le bois que l'on scie peut estre échauffé.

Il est vray que si le bois estoit fort dur, & difficile à scier, & si la scie s'engageoit dans la fente mesme qu'elle fait, la planche acquereroit alors une chaleur assez grande ; Mais on ne pourroit pas neantmoins avoir le loisir de la sentir par l'attouchement ; à cause que les parties du bois estant peu massives, perdent en moins de rien leur agitation, & qu'il faudroit trop de temps pour retirer la scie, & ouvrir suffisamment la fente, afin d'y pouvoir fourrer la main pour la sentir. Mais si l'on ne peut pas s'en appercevoir par l'attouchement, nos yeux nous en peuvent assurer, parce que les endroits contre lesquels la scie a long-temps frotté, parroissent quelquefois tout brûlez, comme si le feu y avoit passé. Et il m'est arrivé, il y a déja long-temps, que sciant expressement dans les tenebres un morceau de bois fort dur, & arresté dans l'estau d'un Serrurier, avec une scie qui s'engageoit dans la fente qu'elle faisoit, j'ay d'abord senty une odeur de bois brûlé, puis continuant à scier ce bois avec grand effort, il en est tombé plusieurs étincelles.

L'experience qui semble à quelques-uns la plus contraire à nostre principe, est, que si l'on chasse à coups de marteau un gros clou dans une piece de bois fort dur, l'on ne remarque point qu'il s'échauffe tandis qu'il s'enfonce, & l'on voit qu'il ne commence à acquerir quelque chaleur, que quand il cesse d'avancer, & lors que l'effort des coups de marteau ne fait autre chose qu'applatir sa teste. Toutefois il n'y a rien en cela qui ne s'accorde parfaitement avec ce que nous pensons touchant la chaleur : Car comme nous la faisons consister dans la seule agitation des petites parties d'un corps, il est certain que le clou ne doit point acquerir la vertu d'échauffer, quand il se meut tout entier pour penetrer la piece de bois, & qu'il doit seulement commencer à acquerir cette vertu, quand il cesse de se mouvoir ainsi, & lors que sa teste commence à s'applatir ; parce que c'est seulement en ce temps-là que ses petites parties commencent à se mouvoir, & à acquerir l'agitation qui est requise pour échauffer ; En effet, quand la teste d'un clou s'applatit, il n'arrive autre chose sinon qu'il y a moins de parties les unes sur les autres, & qu'il y en a plus à costé les unes des autres, qu'il n'y en avoit auparavant ; ce qui ne se fait que par le mouvement & l'agitation de ces parties, lesquelles s'entrechoquant l'une l'autre se procurent mutuellement le tremoussement auquel consiste la chaleur.

XXVI.
Pourquoy un clou qui s'enfonce à coups de marteau dans une piece de bois ne s'échauffe point.

Aprés avoir tâché de répondre aux objections qu'on nous pouvoit faire, essayons maintenant de tirer

XXVII.
Que la flâme doit estre

tres chaude. quelques confequences de ce que nous avons pofé, a
que fi elles s'accordent avec l'experience, elles ferve
à nous affurer que nous ne nous fommes pas éloign
de la verité. Confiderons donc en premier lieu, que
chaleur confiftant dans un certain mouvement ou u
certaine agitation des petites parties d'un corps, il
certain que plus un corps en aura, & plus auffi fa ch
leur devra eftre grande ; Or il eft conftant que la f
me a plus de cette agitation qu'aucun autre corps q
tombe fous nos fens : Car, par exemple, c'eft cette e
trême agitation des parties du bois qui fervent à
nourrir, qui fait que la plus-part échappent continu
lement du lieu où elles font, & que de cette gran
quantité qu'on en peut brûler en un jour, il ne no
en refte que tres-peu de cendres ; ce que nous ne r
marquions point dans les exemples précedens, où
n'y avoit qu'un mediocre trémouffement des parti
des corps, lefquelles mefme ne fe def-uniffoient p
tout-à-fait ; C'eft pourquoy la flamme doit eftre
chofe du monde la plus chaude ; ce que perfonne n
gnore.

XXVIII.
Comment un corps qui n'a pas tant de mouvement que la flâme peut cepen-dant échauf-fer davau-tage.

Toutes-fois cela fe doit entendre avec quelque forte
reftriction, c'eft à dire, en fuppofant que toutes chof
foient égales : Car il ne repugne pas qu'il y ait certai
corps plus chauds ou plus capables d'échauffer que
flamme mefme, pourvû qu'ils ayent leurs parties pl
maffives, & par confequent plus capables d'ébranler
Ainfi, un fer qui n'eft pas tout-à-fait embrafé, ne laif
pas de caufer une plus grande brûlure quand on le tou
che, que ne fait la flâme de la paille, ou de l'efprit de vi

L

La diverſité qui ſe rencontre dans la groſſeur des par‑
ties dans leſquelles les corps combuſtibles ſe peuvent
reſoudre, eſt cauſe qu'il ſe rencontre de la diverſité dans
les flammes meſmes. Ainſi, comme le bois de cheſne
eſt plus maſſif que la paille, & moins maſſif que le char‑
bon de terre, leurs flammes ſont auſſi à proportion
plus ou moins ardentes & efficaces les unes que les au‑
tres; & l'employ qu'en font les ouvriers, ſelon le beſoin
qu'ils en ont, montre aſſez que celle de ce charbon agit
plus puiſſamment que toutes les autres, puiſque voulant
beaucoup échauffer un fer, ils préferent le charbon de
Terre à toute autre choſe.

XXIX. Pourquoy le charbon de terre échauf‑ fe davanta‑ ge que d'au‑ tre charbon.

Quand un corps ſe fond, & ſe liquéfie pour ainſi dire
peu‑à‑peu en ſe convertiſſant en flamme, il eſt impoſ‑
ſible que ſes parties, qui gliſſent & ſe frottent les unes
contre les autres, ne s'écornent & ne ſe briſent en
mille endroits; De ſorte qu'il en reſulte une pouſſiere
extraordinairement ſubtile; laquelle pour continuer
mieux à ſe mouvoir avec cette grande agitation qu'elle
a acquiſe, s'éloigne de la maſſe dont elle faiſoit aupa‑
ravant partie, & s'échappe en l'air; ce qui s'appelle
s'exhaler ou s'évaporer; Et c'eſt pour cette raiſon, que
le feu a cette proprieté, qu'il uſe petit‑à‑petit tous les
corps qui ſont les ſujets de ſon action.

XXX. Comment la chaleur uſe les corps, & en diminüe les maſſes.

Cela poſé, il n'y a aucune difficulté à reſoudre la
queſtion que l'on a coûtume de propoſer, comment il
eſt poſſible que la chaleur faſſe en meſme‑temps deux
effets qui paroiſſent ſi contraires, comme de durcir la
boüe, & d'amolir la cire. Pour cela, il faut ſeulement
remarquer, que la boüe eſt un compoſé de parties fort

XXXI. Comment la chaleur dur‑ cit la boüe, & amolit la cire.

Dd

inégales, fçavoir, de terre & d'eau, dont celles-cy peuvent eftre plûtoft évaporées, que les autres puiffent
eftre confiderablement ébranlées ; Et dautant que la
bouë n'eft molle, qu'à caufe que les parties d'eau entretiennent quelque forte d'agitation dans les parties terreftres qui en font partie, il arrive que toute l'eau eftant
évaporée, & les parties de Terre reftant feules, leur pefanteur les arrefte les unes contre les autres, au moyen
dequoy elles compofent un corps dur. Tout au contraire, la cire a fes parties à peu-prés égales, & les plus
groffieres font plûtoft agitées, qu'il ne s'en foit envolé
une quantité confiderable des plus delicates ; Ainfi,
tout ce qu'il y a de parties dans un morceau de cire,
ayant en mefme-temps quelque peu de mouvement, le
tout enfemble doit compofer un corps mol.

XXXII.
*Que la cha-
leur ne doit
pas eftre ex-
ceffive pour
durcir les
corps.*

Remarquez cependant que la chaleur ne doit eftre
que mediocre pour durcir les corps : Car fi elle eftoi
tres-violente, il n'y en auroit point qu'elle ne pûft rendre liquide ; Auffi voit-on que la flamme ne fond pas
feulement les metaux, mais auffi les cendres, le fable
les pierres, & les cailloux, lefquels eftant figez compofent plufieurs fortes de verre.

XXXIII.
*Comment la
chaleur ra-
refie cer-
tains corps.*

Des differens degrez de chaleur, & de la diverfe tif
fure des parties dont un corps eft compofé, on peu
conclure des effets fort contraires. Et premierement
fi un corps, dont les parties font déja affez proches le
unes des autres, s'échauffe un peu notablement, quel
que figure que ces parties puiffent avoir, pourveu qu'
elles ne foient pas exactement rondes, en tournant o
s'agitant alentour de leurs centres, elles fe rencontre

ront neceſſairement par les angles, ou par les parties qui ſont les plus éloignées du centre, & ſe chaſſeront les unes les autres ; d'où il ſuit , que la chaleur ſera cauſe de la rarefaction de ce corps ; ce que l'on expe-rimente dans le laict, & dans toutes les liqueurs ; & meſme dans la plus-part des corps durs, qui en s'échauf-fant n'exhalent que peu ou point de leurs parties ; Ainſi, le fer embraſé eſt quelque peu plus gros que s'il eſtoit refroidy.

Mais, ſi les parties d'un corps eſtant fort legeres, & fort ſuſceptibles d'agitation, eſtoient neantmoins ar-reſtées les unes auprés des autres, en telle ſorte qu'elles ne ſe touchaſſent qu'à peine, & compoſaſſent un tout fort rare, la moindre chaleur qui ſurviendroit, impri-mant quelques ſecouſſes à ſes parties, les pourroit diſ-poſer à ſe joindre de plus prés ; C'eſt pourquoy le corps entier en devroit paroiſtre condenſé ; Auſſi experi-mentons-nous que la chaleur fondant la neige la reduit ſous un moindre volume.

XXXIV.
Comment
elle en peut
condenſer
d'autres.

Et dautant que les parties de la plus-part des corps liquides ont beſoin de ſe plier à tous momens, ou de changer en quelque maniere que ce ſoit leur figure, & que pour cet effet il eſt beſoin qu'elles ſoient meües avec aſſez de force, il s'enſuit que ſi la chaleur, ou ce qui a la force de les mouvoir & de les agiter ſuffiſamment pour les rendre liquides comme ils ſont d'ordinaire, venoit à manquer preſque entierement , tout ce que ces parties pourroient faire, dans le peu de force qui leur reſteroit, ſeroit de ſe mouvoir ſans ſe plier aſſez pour ſe joindre le plus prés qu'il eſt poſſible ; Ainſi,

XXXV.
Pourquoy
l'eau qui eſt
préte à ſe ge-
ler , eſt plus
rare que ſi
elle eſtoit
moins froide.

Dd ij

cette liqueur se devroit un peu rarefier ; & estant ainsi
rarefiée, l'on ne pourroit alors y ajoûter le moindre degré de chaleur, qu'elle ne donnast moyen à ses parties
de se rapprocher ; Aussi, l'eau qui est preste à se geler,
est quelque peu rarefiée, & l'échauffant un peu, elle se
condense. Mais parce qu'il faut un peu d'artifice &
d'industrie pour s'assurer par l'experience de cette verité, je vay vous dire le moyen dont je me suis servy pour
la rendre sensible.

XXXVI.
Experience
qui fait voir
que l'eau ex-
tremement
froide est ra-
refile.

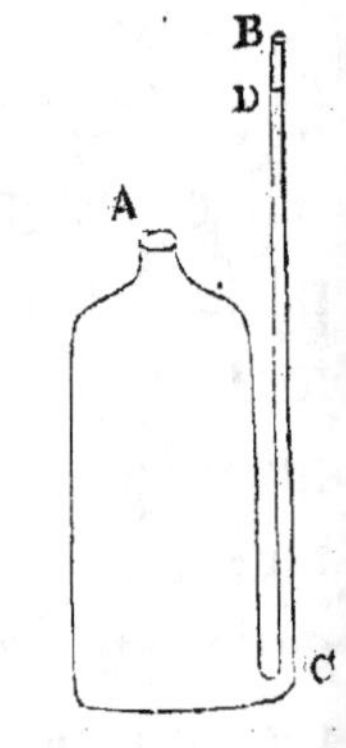

J'ay fait faire un vaisseau de verre tel
qu'il paroist icy dépeint. Sa principale
ouverture est vers A, outre laquelle il y
en a encore une autre à l'extremité B, du
petit canal C B, qui est fort menu ; je verse
de l'eau par l'ouverture A, tant que le vaisseau en soit plein, & par consequent qu'-
elle monte dans le petit canal jusques
vers D ; aprés quoy, je bouche exacte-
ment cette ouverture, avec de la cire molle & de la vessi
de porc, laquelle je lie par dessus ; Cela ainsi préparé, si la
chaleur de l'air vient à diminuer, en sorte qu'il s'en faille
fort peu que cette eau ne se gele, elle s'enfle & montre
jusqu'à l'ouverture B, par où il arrive mesme quelque
fois qu'il s'en répand un peu ; puis, si l'on approche le
mains, ou tel autre corps que l'on voudra, pourvû qu'i
soit un peu chaud, contre le corps de ce vase, on obser
ve que cette eau se condense, & qu'elle descend dans le
petit canal presque jusques vers C ; Il est vray que si l'on
continuë à échauffer le vaisseau, l'eau qu'il contient re
commencera à se dilater, dont la raison n'est autre que
celle que j'ay déja rapportée.

Comme nous nous mouvons avec beaucoup plus
de facilité dans l'air que dans l'eau, c'est une preuve que
les parties de l'air sont beaucoup plus délicates que celles de l'eau; ainsi, la moindre chaleur qui luy survienne
ne sçauroit manquer de le dilater; Et par consequent,
la quantité de la rarefaction de l'air, peut marquer assez
exactement la quantité de la chaleur qui se rencontre
icy prés de la Terre; c'est à dire, que nous pouvons juger qu'il fait plus chaud en un jour de l'année qu'en un
autre, en observant auquel de ces deux jours la rarefaction de l'air est plus grande.

XXXVII.
Que la quantité de la rarefaction de l'air peut estre une marque de la quantité de la chaleur.

Or afin que cette rarefaction fust sensible, l'on a inventé de nostre temps un instrument, qu'on nomme Thermometre, tel à
peu-prés qu'il est icy figuré. D F est un canal
de verre assez menu, dont la longueur est
d'environ deux pieds, & qui sert de col à la
fiole A, qui est de mesme matiere, & de la
grosseur à peu-prés d'une bale de jeu de pau-
me; le bout d'embas est recourbé, & s'élar-
git, pour composer une autre fiole marquée
F, laquelle n'a pas besoin d'estre si grosse
que la fiole A, & qui est percée d'un petit
trou marqué B.

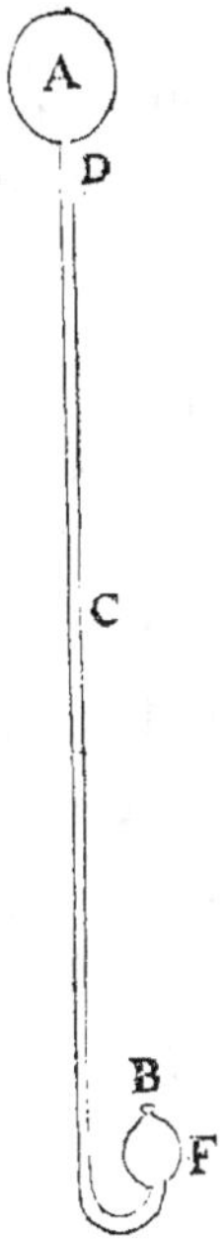

XXXVIII.
Description du Thermometre.

La cavité du Thermometre est d'abord
toute vuide; c'est à dire, qu'elle est seulement
remplie d'air, dont on fait sortir une partie en échauffant la fiole A, & à l'instant l'on plonge entierement la
fiole F dans un verre plein d'eau-forte, qu'on a auparavant teinte de couleur verte, en y ayant fait dissoudre

XXXIX.
Preparation du Thermometre, & son usage.

un morceau de cuivre ; Et remarquez qu'on choisit de
l'eau-forte plûtoft que de l'eau commune, parce qu'elle
n'eft pas fujette à fe geler, & qu'elle ne s'évapore que
difficilement. Pendant que l'air qui eft renfermé dans le
Thermometre fe refroidit, il n'a plus la force de fe
maintenir fous un fi grand volume qu'auparavant ; de
forte qu'il eft contraint de fe retirer dans la fiole d'enhaut, & de quitter la place à l'eau-forte,
que fa propre pefanteur, aidée de celle de
l'air exterieur, fait entrer dans la fiole F, &
delà remonter dans le canal environ l'endroit C. Cela fait, on retire cet inftrument
du vaiffeau dans lequel il trempoit, & fans
autre myftere que de l'enchaffer dans une
planche de bois, fur laquelle on a fait quelques marques, il fert à faire voir quand il
fait plus ou moins chaud en un temps qu'en
un autre.

L.
Raifon de
cet ufage.

Car plus la liqueur verte eft contrainte de
defcendre, par la rarefaction de l'air de la
fiole d'enhaut, & plus cela témoigne qu'il
fait chaud dans le lieu où eft le Thermometre ; & au contraire, c'eft une marque qu'il
y fait plus froid, lors que la mefme liqueur monte plus
haut ; parce que c'eft une preuve que ce mefme air n'a
plus la force de conferver tout fon volume, & qu'il eft
contraint de ceder à l'eau-forte, que la pefanteur de l'air
exterieur, qui agit par le trou B, tend toûjours à faire
monter le plus qu'il eft poffible dans le canal D F.

XLI.   Toutesfois il faut prendre garde qu'on fe pourroit

tromper au jugement que l'on feroit de la chaleur sur la seule inspection de ce Thermometre ; parce que la pesanteur de l'air n'estant pas toûjours égale, il se pourroit faire qu'en un certain jour l'air presseroit davantage la liqueur contenuë dans la petite fiole marquée F, qu'il ne feroit en un autre, ce qui la contraindroit par consequent de monter plus haut dans le canal FD, & donneroit lieu de juger qu'il feroit plus froid ce jour-là qu'il n'auroit fait l'autre, encore que la chaleur de l'air ne fust ny plus ny moins grande qu'elle estoit le jour précedent.

Que ce Thermometre ne marque pas exactement toutes les differences de la chaleur.

C'est ce qui a fait que l'on a depuis peu inventé une autre sorte de Thermometre, qui n'est composé que d'une seule fiole de verre, laquelle a le col fort long & menu, comme il paroist icy representé. L'on y fait entrer par l'ouverture marquée A, une telle quantité d'esprit de vin qu'il remplisse entierement la fiole, & monte mesme dans le col jusqu'à l'endroit marqué B ; puis mettant le bout A dans la flamme de la lampe ordinaire des Emailleurs, on bouche l'ouverture qui est en cet endroit-là ; & ainsi l'on a le Thermometre achevé.

XLII.
Description d'un autre Thermometre & son usage.

Lors que la chaleur de l'air augmente, l'esprit de vin se dilate, & monte au delà de B, contraignant l'air qui est dans la partie du col B A, de se condenser. Ce qu'il peut fort aisément souffrir, à cause que quand il a esté renfermé dans le lieu où il est, il estoit excessivement dilaté par la flamme qui servoit à fon-

XLIII.
Pourquoy la chaleur fait condenser l'air de ce Thermometre.

dre le verre, & à boucher l'ouverture A; Au
contraire, lors que le temps se refroidit, l'esprit de vin se resserre sous un moindre volume, & descend plus bas que la marque B,
permettant à l'air de s'étendre au delà de ses
bornes. Si-bien que par le moyen de ce Thermometre, l'on juge qu'il fait plus ou moins
chaud, selon que l'esprit de vin monte plus
ou moins ; & l'on ne craint point l'inégalité
de la pesanteur de l'air, parce qu'elle n'intervient aucunement pour causer les mouvemens
qu'on observe.

XLIV.
*Defaut de
ce Thermo-
metre.*

Pendant que par ce Thermometre on é-
vite le defaut qu'avoit le précedent, on tombe dans un autre d'assez grande consequence ; C'est à sçavoir, que l'esprit de vin ne se
dilatant ou ne se condensant que fort lentement, il ne
nous sçauroit faire appercevoir les changemens fort
prompts qui arrivent dans la chaleur ou dans la froideur
de l'air ; & il auroit encore un autre defaut (n'estoit
qu'il est plus grand que ceux que l'on fait d'ordinaire)
qui est, que l'esprit de vin n'estant pas capable d'une
rarefaction fort sensible, son élevation & son abaisse-
ment dans le col de la fiole, ne se feroient pas dans une
étendüe assez-grande, pour y remarquer jusqu'aux moindres changemens qui surviennent à la chaleur de l'air ;
mais on remedie, comme je viens de dire, à ce defaut,
en faisant ce Thermometre fort grand ; j'en ay un où la
difference entre la plus grande & la moindre hauteur de
l'esprit de vin est de plus de trois pieds.

Aprés

Aprés tout ce que j'ay déja dit touchant la chaleur, il ne me reste plus gueres autre chose à expliquer, que celle qu'on experimente dans la chaux, quand elle a esté arrosée ou détrempée dans de l'eau ; & cela pourra servir à faire comprendre comment quelques autres corps durs s'échauffent, si-tost que leurs pores sont penetrez par certaines liqueurs. Pour se satis-faire là-dessus, il n'y a qu'à penser que la pierre dont on fait la chaux a ses pores si petits, que l'eau ne les sçauroit presque penetrer ; mais que pendant qu'on la recuit dans le fourneau, le feu qui passe au travers, enleve quelques parties du dedans, & agrandit ses pores à telle mesure, que les parties d'eau les peuvent en suitte assez facilement penetrer, estant entourées seulement de la matiere du premier Element ; ce qui fait qu'estant débarassées de la matiere du second Element, quand elles se fourrent dans ses pores, elles y doivent en moins de rien acquerir toute la vîtesse du premier Element dans lequel elles nagent ; Si-bien que se mouvant alors extraordinairement vîte, & estant d'ailleurs assez massives, elles ont la force de desunir les parties de la chaux, dont elles entraisnent la poussiere la plus delicate ; & c'est particulierement dans l'agitation de cette poussiere que consiste la chaleur de la chaux.

XLV.
Comment la chaux s'échauffe estât arrosee d'eau

Il n'est pas besoin de moüiller le foin afin qu'il s'échauffe de luy mesme ; il suffit de le mettre en un tas pendant qu'il est encore vert : Car chaque brin d'herbe contient en soy beaucoup de suc de la terre, dont les parties vont & viennent d'un brin dans un autre, & nagent d'abord dans la matiere du premier & du second

XLVI.
Comment un tas de foin qui n'est pas bien sec s'échauffe.

Ee

Element, où par conſequent elles n'ont que la vîteſſe
du ſecond ; En ſuitte dequoy, ces herbes venant à ſe
deſſecher, leurs fibres ſe reſſerrent, & leurs pores diminuent de telle ſorte, que les parcelles du ſuc de la terre
qui coulent ainſi de l'un dans l'autre ne nagent plus
que dans la matiere du premier Element, à la rapidité
duquel obeïſſant alors, elles ont la force de ſeparer & de
mouvoir les plus groſſieres parties du foin, & ainſi elles
l'échauffent.

J'ay dit expreſſément que le foin devoit eſtre entaſſé,
afin que les parties du ſuc de la terre qui ſortent d'un
brin d'herbe puiſſent entrer dans un autre avec toute
leur agitation ; parce que ſi le foin eſtoit épars dans un
pré, le ſuc qui ſortiroit des brins d'herbes ſe diſſiperoit
en l'air, & ne rentreroit point une ſeconde fois dans
les autres pour cauſer en eux l'ébranlement qui eſt neceſſaire pour les échauffer.

Pour ce qui eſt de la chaleur qui reſulte du mélange
de deux diverſes liqueurs, nous devons penſer que leurs
parties ſont de telle figure, qu'elles ſe peuvent mieux
joindre quand elles ſont mêlées enſemble, que ſi chacune d'elles eſtoit ſeparée, & qu'en ſe joignant ainſi
elles ne nagent que dans la matiere du premier Element, au moins durant le peu de temps qu'on les voi
boüillir; Ce qui ſe confirme, de ce qu'aprés que ce boüil
lonnement eſt ceſſé, l'on trouve que pluſieurs partie
ſe ſont unies enſemble, & qu'elles compoſent qua
tité de petits corps durs.

La forme du corps chaud eſtant ainſi établie, nou
pouvons aiſément déterminer quelle doit eſtre celle d

corps froid, qui eſt ſon contraire: Car ſi nous faiſons reflexion ſur ce que le froid éteint, ou pour mieux dire, diminuë la chaleur, nous ne devons point douter que ces corps-là ne ſoient froids, qui peuvent faire ceſſer le mouvement particulier auquel la chaleur conſiſte. Or nous voyons que cette proprieté convient à trois ſortes de corps, c'eſt à ſçavoir, à ceux dont les parties ſont en repos les unes auprés des autres; ſecondement, à ceux dont les parties ont bien quelque agitation, mais qui eſt moindre que celle du corps chaud qu'on leur applique; Et enfin, à ceux dont les parties peuvent bien eſtre agitées d'un mouvement propre à exciter en nous le ſentiment de la chaleur, mais qui ſe trouve accompagné d'une autre détermination, qui change & qui alentit le mouvement qu'avoient les parties de noſtre corps, & partant qui le refroidit. C'eſt pourquoy, la ſeule difficulté qui reſte icy, eſt de ſçavoir ſi la froideur conſiſte dans une ſeule de ces façons d'eſtre, ou dans chacune des trois.

Comme nous avons des corps froids de ces trois ſortes, l'on peut dire que la froideur conſiſte dans chacune de ces trois façons. Car premierement, la froideur qui eſt ordinaire à tous les corps durs ne peut conſiſter que dans une choſe qui leur eſt commune, à ſçavoir, dans le repos de leurs parties; De plus, le froid que nous ſentons l'Eſté, lors que nous enfonçons noſtre corps dans l'eau, & principalement, lors que nous venons à y enfoncer la poitrine, ne vient que de ce que les parties de l'eau ayant moins de mouvement que nous n'en avons dans tous les endroits qui ſont proches du cœur,

Ee ij

elles en acquierent quelque degré, en mesme-temps que nous en perdons du nostre ; Et nous avons de cela une preuve assez convaincante, en ce que la mesme eau nous paroist quelquefois tiede, quand nous y enfonçons seulement la main, à cause qu'elle est moins chaude que la poitrine ; Enfin, l'on ne sçauroit comprendre que l'air qu'on soufle en serrant les lévres, & celuy qu'on agite avec un éventail pendant les plus grandes chaleurs de l'Esté, puissent rafraîchir, si l'on ne conçoit que leur mouvement direct change & diminuë quelque peu la détermination, & l'agitation de celuy qui est dans la partie de nostre corps où nous sentons du rafraîchissement.

LI.
Pourquoy un corps froid s'échauffe, quand il en refroidit un autre.

Pour confirmation de cecy, il ne faut que considerer que les corps froids ne sçauroient rien changer dans le mouvement des parties des corps chauds, qu'en changeant pareillement la façon d'estre, en quoy consiste leur froideur, c'est à dire, qu'un corps froid ne sçauroit en refroidir un autre, qu'en s'échauffant luy mesme, qui est ce qu'on experimente.

LII.
Pourquoy certains corps sont plus froids que d'autres.

Observez encore, que plus un corps froid a de parties en repos, & plus celles d'un corps chaud auquel elles s'appliquent, doivent perdre de leur mouvement, & par consequent de leur chaleur, pour les échauffer ; Ainsi, le marbre ayant plus de parties en repos que n'en a le bois, qui est beaucoup plus poreux, & qui est plein d'une matiere liquide qui se meut sans cesse, il doit se faire sentir plus froid que le bois.

LIII.
Pourquoy l'air qui est

Cela mesme vous peut faire comprendre que l'air voisin du marbre, ou des corps qui ont des pores fort petits, doit estre un peu moins chaud, ou quelque peu plus froid, que celuy qui se rencontre auprés des corps qui ont leurs pores plus grands; à cause que les parties du premier & du second Element, qui sont les moins subtiles, ne pouvant penetrer les petits pores de ces corps, elles ne sçauroient les rencontrer qu'elles ne se refléchissent bien loin de là; Et il n'y a pour l'ordinaire alentour d'eux que de la matiere la plus subtile, qui est preste à y entrer, ou qui ne fait que d'en sortir, & qui par consequent n'est pas capable d'agiter les parties les plus grossieres de l'air, qui seroient propres pour causer en nous quelque sentiment de chaleur. auprés d'un corps froid est plus froid qu'ailleurs.

Quand je dis que le corps qui a plus de parties en repos, doit estre senty plus froid qu'un autre qui en a moins; je suppose que les parties de l'un & de l'autre de ces corps soient également susceptibles du mouvement: Car si l'on supposoit que les parties d'un corps en fussent fort susceptibles, & qu'elles pûssent fort aisément perdre le repos qu'elles ont, ce corps, quoy que fort poreux, devroit bien plûtost recevoir en soy l'agitation d'un corps chaud, & ainsi le refroidir, que ne pourroit faire un autre qui auroit moins de pores, & qui auroit plus de parties en repos, mais qui ne se pourroient pas mouvoir si facilement; c'est ainsi qu'en touchant de la neige, qui est fort rare, mais qui se fond fort aisément, on se refroidit beaucoup plus que si l'on touchoit du marbre, dont les parties ne sont capables que d'un médiocre trémoussement. LIV.
Pourquoy la neige est sentie plus froide que le marbre.

La nature de la chaleur & celle de la froideur estant telles que je les viens de décrire, si vous vous souvenez LV.
Comment la chaleur &

Ee iij

avec cela de ce que j'ay dit auparavant touchant la forme des corps humides ou liquides, vous comprendrez aifément pourquoy la chaleur & la froideur, qui font des qualitez entierement contraires, peuvent cependant, quoy que par des voyes differentes & oppofées, produire un mefme effet, qui eft de deffecher ou de durcir; comme on l'experimente, en ce que les mefmes chofes, par exemple, de la boüe, font renduës auffi feches par le froid âpre de l'hiver, qu'elles le fçauroient eftre par la plus grande chaleur de l'Efté. Pour cela, il faut feulement confiderer, que les parties des corps humides ou liquides, comme l'eau, perdent toute leur agitation pendant un grand froid; ce qui fait que ces corps acquerant eux-mefmes la forme de durs ou de fecs, il ne faut pas s'étonner fi la boüe, qui n'eft qu'un mêlange d'eau & de terre, devient dure & feche pendant un grand froid, puifque l'eau qui entretenoit fa moleffe, fe gele & fe durcit elle-mefme. Tout au contraire, la chaleur faifant évaporer les parties de l'eau, par l'entremife de laquelle la matiere du premier & du fecond Element entretenoit quelque forte d'agitation dans les parties terreftres de la boüe, il arrive que celles-cy fe trouvent abandonnées à leur propre pefanteur, qui les arrefte aprés cela les unes auprés des autres, & fait par ce moyen qu'elles compofent un corps fec ou dur.

Vous comprendrez encore la raifon d'une maxime fondée fur une infinité d'experiences, qui eft, que la chaleur & l'humidité font des principes de corruption: Car un corps fe corrompt quand il luy furvient un changement notable, lequel ne peut fans doute eftre produit

que par le mouvement ; Or c’eſt dans le mouvement
que ces deux qualitez conſiſtent.

Au contraire, le repos retenant les parties d’un corps
dans une meſme aſſiette, & le froid les y mettant quand
elles n’y ſont pas, l’on peut établir pour maxime que le
froid empêche la corruption.

LVII.
Pourquoy le
froid empeſ-
che la corru-
ption.

Il ne faut pas cependant en faire une maxime generale : Car ſi un corps dur a ſes pores aſſez grands pour
contenir beaucoup de liqueur, & ſi ces pores ſont remplis d’eau ; comme l’eau ne ſe peut geler ſans ſe dilater,
il peut arriver qu’en ſe gelant elle éclatera le corps qui
la renferme ; Auſſi voit-on que les pierres tendres, qui
ſont expoſées à la gelée avant que l’eau dont elles eſtoient abreuvées en ait pû ſortir, ſe fendent & ſe con-
vertiſſent preſque en pouſſiere.

LVIII.
Comment le
grand froid
fait fendre
les pierres.

C’eſt peut-eſtre pour cette raiſon que les anciens ont
dit que le grand froid, & penetrant, a la force de brûler.
Toutesfois, il arrive ſouvent qu’on attribüe à la froideur un effet dont elle n’eſt au plus que la cauſe éloignée, & qui eſt produit immediatement par la chaleur ;
Par exemple, quand on dit que la gelée corrompt les
fruits & les bourgeons des plantes, on devroit plûtoſt
dire que c’eſt la chaleur qu’il fait au temps du degel qui
les corrompt ; laquelle ne pouvant penetrer les pores
des fruits qui ſont glacez, ne ſçauroit rendre à leurs parties interieures le degré de moleſſe qu’elles avoient
avant qu’ils fuſſent gelez, ſans avoir auparavant preſque ruïné toute la liaiſon & tout l’arrangement des autres parties, & conſequemment ſans avoir beaucoup alteré le tout que ces parties compoſent.

LIX.
Comment la
gelée eſt nui-
ſible aux
plantes.

LX.
Pourquoy le froid ne nuit point à certaines parties des plantes.

Pour preuve de cecy, confiderez que les extremité des plantes, lefquelles contiennent toûjours plus d'hu midité que les autres parties, font prefque les feules qu fe corrompent par le froid; & mefme que le froid n leur nuit, qu'aprés qu'elles ont pouffé leur bourgeon au lieu qu'il ne leur nuiroit point, s'il arrivoit avant qu elles l'euffent pouffé. De quoy l'on ne fçauroit rendu raifon, finon en difant que quand les plantes n'on point encore pouffé leur bourgeon, elles ne font poir alors affez pleines de fuc aqueux, & que leurs por font affez grands, pour permettre à la matiere fubtile d rendre le mouvement aux parties qui pourroient l'avo perdu, fans qu'il foit neceffaire qu'elle ruïne la liaifo de celles fur lefquelles elle agit d'abord, & qui font plu exterieures, avant que s'appliquer aux autres qui fon plus interieures.

LXI.
Confirmation.

Ajoûtez pour confirmation de la mefme verité, qu dans les païs Septentrionnaux, où le froid eft quelques fois fi grand, qu'un homme ne fçauroit s'expofer à l'a fans que les parties du corps qui font aux extremitez n courent rifque de fe geler, on évite le malheur de perdr le nez, ou les doigts, qui ont efté gelez par le froid, er s'abftenant d'approcher du feu, & en fe les faifan frotter & manier par d'autres, avec les mains pleines d neige.

LXII.
Que les qualitez de rude & de poly n'ont rien d'obfcur.

Aprés avoir expliqué la Nature de la dureté, de l liquidité, de la chaleur, & de la froideur, qui font le quatre principales qualitez qu'on apperçoit par l'attou chement, il ne fçauroit refter aucune difficulté au fuje de quelques autres qu'on apperçoit auffi par le mefm

fen

fens, comme font les qualitez de rude & de poli : Car
toutes ces qualitez fuivent fi clairement de la feule difpofition des parties de la matiere, qu'il n'eft pas befoin
d'explication pour les comprendre ; C'eft pourquoy je
paffe à la recherche des Saveurs.

CHAPITRE XXIV.

Des Saveurs.

LE mot de *Saveur* fignifie deux chofes : Car premierement, il fignifie le fentiment que nous avons
ordinairement quand nous beuvons, ou quand nous
mangeons ; Secondement, par ce mot on entend un
je ne fçay quoy qui eft du cofté des viandes mefmes, en
quoy confifte le pouvoir qu'elles ont d'exciter en nous
le fentiment des Saveurs.

Encore que la Saveur, prife dans la premiere fignification de ce mot, ne fe puiffe exactement décrire, &
qu'elle ne foit connüe dans le particulier que par experience, nous pouvons cependant faire cette remarque, que tous les hommes n'ont pas le mefme gouft,
lors qu'ils mangent d'une mefme viande ; comme il
paroift en ce qu'il y en a qui mangent avec delices des
chofes pour lefquelles d'autres n'ont que de l'averfion ;
Et mefme il n'y a gueres de perfonne tant foit peu avancée en âge, qui ne s'apperçoive qu'elle n'a pas le mefme
fentiment, ou le mefme gouft, de certaines viandes
qu'elle a eu autrefois ; D'où l'on peut conclure, qu'il

Ff

I.
Signification
du mot de
Saveur.

II.
Que tous les
hommes ne
trouvent pas
une mefme
faveur dans
une mefme
viande.

en est du goust comme de l'attouchement : Car comme l'on pourroit toucher au mesme endroit deux differentes personnes, dont l'une seroit en parfaite santé, & l'autre releveroit de maladie, avec des effets bien differens, en sorte que l'on causeroit un chatoüillement agreable en l'une, & une douleur insuportable en l'autre ; Ainsi, une mesme viande peut faire naître en differens hommes des sentimens fort differens.

III.
Pensée d'A-
ristote tou-
chant les Sa-
veurs.

Quant à la Saveur prise dans la seconde signification, à laquelle nous devons principalement nous arrester, Aristote dit que c'est une certaine affection ou proprieté du corps humide, causée par un sec terrestre, & par une chaleur recüite. Cette définition comprend trois choses, chacune desquelles ne manque point de vray-semblance. Et premierement, je trouve qu'Aristote a raison de dire que la Saveur est une affection du corps humide, ou liquide ; dautant que ceux qui sont absolument secs, ou durs, ne se font point sentir savoureux s'ils ne sont détrempez par la salive ; Deplus, si l'on considere que l'eau n'a gueres de saveur, & que l'air n'en a point du tout, quoy que ce soient des corps humides on sera obligé d'avoüer qu'il a eu raison d'y ajoûter quelque chose de plus grossier, & qui tinst un peu de la Nature de la Terre ; Enfin, il a dû y faire intervenir de la chaleur ; puisque l'experience nous monstre qu'elle fait trouver dans plusieurs fruits certaines saveurs, que l'on n'y appercevoit point avant qu'ils fussent cuits.

IV.
Qu'Aristote

Les Sectateurs d'Aristote demeureront facilement d'accord de l'explication que je viens d'apporter à la dé finition qu'il nous a donnée de la saveur; Mais il faut auſſi *n'explique pas ce que c'eſt que ſaveur.* qu'ils avoüent, que bien qu'il n'ait rien dit icy que de vray, ſi eſt-ce pourtant qu'il ne nous a pas beaucoup inſtruits; puis qu'il ne nous a pas expliqué ce que c'eſt que cette affection, ou proprieté du corps, laquelle le rend ſavoureux, ny en quoy elle conſiſte.

C'eſt à quoy quelques-uns ont tâché de ſuppléer, en *V. Erreur des Commentateurs d'Ariſtote.* diſant que c'eſt une qualité toute ſemblable au ſentiment qu'elle cauſe en nous. Mais ils n'ont pas pris garde dans quel inconvenient cela nous jettoit: Car outre qu'ils donnent aux corps inanimez une façon d'Eſtre qui ne leur convient point du tout, il s'enſuivroit de cette opinion, que deux hommes ne pourroient jamais avoir des gouſts differens d'une meſme viande, ou d'une meſme boiſſon ; contre ce que nous avons remarqué.

Au contraire, puiſque nous ſommes déja aſſurez, que *VI. Que la Saveur conſiſte dans la groſſeur, figure, & mouvement des parties du corps ſavoureux.* quand une meſme viande cauſe des ſentimens differens en deux diverſes perſonnes, il y en a neceſſairement un dont le ſentiment eſt different de ce qui le fait ſentir, nous pouvons penſer qu'il en peut eſtre de meſme de l'autre ; Ainſi, nous avons déja aucunement ſujet de croire, que la puiſſance de ſentir ſaveur, eſt en nous ſemblable à la puiſſance de ſentir douleur, c'eſt à dire, que pour reduire cette puiſſance en acte, il ne faut autre choſe du coſté des ſujets qu'on nomme ſavoureux, ſinon qu'ils meuvent les petits filets des nerfs de la langue, de la façon qu'il faut, & qu'il eſt inſtitué de la Nature, pour avoir le ſentiment des Saveurs; de meſme que pour nous faire ſentir douleur, il ſuffit de mouvoir d'une certaine façon les nerfs qui ſervent d'organe à l'attouchement. Et dautant qu'une chose n'en sçauroit mouvoir une autre, si elle ne se meut elle mesme, & que rien ne sçauroit s'appliquer aux nerfs de la langue avec effet, à moins que d'avoir une certaine grosseur & une certaine figure, j'estime que la forme du corps savoureux, consiste dans la grosseur, figure, & mouvement de ses parties; & que c'est de la diversité qu'on peut imaginer dans ces trois choses que naissent les diverses saveurs.

VII.
Pourquoy certains corps sont insipides.

Ce qui se confirme, de ce qu'en suitte de cette supposition nous concluons cette verité, qui est, que si un corps a des parties si subtiles qu'elles n'ébranlent que que peu ou point l'organe du goust, il doit paroistre insipide; Aussi experimente-t-on que l'eau n'a presque point de saveur, & que l'air n'en a point du tout.

VIII.
Raison particuliere de l'insipidité de l'air.

On peut encore ajoûter une raison particuliere de l'insipidité de l'air, sçavoir est, qu'il nage au dessus de la salive sans se mêler avec elle, de sorte qu'il ne peut faire aucune impression sur les nerfs de la langue; Ce qui sert aussi à faire comprendre que les liqueurs grasses doivent estre senties moins savoureuses que les maigres.

IX.
Pourquoy la plus-part des corps durs sont insipides

De plus, si un corps est de telle nature, qu'il ne s'en détache aucunes parties capables de penetrer les pores de la langue, pour aller ébranler les filets de ses nerfs, il ne doit pas estre senty savoureux; Et c'est ce qu'on experimente dans la plus-part des metaux, comme aussi dans le verre, & dans les cailloux.

X.
Comment les metaux peuvent acque-

Et l'on ne doit pas s'imaginer qu'il y ait rien autre chose en ces corps qui les rende insipides que ce defaut de division: Car les sels qui entrent dans la composition du verre, estoient savoureux avant qu'ils fussent congelez; & les metaux, que l'artifice des Chymistes a reduits en une poussiere fort subtile, ont une saveur insupportable.

Comme la chaleur augmente le mouvement du corps auquel elle survient, & qu'il est d'ailleurs tres-certain que plus un corps se meut, plus il est capable d'ébranler ce à quoy il s'applique, il s'ensuit, que quand les viandes sont chaudes, elles doivent necessairement paroistre plus savoureuses que quand elles sont froides; Aussi est-ce ce que l'on experimente tous les jours.

L'on comprend aussi fort aisément, que comme la chaleur qui sert à cuire les viandes, fait que leurs parties se choquent les unes les autres, il doit arriver que plusieurs d'entre elles s'écornent mutuellement, & se divisent en des parcelles plus petites qu'elles n'estoient, & qu'ainsi elles changent de figure; C'est pourquoy les viandes cuittes doivent avoir une saveur differente de celle qu'elles avoient lors qu'elles estoient crües.

Quant à la diversité qui se rencontre dans les saveurs, comme nous la faisons principalement consister dans la diversité des figures qu'ont les corps qu'on nomme savoureux, lesquelles peuvent changer en une infinité de façons, elle s'accorde fort bien avec l'experience, qui nous en fait tous les jours découvrir & goûter de nouvelles.

Cela estant, je ne sçaurois approuver l'opinion de ceux qui établissent deux saveurs extrêmes, du mélange desquelles ils pretendent que toutes les autres sont produites. Outre qu'il s'ensuivroit aussi delà, que toutes les saveurs ne differeroient entre elles que dans le plus & le moins; ce qui ne s'accorde pas avec l'experience, qui nous y fait remarquer plus de diversité.

Je ne dis pas qu'on ne puisse nommer ces saveurs-là extrêmes, qui excitent en nous des sentimens les plus éloignez ; Mais s'il est permis d'en nommer ainsi quelques-unes, je voudrois opposer la saveur acre, ou acide, à la saveur amere, & non pas le doux à l'amer, comme on a coûtume de faire ; parce qu'on ne s'apperçoit point que la saveur acre naisse du mélange du doux & de l'amer, & que le doux au contraire semble plûtost naître du mélange des deux autres ; comme on l'experimente dans les fruits, dont la douceur nous paroist également éloignée de l'acidité & de l'amertume.

Ce seroit entreprendre une chose impossible, que vouloir traiter en particulier de toutes les saveurs ; & il nous manque mesme beaucoup de choses, pour pouvoir parler avec certitude des plus communes & principales ; Toutesfois entre celles-là il semble qu'il y en a quelques-unes qui sont plus aisées à connoistre que les autres, telle est la saveur acide, ou sure, comme est celle du jus de citron : Car comme cette saveur nous picque la langue, on peut estimer que les sujets qui nous touchent de cette façon, doivent avoir une grande quantité de parties longues & peu pliantes, en sorte qu'elles ressemblent en quelque façon à de petites aiguilles.

Ce que l'on se persuadera encore plus facilement, si l'on considere que la saveur acide est commune à tous les fruits avant qu'ils soient meurs : Car c'est une marque que cette saveur doit consister dans quelque chose qui leur ſoit commune ; Or on ne peut rien concevoir en eux qui puiſſe leur eſtre commun, que cette diſpoſi- *avant qu'ils ſoient meurs.* tion de leurs parties : Car ils ſont tous compoſez du ſuc de la Terre, qui s'eſt figé dans les pores longs, & menus de la tige & des branches où l'on voit naître ces fruits.

Pour connoiſtre quelque choſe des autres ſaveurs, nous n'avons qu'à conſiderer ce qui ſe paſſe dans les fruits qui tendent à la maturité : Car ſi nous pouvons une fois ſçavoir, quelles figures ont leurs parties dans un temps auquel on experimente une certaine ſaveur, l'on pourra aiſément juger que cette ſaveur conſiſte dans cette ſorte de figure. Premierement donc, puiſque les fruits ne ſe meuriſſent que par la chaleur de la terre & de l'air, ſoit que cette chaleur ſoit produite par les rayons du ſoleil, comme il arrive ordinairement à tous les fruits qui naiſſent dans les jardins, ſoit qu'elle ſoit excitée par un feu qu'on allume dedans & ſur la Terre, comme quand on fait naître des fruits dans des ſerres au milieu de l'Hiver, nous ne ſçaurions nous diſpenſer de croire, que pluſieurs parties de ces fruits acquierent aſſez d'agitation, pour s'entrechoquer en pluſieurs diverſes manieres, & pour faire que par ce moyen quelques-unes des plus longues ſe rompent en de plus courtes, que d'autres émouſſent ſimplement leurs pointes, & que d'autres s'arrondiſſent tout-à-fait ; Or c'eſt alors que les fruits ſont ſentis aigre-doux ; Il faut donc penſer que la ſaveur aigre-douce d'un fruit, conſiſte en ce qu'il a quelques-unes de ſes parties longues & roides, qui picquent la langue, tandis qu'il en a auſſi beaucoup d'au-

XVIII.
En quoy conſiſte la ſaveur aigre-
douce des
fruits.

tres moins penetrantes, lefquelles ne faifant prefque que gliffer fur les filets de fes nerfs, ne peuvent produire qu'une efpece de chatoüillement.

XIX.
Comment ils deviennent tout-à-fait doux.

De plus il eft à obferver, que plus les fruits fe meuriffent, & plus auffi doit-il y avoir de leurs parties qui fe rompent, s'émouffent, & fe fubtilifent; Et comme les fruits paroiffent alors plus doux, il faut conclure que la grande douceur des fruits ne vient que de ce qu'ils ont incomparablement plus de parties capables de chatoüiller que de picquer.

XX.
En quoy confifte la faveur amere.

Mais fi un fruit continuoit toûjours à fe meurir, il n'y a point de doute que toutes fes parties fe briferoient de telle forte, qu'il n'en refteroit plus aucune capable de picquer agréablement la langue, & qu'elles pourroient feulement la chatoüiller d'une maniere incommode; Or les fruits qui font trop meurs deviennent amers: Nous pouvons donc préfumer que l'amertume d'un fruit confifte en ce que toutes fes parties font écornées, émouffées, & extraordinairement fubtilifées, & qu'il n'en a plus de longues & roides.

XXI.
Pourquoy les viandes trop cuittes font ameres.

Et cecy fe confirme, en ce que dans les chofes qui font cuittes artificiellement, les endroits qui font brûlez, & dont les parties ont eu moyen de s'écorner & de fe brifer, ne manquent jamais d'eftre amers; comme on l'experimente dans de la croufte de pain, & dans les parties des viandes rôties, qui ont le plus approché du feu.

XXII.
Pourquoy des chofes douces fe re-

La nature des faveurs fures, douces, & ameres, eftant ainfi établie, nous n'avons plus aucun fujet d'admirer, que des chofes douces, comme par exemple du vin, fe

puiffent

puiſſent reſoudre en deux autres, dont l'une eſt ſure, *ſolvent en deux autres, dont l'une eſt acide, & l'autre amere.* ou acide, & l'autre amere ; puiſque ce qui rend une choſe douce, mais d'une douceur agreable au gouſt, eſt, qu'elle eſt compoſée de deux ſortes de parties, dans l'une deſquelles conſiſte l'acidité, & dans l'autre l'a-mertume.

Nous n'admirerons point non plus que les choſes ame-res, comme l'écorce d'orange, la theriaque, & plu-ſieurs medicamens purgatifs, ayent la vertu d'échauffer, & que les choſes acides, telles que ſont le jus d'oran-ge, & le verjus, ſervent ordinairement à rafraîchir ; dautant que nous ſçavons que la chaleur conſiſte dans un certain mouvement, que les parties ſubtiles, rondes, & émouſſées des choſes ameres ſont capables d'exciter & d'entretenir ; Et au contraire, que les parties longues, dont les choſes acides ſont compoſées, tenant en quel-que façon de la nature de l'eau, ſont plûtoſt propres à empeſcher le mouvement, c'eſt à dire, à éteindre le feu, qu'à l'allumer ; ce qui les doit faire paſſer pour froides.

XXIII.
D'où vient que les choſes ameres e-chauffent, & que les aci-des rafraî-chiſſent.

Encore qu'on ſente quelquefois plus de fraiſcheur, aprés avoir mangé des choſes ameres, qu'on n'en ſen-toit auparavant, cela n'eſt pas contraire à ce que je viens de dire : Car il y en a quelques-unes, qui ſe corrompant fort aiſément, ne ſçauroient produire qu'une chaleur fort mediocre, laquelle ne ſe fera preſque pas ſentir ; Et cependant cette chaleur aura pû donner aſſez d'agi-tation aux parties de noſtre ſang, pour faire qu'il ſe purge de quelque matiere nuiſible, qui ſervoit à le faire mou-voir extraordinairement vîte ; de ſorte qu'il ſe remet-

XXIV.
Comment une choſe amere peut rafraîchir.

Gg

tra dans un eftat plus tranquille ; Et ainfi , nous nous fentirons moins échauffez , & plus frais qu'auparavant.

XXV.
Que le changement des faveurs eft une fuitte du changement de la figure des parties du corps favoureux.

Mon intention n'eft pas de m'arrefter plus long-temps à la confideration des faveurs en particulier ; cela feroit d'une trop longue difcuffion, & demanderoit une grande quantité d'experiences fort exactes, que je n'ay point encore faites, & que je ne feray peut-eftre jamais. Mais pour confirmer d'autant plus la penfée que j'ay, que leur diverfité confifte dans la diverfité des figures que les parties du corps favoureux peuvent avoir ; j'en vas examiner un en particulier, & je feray voir qu'autant de fois que la raifon nous perfuadera qu'il doit arriver du changement à la figure de fes parties, l'experience ne manquera point auffi de nous faire fentir du changement en fa faveur.

XXVI.
Exemple du vin , & que le bois de vigne ne doit eftre gueres favoureux.

Prenons par exemple du vin , & confiderons-le depuis fa premiere origine, jufqu'à ce qu'il degenere en une chofe qui ne luy reffemble plus. Je remarque en premier lieu, que le fuc de la Terre , n'eftant compofé que de fes parties les plus delicates, ne fçauroit eftre que peu favoureux ; Et quoy qu'en fe figeant dans les pores du bois de la vigne, il fe convertiffe en des parties affez groffieres pour ébranler les nerfs de la langue, neantmoins à caufe qu'il eft là aucunement engagé, & qu'il ne s'en détache que difficilement, il ne fçauroit exciter qu'un fentiment fort mouffe, en ceux qui mâchent ce bois.

XXVII.
Que les grapes de rai.

De plus , comme les parties de ce fuc, qui diftillent & s'avancent dans l'air, & qui femblent fortir de

la queuë d'une grape, pour commencer à compofer les
grains, s'arreftent les unes contre les autres, & ne fe def-
uniffent pas encore facilement, il s'enfuit qu'elles ne
fçauroient prefque s'appliquer qu'à la furface de la langue, & confequemment qu'elles ne fçauroient exciter qu'un fentiment leger & peu remarquable, ainfi
qu'on l'experimente.

Mais lors qu'avec le temps les parties qui compofent ces grains fe feparent les unes des autres, tant par
la chaleur de l'air qui les agite doucement, que par l'arrivée de plufieurs femblables parties, qui fe fourrent
entre les premieres pour en augmenter la maffe, il eft évident qu'elles doivent agir feparément, & caufer un fentiment de faveur fort-aiguë, à fçavoir, celle qu'on experimente dans le verjus.

Et la chaleur de l'air, qui augmente pendant que le
fruit fe meurit, continuant de remuer les parties de ces
grains, il eft manifefte qu'elle les doit émouffer de plus
en plus, & en fubtilifer quelques-unes, lefquelles cha-
toüillant plus agréablement la langue, ne fçauroient
manquer de faire fentir cette douceur que l'on fent en
mangeant du raifin quand il eft meur.

Auffi voyons-nous, & c'eft une obfervation digne de
remarque, que fi le temps eftoit pluvieux un peu avant
la faifon de cüeillir le raifin, l'eau qui détremperoit la
Terre, feroit caufe qu'il recevroit beaucoup de nourriture; Comme donc il auroit un grand nombre de parties longues, qui n'auroient pas eu le loifir de fe rompre & de s'émouffer, il s'enfuivroit qu'il devroit avoir
moins de douceur qu'il n'auroit eu fans cela; Ce que

l'experience fait affez voir : Car quand il pleut imme_
diatement avant les vendanges, le vin en devient plus
rude, & a, comme l'on dit, plus de verdeur ; Ce qui
femble n'avoir pas efté ignoré par les Païfans du Lan-
guedoc, qui fe donnent la peine, quelque-temps avant
que de cueillir leur mufcat, de tordre la queuë de toutes les grapes , lefquelles achevent ainfi de fe meurir,
& ne font plus en eftat de recevoir de nouvelle nourriture.

XXXI.
Explication de la douceur du vin bouru

Pour confirmer de plus en plus ce que j'ay avancé,
il faut remarquer, que fi l'on goûte du jus de raifin
fraifchement foulé, on ne le doit gueres trouver different
de ce qu'il eftoit à la grape, & il doit mefme retenir fa
douceur, quand il y auroit long-temps qu'il auroit efté
entonné, pourvû qu'on ait eu le foin de bien boucher
le tonneau : Car quoy que par le boüillonnement, plufieurs parties longues qui eftoient encore embaraffées
enfemble, ayent pû fe defunir, & devenir plus capables de picquer, elles ne fçauroient neantmoins caufer
un fentiment fort aigu, dautant qu'elles agiffent en la
compagnie de plufieurs autres, qui ont eu le temps de
fe rompre, & de fe fubtilifer, n'ayant pû échapper du
tonneau, qu'on a eu le foin de tenir bien bouché ; ce
qui s'accorde fort bien avec la faveur fucrée que l'on
fent quand on boit du vin bouru.

XXXII.
Comment le vin qui cuve devient plus rude.

Que fi pendant que le vin a boüilly dans la cuve,
& qu'il a continué de boüillir dans le tonneau, on avoit
permis à fes parties les plus fubtiles, qui ont le plus
de mouvement, & qui à caufe de leur petiteffe font
moins engagées entre les autres, de prendre l'effor, &

de s'évaporer dans l'air, par le trou du bondon qu'on
auroit laissé ouvert pour cet effet, il devroit moins res-
ter de ce qui peut chatoüiller la langue, & beaucoup
plus de ce qui la peut picquer ; C'est pourquoy l'on
devroit alors sentir une saveur rude, c'est à dire, celle
qu'on experimente dans le vin qui n'est pas encore prest
à boire.

En suitte de cecy, nous pouvons considerer le vin en XXXIII.
deux estats ; dans le premier desquels nous supposerons *Comment il perd cette rudesse.*
qu'il demeure enfermé dans le tonneau, sans avoir que
le moins qu'il est possible de communication avec l'air
exterieur ; auquel cas, outre que quelques-unes de ses
parties se rompent & s'émoussent, plusieurs de celles
qui demeurent longues, de roides qu'elles estoient deviennent souples, à force de se frotter, & de se plier
dans le peu d'espace où elles sont renfermées ; ce qui
fait qu'elles sont alors moins capables d'ébranler les
nerfs de la langue ; Et ainsi le vin ne doit plus paroistre
si rude, mais doit avoir cette douceur que l'on experimente dans celuy qui est dans sa boitte.

Et il est indubitable que sa douceur augmenteroit XXXIV.
de plus en plus, n'estoit que le bois du tonneau altere *Comment il peut devenir extremement doux.*
quelque peu la liqueur qu'il contient, & que ses pores
permettent aux parties les plus subtiles de s'évaporer.
Pour preuve dequoy, considerez que le vin qu'on a
gardé plusieurs années dans des bouteilles de terre bien
bouchées, & qu'on a enterrées dans du sable au fond
d'une cave, acquiert au bout d'un certain temps la douceur de l'hydromel.

Supposons maintenant que le tonneau ne soit pas XXXV.

Comment il se peut aigrir

bouché; cela estant, les parties longues qui glissent les unes contre les autres doivent bien s'user, en sorte qu'elles perdront quelque peu de leur grosseur; Mais il n'y a point de necessité qu'elles deviennent souples & flexibles, à cause que celles d'entre elles qui le font le plus, ont la liberté de s'évaporer par l'ouverture du tonneau, & que celles qui restent, peuvent se mouvoir plus au large, & sans estre presque contraintes de se plier. Ainsi, tout le changement qui arrivera aux parties longues qui restent, sera qu'elles seront plus aigües, & cela fera que le vin sera converty dans une liqueur qui picquera plus fortement la langue, c'est à dire, qu'il sera couverty en vinaigre.

XXXVI.
Comment le vinaigre peut degenerer en une liqueur insipide.

Si pourtant les parties continuoient à se mouvoir ainsi fort long-temps, elles s'useroient à la fin de telle sorte, & deviendroient si minces, qu'elles ne pourroient manquer de devenir aussi fort souples; Et ainsi, n'ayant plus la force d'ébranler les nerfs de la langue, la liqueur qu'elles composeroient devroit paroistre insipide, & peu differente de l'eau; qui est ce qu'on experimente.

XXXVII.
Experience remarquable

Pour derniere confirmation de ce que j'ay écrit touchant les saveurs, je rapporteray une experience que j'ay faite; J'ay pris un pot d'estain, dont j'ay percé le fond, & bouché le trou avec un morceau de drap; puis ayant pris du sable fort délié, que j'avois si bien lavé qu'il auroit esté incapable de teindre le moins du monde de l'eau qui auroit passé au travers, & que j'avois après fait bien secher, j'en ay remply environ la moitié du pot; Cela fait, j'ay versé dedans une pinte de vin

rouge aſſez couvert, lequel diſtillant par le trou de deſſous, il en eſt tombé prés d'une chopine, en forme d'une
liqueur claire & inſipide comme de l'eau ; Aprés quoy,
m'eſtant apperceu que les gouttes qui tomboient com-
mençoient à eſtre teintes de rouge, j'ay retiray le vaiſſeau que j'avois mis deſſous, & en ay mis un autre en ſa
place, dans lequel peu s'en eſt falu qu'il n'en ſoit encore tombé une chopine ; Et ce qui eſt ainſi tombé
s'eſt trouvé beaucoup moins rouge & moins ſavoureux
que n'eſtoit le vin avant qu'il euſt paſſé au travers du
ſable ; Enfin mêlant cette liqueur avec la premiere, qui
eſtoit toute claire, il en eſt reſulté un tout moins coloré,
& qui avec cela eſtoit preſque inſipide.

Je ne penſe pas qu'aucun de ceux qui connoiſtront XXXVIII.
ce que c'eſt que du ſable, puiſſe trouver aucune cauſe *Concluſion de
ce Chapitre.*
de ce changement de ſaveur que j'ay obſervé dans le vin
qui paſſe au travers, ſinon que ſes parties ayant eſté
obligées de paſſer par des chemins étroits & tortus, ſe
ſont pliées pluſieurs fois en divers ſens, enſorte qu'elles
ont dû changer d'eſtat & de figure ; Et ainſi l'on peut
conclure, que c'eſt dans la diſpoſition & dans la figure
des parties, que conſiſte la forme du corps ſavoureux.

CHAPITRE XXV.

Des Odeurs.

PAr le mot *d'Odeur*, on a voulu d'abord ſignifier I.
une eſpece particuliere de ſentiment, qui reſulte en *Ce que l'on*

nous de l'impreſſion que certains corps font ſur le fond de noſtre nez. Puis on s'en eſt auſſi ſervy pour ſignifier ce qu'il y a de la part des corps qu'on nomme odorans, en quoy conſiſte le pouvoir qu'ils ont d'exciter en nous le ſentiment d'odeur.

II.
Que le ſen-timent d'o-deur n'eſt pas ſembla-ble en toutes ſortes de per-ſonnes.

Chacun comprend par ſa propre experience ce que c'eſt que l'odeur, en prenant ce mot dans ſa premiere ſi-gnification; Mais il eſt impoſſible de décrire, & de faire concevoir à un autre ce qu'on en connoiſt. Tout ce qu'on en peut dire, eſt qu'un meſme objet n'excite point un meſme ſentiment dans tous les hommes, y en ayant plu-ſieurs qui trouvent fort agréables certains parfums, que d'autres ne ſçauroient du tout ſupporter.

III.
Qu'Ariſtote n'a point définy ce que c'eſt qu'odeur

Cela eſtant, nous devons ſeulement nous arreſter à rechercher ce que c'eſt que l'odeur, de la part des corps qu'on nomme odorans. Ariſtote ne l'a point dé-finy dans le Chapitre où il traite expreſſément des o-deurs, & où il apporte pour excuſe que les hommes n'ont pas l'odorat ſi parfait que les autres animaux.

I V.
Doctrine des Ariſtoteli-ciens tou-chant les odeurs.

Quelques-uns de ſes Diſciples croyent avoir penetré ſa penſée, dans l'endroit où il dit qu'au moment au-quel nous ſentons, nous ſommes rendus ſemblables à ce qui agit ſur nous pour nous faire ſentir; Et c'eſt ſur ce principe qu'ils enſeignent que l'odeur, de la part de l'objet, eſt une choſe toute ſemblable au ſentiment qu'il excite en nous; A quoy ils ajoûtent, que l'odeur naiſt du mélange du chaud, du froid, du ſec, & de l'hu-mide, en ſorte pourtant que la chaleur & la ſechereſſe y prédominent.

V.

Mais outre que cette doctrine attribuë au corps ina-

nimé

nimé une façon d'Estre semblable à une autre qui ne *Refutation de cette doctrine.* nous convient qu'entant qu'animez, ce qui ne peut estre, il s'ensuivroit qu'un mesme parfum ne pourroit manquer de paroistre également agréable à tous les hommes; ce qui est contre la remarque que nous avons déja faite. Ajoûtez qu'il est incomprehensible, supposé les idées que les Aristoteliciens nous donnent des quatre principales qualitez tactiles, que leur mélange produise jamais autre chose que du tiede, qui tiendra plus ou moins du sec ou de l'humide, selon qu'il y aura plus ou moins de l'un que de l'autre; ce qui ne ressemble point du tout à l'idée qu'ils nous donnent de l'odeur. Aprés tout, si ce mélange devenoit odeur, comme il se fait sentir par l'attouchement, il devroit exciter en tous les endroits qui luy servent d'organe une sensation qui luy fust semblable; Et partant nous devrions flairer par la main, aussi bien que par le nez; ce qui repugne à l'experience.

Si l'on nous répond que ce qui peut causer un senti- VI. *En quoy consiste la nature des odeurs.* ment de tiedeur en agissant sur la main, peut bien aussi exciter le sentiment d'odeur en agissant sur le nez, à cause qu'il a esté ainsi institué de la nature, j'en demeure d'accord; Mais ne reconnoissant rien dans les corps que des grandeurs, des figures, & des mouvemens, je ne sçaurois aussi penser qu'il soit besoin d'y supposer rien autre chose pour les rendre capables de faire impression sur l'organe de l'odorat. Et ainsi, j'estime que les mesmes parties qui font naistre le sentiment de saveur en s'appliquant à la langue, peuvent aussi faire naistre le sentiment d'odeur, lors qu'estant assez subti-

Hh

les pour voler en forme de vapeurs, ou d'exhalaisons; elles vont chatoüiller ces deux parties avancées du cerveau qui correspondent au fond des narines.

VII.
Pourquoy les odeurs se font plûtost sentir quand il fait chaud, que quand il fait froid.

Ce qui se prouve, premierement, par ce que nous experimentons que plus la chaleur devient grande, & capable de faire échaper plus de parties des corps odorans, & plus aussi ces corps répandent d'odeur; Et au contraire, comme le froid retient leurs parties en repos, & les empesche de s'exhaler, aussi est-il cause que les parfums se font moins sentir.

VIII.
Pourquoy certains corps cessent de paroistre odorans.

Deplus, nous observons que plusieurs corps ne sont odorans que tandis qu'ils sont humides, c'est à dire tandis qu'ils ont des parties qui se meuvent; & qu'ils cessent de l'estre, lors qu'ils sont tout-à-fait dessechez, ou qu'ils ont toutes leurs parties en repos.

IX.
Comment on peut appercevoir quelques odeurs dans les corps qui sembloient n'en point avoir.

Enfin, une marque des plus évidentes que nous ayons pour monstrer que les odeurs consistent dans l'évaporation de certaines parties, c'est que la plus-part des corps durs, qui n'excitent pour ainsi dire d'eux-mesmes aucun sentiment d'odeur, quand ils viennent à estre brûlez, ou mesme à estre simplement frottez les uns contre les autres, ne manquent point de paroistre odorans, à cause que cela leur fait évaporer quelques-unes de leurs parties. C'est ainsi que de la cire d'Espagne, quand elle est allumée, fait sentir une odeur qu'elle ne faisoit point sentir auparavant; Ainsi du fer frotté contre du fer, du verre contre du verre, & un caillou contre un autre caillou, font aussi sentir quelque odeur qu'on ne sentoit point auparavant.

X
Ce n'est pas que nous pretendions que toutes sortes

de parties qui se détachent indifferemment de toutes *Pourquoy* sortes de corps doivent faire sentir quelque odeur : Car *certains* il faut pour cela un certain mouvement dans l'organe *corps n'ont* de l'odorat, & une certaine force pour l'ébranler, & il *deur.* se peut rencontrer des parties si delicates qu'elles feront incapables de l'ébranler le moins du monde ; Ainsi, l'air que l'on respire, & les vapeurs qui s'élevent de l'eau, n'excitent aucun sentiment d'odeur ; Et au contraire, il s'en peut rencontrer d'autres si grossieres, qu'elles ne pourront parvenir jusques à luy ; ou mesme si elles y parvenoient, elles seroient plûtost capables de le ruïner tout-à-fait, que de l'ébranler comme il faut pour exciter un sentiment d'odeur.

La diversité des odeurs dépend de la mesme cause *XI.* d'où dépend la diversité des saveurs, c'est à dire, de *En quoy con-* la diversité qui se trouve dans la grosseur & dans la fi- *versité des* gure des parties qui s'exhalent des corps odorans. Ce *odeurs.* qui paroistra indubitable à quiconque considerera que les choses qui ont une mesme saveur ont aussi une mesme odeur ; Ainsi, toutes les choses aigres ont une odeur picquante, & les choses ameres ont une odeur qui tient quelque chose de l'amertume.

Et cecy est si vray, que quand nous sçavons que les *XII.* parties de certains corps ont dû changer de figure, *Comment un* nous ne manquons pas de nous appercevoir qu'ils ont *peut avoir* ont aussi changé d'odeur ; Ainsi, le pus qui s'estoit en- *ment des o-* gendré dans l'abcés d'un Castor terrestre, estant plu- *rentes.* sieurs jours de suitte exposé au soleil dans un païs chaud, (ce qui sans doute doit faire entrechoquer ses parties, & leur faire changer de figure) on s'apperçoit qu'il

Hh ij

change d'odeur, & que de puant qu'il estoit il devient
d'abord supportable à l'odorat, & compose à la fin
ce parfum si precieux à qui l'on donne le nom de
musque.

XIII.
Comment la masse des corps odorans diminüe petit à petit.

De la nature que nous attribuons aux corps odorans,
l'on peut conclure qu'ils doivent peu-à-peu diminuer
de masse, ou de pesanteur ; Et c'est aussi ce qu'on experimente en peu de temps, dans les parfums qu'on a
coûtume d'exciter par le feu ; Mais pour ceux qui se
font sentir sans qu'ils ayent besoin d'estre échauffez,
comme le musque & la civette, il faut un fort long-
temps pour les voir diminuer sensiblement, à cause que
le mouvement de leurs parties est extremement lent,
& qu'il ne s'en exhale que tres-peu à la fois ; Aussi,
comme il y en a peu qui s'exhalent, elles ne seroient
pas capables d'ébranler l'odorat, sans le concours de
plusieurs autres avec lesquelles elles se mêlent, & qui
s'estant évaporées long-temps auparavant, voltigent
encore autour des corps odorans.

CHAPITRE XXVI.
Du Son.

I.
Double signification du mot de son.

LE mot *de Son* a esté premierement inventé pour
signifier le sentiment particulier que l'on a, en
suitte de l'impression que les corps qu'on nomme Resonnans font sur les oreilles; & l'on employe encore ce
mot pour signifier ce qu'il peut y avoir de la part des

corps Refonnans, comme dans une cloche, ou dans l'air d'alentour, qui fait que nous avons le fentiment de *Son*.

Aprés ce que nous avons remarqué en parlant des faveurs & des odeurs, il eft fuperflu de dire que le Son pris en fa premiere fignification ne fe peut décrire, & qu'il ne peut eftre connu que par experience : C'eft pourquoy nous n'en parlerons icy qu'entant que ce mot fignifie ce qu'il y a dans les corps Refonnans, ou dans l'air, qu'on nomme leur *Son*.

Ariftote en a traité dans un Chapitre particulier, où il enfeigne que le fon n'eft autre chofe que le mouvement local de certains corps, & du milieu qui s'applique à nos oreilles; Et afin qu'on ne doutaft pas que ce ne fuft fon fentiment, il l'a repeté plus de vingt fois.

Je remarque expreffement le foin extraordinaire qu'Ariftote a pris pour nous faire comprendre la penfée qu'il avoit touchant la nature du fon ; Mais quoy qu'il l'ait repetée tant de fois, que cela femble importun à quelques-uns de fes lecteurs, je trouve qu'il ne l'a pas encore affez fait pour quelques autres, qui faifant d'ailleurs profeffion de fuivre fa doctrine, croyent encore que le fon eft une qualité differente du mouvement local.

Il s'en trouve quelques-uns, qui pour appuyer cette opinion, & refuter celle d'Ariftote, difent que fi le Son n'eftoit autre chofe qu'un mouvement local, il s'enfuivroit, par exemple, qu'en remuant la main, on devroit entendre quelque fon; & d'autres qui affurent, que

H h iij

supposé cette doctrine, il s'ensuivroit qu'une cloche qui se fait entendre à deux lieuës à la ronde, devroit mouvoir jusques-là l'air d'alentour ; ce qu'ils estiment absurde.

VI.
Qu'ils se sont trompez en s'éloignant d'Aristote.

Toutesfois ces objections n'ont aucune force : Car pour la premiere, elle ne prouve autre chose sinon que le son ne consiste pas dans toute sorte de mouvement, & particulierement dans celuy qu'on donne à la main quand on la remuë, ce qui est tres-veritable. Quant à ceux qui assurent qu'il est absurde qu'une cloche puisse mouvoir l'air à deux lieuës à la ronde, il est certain qu'ils reglent la Nature suivant leurs préjugez, dont ils n'apportent aucunes preuves.

VII.
Que le corps resonnant ne cause pas tout le mouvement qui nous fait avoir le sentiment du son.

J'avouë à la verité qu'il faut de la force pour donner du mouvement à une masse de matiere qui s'étend deux lieuës à la ronde ; mais l'effet d'une cloche n'est pas si grand que l'on s'imagine : Car quand elle fait ainsi mouvoir l'air, elle agit sur un corps qui a déja du mouvement entant que liquide ; Desorte qu'il ne s'agit pas tant de luy donner du mouvement, que de déterminer celuy qu'il a déja, à estre propre à produire en nous le sentiment du son.

VIII.
Qu'il n'est pas fort difficile de mouvoir certains corps qui semblent devoir resister au mouvement.

Je dis bien davantage, qu'il n'est pas si malaisé que l'on pense, de causer cette sorte d'ébranlement, dans un corps qui est tout-à-fait entouré d'un liquide. L'experience le fait voir dans une grosse enclume (qui peut passer sans doute pour un de ceux qui resistent le plus au mouvement,) car on la voit trémousser au moindre coup de marteau qu'on luy donne ; Et l'on remarque, qu'en mettant dessus quelques grains de millet, si

l'on frappe à costé avec une clef d'une grosseur mediocre, à proportion qu'on entend un son plus ou moins
grand, l'on voit aussi ces grains de millet sautiller, &
changer plus ou moins de place sur l'enclume ; Or elle
ne pourroit causer ce mouvement dans ces grains, si
elle ne se mouvoit elle-mesme.

Et pour monstrer que le son ne consiste que dans
un certain mouvement, il ne faut que considerer qu'il
se produit lors que l'on pince la corde d'un luth, ou
que l'on frappe quelque corps dur que ce soit : Car
pincer la corde d'un luth, ou frapper un corps, n'est
autre chose que remüer cette corde, ou faire mouvoir
ce corps ; Et il est absurde, dans l'opinion des Aristoteliciens, de croire qu'on altere leur temperament, &
qu'on leur fasse acquerir quelque chaleur, quelque froideur, quelque secheresse, ou quelque humidité, qu'ils
n'avoient pas auparavant.

IX.
Que le son
ne consiste
que dans un
certain mou-
vement.

Et cecy se confirme, en ce que si l'on se chatoüille le
dedans de l'oreille, en sorte que l'impression passe jusques aux nerfs que les Medecins appellent Acousti-
ques, l'on experimente un certain bourdonnement,
qui fait connoistre qu'il en est du sentiment de son,
comme du sentiment de douleur ; Et que celuy-là,
aussi-bien que l'autre, présuppose une certaine institution
de l'auteur de la nature, qui nous a fait tels, que quand
nous serions meus d'une certaine façon en cet endroit-
là, nous aurions aussi une certaine sensation.

X.
Preuve de
cette verité.

Je ne veux pas omettre icy une experience qui sert
quelquesfois de divertissement aux enfans, & qui confirme merveilleusement cette opinion ; ils passent une

XI.
Autre preu-
ve.

fiſſelle aſſez longue au travers des pincettes qui ſerv
à attiſer le feu, & entortillent les deux bouts au t
des deux premiers doigts de leurs mains, dont ils
bouchent aprés cela les oreilles ; puis branlant le
corps, ils branlent auſſi les pincettes, & les font he
ter contre les chenets, ou contre quelqu'autre coi
dur ; & alors, encore que ceux qui ſont auprés d'e
n'entendent qu'un ſon tres-mediocre, ils en entende
un qui eſt ſemblable à celuy des plus groſſes cloch
de nos Egliſes. De quoy il eſt impoſſible de rend
autrement raiſon, qu'en diſant que les pincettes meü
ébranlent la fiſſelle, qui tranſmet ſon impreſſion a
doigts, leſquels meuvent enſuitte les parties de l'orei
auſquelles ils ſont appliquez, & par leur moyen les ne
qui ſont l'organe de l'oüie.

Aprés nous eſtre aſſurez que le ſon conſiſte da
quelque mouvement, il ne s'agit plus que d'en bie
déterminer l'eſpece ; En quoy nous ne ſçaurions co
venir avec Ariſtote, qui veut que le ſon ſoit le mouv
ment d'un corps dur, poli & concave : Car il eſt ce
tain que tout cela ne ſe rencontre point dans pluſieu
corps qui reſonnent ; & meſme rien de tout cela n
ſe rencontre quand la poudre s'enflamme dans u
canon, qui cependant produit un bruit ſi épouven
table.

Peut-eſtre que quelqu'un, zelé pour ce Philoſophe
tâchera de défendre ſon opinion, en diſant que ſi le
qualitez qu'il deſire dans le corps reſonnant, ne ſe ren
contrent pas dans la poudre allumée, ny dans l'ai
qu'elle frappe, au moins ſe trouvent-elles dans le ca
non

non, d'où il voudra mesme faire dépendre tout le son. Mais sans nous amuser à chercher des raisons pour le refuter, il suffira que nous apportions l'experience de cet or que les Chymistes ont appellé *l'or fulminant*. Ce qu'ils appellent de ce nom n'est rien autre chose qu'une composition faitte de trois parties de salpêtre, de deux de fleur de souphre, & d'une de sel de tartre, pilez separément & mêlez ensemble. L'on prend de cette composition, à peu-prés autant qu'il faut de poudre pour amorcer un mousquet, & on la met sur une lame de fer, ou sur une tuile toute plate, qu'on met sur un réchaut plein de feu; la poudre s'échauffe petit à petit, & se convertit tout à coup en une flamme, qui se dilatant de tous les costez, produit un son du moins aussi grand, que peut estre celuy d'un coup de mousquet bien chargé. Comme dans cette experience la lame de fer, ou la tuile, ne servent qu'à empescher que la poudre ne prenne feu, avant qu'elle soit à peu-prés également échauffée dans toutes ses parties, & comme le son dépend de la flamme & de l'air, qui ne sont ny durs, ny polis, ny concaves, il n'y a aucun doute que l'opinion d'Aristote ne se peut en aucune façon soûtenir.

Nous aimons donc mieux dire que le son consiste, dans une espece particuliere de mouvement d'un corps, que non pas de dire avec Aristote, qu'il consiste dans le mouvement d'une espece particuliere de corps. Et afin d'expliquer cecy plus distinctement, Remarquez que le corps qu'on nomme resonnant, ne s'applique pas immediatement à nostre oreille, pour nous faire avoir le sentiment de son, mais qu'il agit pour l'ordinaire par

XIV.
Que le son consiste dans une espece particuliere de mouvement.

l'entremife de l'air qu'il meut ; Ainfi, nous devons re
chercher quels font les mouvemens de l'un & de l'autre
de ces deux corps, quand ils produifent en nous ce fen
timent.

XV.
*Que ce mou-
vement peut
eftre confide-
ré dans le
corps refon-
nant & dans
le milieu.*

Il y a des rencontres où il eft plus aifé de connoiftre
la façon dont fe meut le corps refonnant, & d'autre
où fon mouvement eft plus mal-aifé à reconnoiftre que
celuy de l'air ; Arreftons-nous autant qu'il nous fera
poffible fur le premier, c'eft à dire fur la maniere de fe
mouvoir du corps refonnant.

XVI.
*En quoy con-
fifte le fon
d'une corde
de luth.*

Et pour commencer par les cordes de luth, ou d'au
tres tels inftrumens qui fe pincent en joüant, il fau
prendre garde que leur tention les difpofe à eftre droite
tout autant qu'il eft poffible, & qu'on les retire de ce
eftat en les courbant quelque peu, lors qu'on les pin
ce avec les doigts : Or fi-toft qu'elles en échappent
elles retournent vers le lieu d'où elles avoient efté ti
rées ; & la vîteffe qu'elles ont en y retournant, les fai
mefme aller quelque peu plus loin ; d'où elles retour
nent en arriere vers le lieu de leur repos, au delà duque
elles paffent encore ; Et ainfi, elles font plufieurs allée
& venües, ou plufieurs tremblemens ; & c'eft en cel
que confifte ce qu'on peut appeller leur fon.

XVII.
*Le fon d'une
corde de
viole.*

Le fon des cordes de viole, confifte dans les fou
bre-fauts qu'on leur fait faire, en paffant par-deffus l
crin de l'archet, qui eft devenu raboteux & denté, d
mefme à peu-prés qu'une fcie, par la poix raifine ou l
colophone dont on l'a frotté. Ce qui eft fi vray, que
au lieu de colophone on prenoit du fuif ou de l'huil
pour frotter l'archet, ces cordes ne rendroient plus au

cun son, à cause qu'il ne feroit que glisser par-dessus, & ne leur donneroit aucune secousse.

Le son que rend un verre à boire, lors que l'on promene le doigt le long de son bord, consiste dans des soubre-sauts semblables à ceux des cordes de viole, estant évident que le doigt tient icy lieu d'archet.

XVIII.
Le son d'un verre à boire.

Le son d'une cloche, consiste dans un tremblement à peu-prés semblable à celuy d'une corde de luth : Car il est certain que le coup que le battant luy donne, change quelque peu sa figure, la faisant devenir ovale, de ronde qu'elle estoit ; Et par ce qu'elle est composée d'un métail fort roide, & sujet à faire ressort, la partie qui avoit esté éloignée du centre s'en rapproche, & mesme quelque peu plus prés qu'auparavant ; De sorte que les endroits qui estoient aux extremitez du plus grand diametre de l'ovale, se rencontrent alors à celles du plus petit ; le circuit de la cloche changeant ainsi alternativement de figure, pendant tout le temps auquel on entend quelque son.

XIX.
Le son d'une cloche.

Et vous ne ferez aucune difficulté de croire ce que je dis, si vous prenez garde qu'en appliquant la main sur une grosse cloche aussi-tost que le marteau l'a frappée, l'on y sent un engourdissement fort notable.

XX.
Preuve de son tremblement.

Que si la cloche estoit fort petite, comme il seroit aisé de faire cesser le tremblement qu'elle a , en appuyant la main dessus, aussi s'ensuit-il que l'on devroit par mesme moyen faire cesser le son. En effet il y a de petits timbres, qui pour peu qu'on frappe dessus rendent un son qui dure assez long-temps ; mais si on y applique la main aussi-tost qu'ils ont esté frappez,

XXI.
Pourquoy en touchant une petite cloche on en fait cesser le son.

tout aussi-tost on fait cesser le son qu'ils rendoient.

XXII.
Pourquoy on ne fait pas cesser de mesme le son d'une grosse cloche.

L'on ne sçauroit pas ainsi faire cesser le son d'une grosse cloche en appuyant la main dessus, à cause qu'elle à beaucoup de mouvement, & qu'elle en transfere une si petite partie à ce qui la touche, qu'elle en a de reste pour se faire ouïr.

XXIII.
D'où vient qu'un corps rend du son quand on frappe dessus.

Le son qu'on excite en frappant sur une piece de bois, & generalement en frappant quelque corps dur qui resonne, consiste dans un tremblement semblable à celuy d'une cloche, lequel suit de la vertu qu'il a de faire le ressort.

XXIV.
D'où vient que certains corps n'ont pas la proprieté de rendre du son

Ainsi les corps qui n'ont point cette proprieté, ne sçauroient produire qu'un son fort sourd & fort imparfait ; & c'est la raison pourquoy le plomb & la bouë n'en rendent presque point quand on les frappe.

XXV.
Quel peut estre le mouvement de l'air en quoy consiste le son.

Aprés ce qui vient d'estre dit, il n'est pas mal-aisé de déterminer quel doit estre le mouvement de l'air, pour produire en nous le sentiment de son : Car il est évident que ce mouvement de l'air est necessairement tel, que les tremblemens des corps resonnans sont capables de produire en luy ; c'est à dire, que l'air doit trembler & boüillonner, & mesme en sautillant se diviser en un nombre innombrable de fort petites masses, qui se meuvent d'une tres-grande vîtesse, en tremblant & se froissant les unes les autres ; en sorte qu'il en est à peu-prés de l'air, comme d'une liqueur qu'on voit fremir sur le feu, avant que de boüillir tout-à-fait. Ce qui se confirme, de ce que l'on remarque un mouvement presque tout pareil dans l'eau d'une cuve, dans laquelle on remuë le plus vîte que l'on peut un baston, à qui l'on fait faire

plufieurs allées & venuës: Car les allées & les venuës
de ce bafton font femblables à celles des cordes de luth,
finon qu'elles font incomparablement plus grandes, &
qu'elles fe font plus lentement.

L'on pourra encore s'affurer de ce mouvement ou
tremblement de l'air, en confiderant que le corps refonnant luy en doit imprimer un tout femblable à celuy
qu'il imprime à une autre liqueur; Ainfi, quand un
verre eft à demy plein d'eau, & qu'on luy fait rendre ce
fon, dont nous avons parlé cy-deffus, en gliffant le doigt
le long de fon bord, il eft fans doute qu'il doit ébranler
l'air, de mefme qu'il ébranle cette eau : Or on la voit
trembler & boüillonner, & mefme en fautillant fe
rompre & fe brifer de telle forte, qu'un grand nombre
de gouttes fe feparent, & s'élancent mefme affez loin
hors du verre; Il faut donc conclure que l'air a un
tremblement & un boüillonnement tout femblable.

XXVI.
Preuve ocu-
laire de ce
mouvement.

Aprés avoir efté fuffifamment convaincus & perfua-
dez de ce mouvement de l'air, auquel confifte le pouvoir qu'il a de nous faire ouïr quelque fon, il eft aifé de
juger qu'il peut bien quelquefois fe déterminer de luy
mefme à ce mouvement, en paffant dans certains corps
durs qui ne fe meuvent point du tout. Ainfi, quand on
fiffle en fouflant dans le creux d'une clef, il arrive que
l'air qui y entre, occupe la moitié de la largeur du trou,&
que celuy qui en fort,occupe l'autre moitié; & ces deux
airs gliffant l'un contre l'autre avec des mouvemens contraires, plufieurs de leurs parties font neceffairement dé-
terminées à tournoyer & trémouffer,& à faire tournoyer
& trémouffer tout l'air qui eft entre celuy qui fiffle &
ceux qui l'entendent.　　　　　　　　I i iij

XXVII.
D'ou vient
& comment
fe fait le fif-
flement qu'-
on entend
quand on
foufle dans le
trou d'une
clef.

XXVIII.
Comment se fait celuy d'une anche d'orgue, ou de cornemuse

Ce qu'il y a icy à remarquer, c'est qu'il y a des corps qui ne s'entrouvrant qu'à diverses reprises pour donner passage à l'air, nous font par ce moyen ouïr un son tout particulier, & qui pour cela mesme est fort considerable; Tels sont les tuyaux qui composent le jeu d'anches dans les orgues, ou les anches des simples cornemuses. Ces corps ne se meuvent point d'eux-mesmes pour produire le son ; Mais l'air estant déja meu, quand il se presente pour passer au travers, est contraint d'en sortir par secousses, lesquelles impriment au reste de l'air des soubre-sauts semblables à ceux que font les cordes de violes , & qui nous font ouïr une harmonie dont les mouvemens sont tout tremblans.

XXIX.
Comment se forme la voix des animaux.

C'est de cette façon que se forme la voix des animaux: Car il est à remarquer, qu'il y a au bout de la trachée artere une languette, qui fait le devoir de la languette des tuyaux qui composent le jeu d'anches dans les orgues, & qui se resserrant quand il nous plaît, fait que l'air sort des poulmons à diverses reprises ; Mais comme cette languette demeure pour l'ordinaire toute ouverte, cela fait que l'air de la respiration sort aussi pour l'ordinaire sans aucune secousse, & par consequent sans rendre aucun son.

XXX.
Comment se fait le son d'un coup de canon.

Je serois trop long si j'entreprenois de parcourir toutes les differentes manieres dont le son se peut produire; Mais parce que celuy qui se fait en tirant un coup de canon a quelque chose de singulier, en ce qu'il ne semble pas que la flamme donne plus d'une secousse à l'air, il ne sera pas inutile que j'explique comment un si grand son se peut exciter. Vous observerez donc que

la poudre qui s'enflamme se dilate si extraordinairement, qu'elle occupe beaucoup plus de mille fois plus
d'espace, qu'elle ne faisoit auparavant; ainsi elle chasse
d'autour de soy toutes les parties de l'air grossier qui
occupoient cet espace, lesquelles ne sçauroient trouver place dans le monde, qu'en pressant de semblables parties, & en exprimant en mesme-temps de la
matiere subtile, laquelle se mêlant ainsi avec la poudre, compose cette masse sensible qu'on nomme la
flamme. D'où il suit, qu'il y a dans l'air deux mouvemens contraires, l'vn qui unit & assemble ses plus subtiles parties, & l'autre qui écarte ses plus grossieres.
Mais cecy ne dureroit presque qu'un moment, si l'air
grossier condensé à la ronde, ne tendoit à reprendre la
place d'où il a esté chassé; & où aprés que la violence
de la flamme est passée, l'action qui fait sa pesanteur
le fait en effet retomber de toutes parts, & avec une
telle impetuosité, qu'il s'y trouve encore plus condensé qu'ailleurs; Ce qui fait qu'il se refléchit à la ronde, où il se condense encore derechef; puis se rarefiant
& retombant de nouveau, il reprend encore le lieu
qu'il avoit quitté, lequel il abandonne & reprend ainsi
plusieurs fois de suitte; & c'est delà que dépend cette
petite durée du bruit que fait un coup de canon.

Il faut cependant remarquer que l'oreille peut quelquefois avoir esté si rudement émeüe, que son ébranlement peut encore durer quelque-temps aprés que
celuy de l'air est cessé; Et c'est ce qui fait que le sentiment de son continuë quelquefois, lors mesme qu'il
ne reste plus aucune agitation au dehors.

XXXII.
Pourquoy un coup de canon se voit plûtost qu'on ne l'entend.

Comme le tremblement de l'air, en quoy consiste le son, se communique successivement, en sorte qu'il se fait plûtost aux lieux proches du corps resonnant que bien loin au delà de luy, il arrive que le son ne se peut porter un peu loin qu'avec un peu de temps Aussi experimentons-nous, que si l'on tire du canon à une lieuë de nous, nous en voyons la flamme quelque-temps devant que d'en entendre le bruit.

XXXIII.
Pourquoy le son s'affoiblit en s'éloignât du corps resonnant.

Et dautant que le mouvement qui a esté imprimé par le corps resonnant, à l'air voisin, se transmet successivement de l'un à l'autre, & passe mesme toûjours d'une moindre quantité à une plus grande, à mesure qu'il s'en éloigne davantage, il arrive aussi que prés de ce corps, il y a toûjours plus de mouvement dans une portion déterminée d'air, qu'il n'y en a dans une pareille à une distance plus éloignée ; Ainsi, le son se doit d'autant plus affoiblir, qu'il s'étend plus loin du corps resonnant

XXXIV.
Que le son se doit plûtost faire entendre au dessous du vent qu'au dessus.

La propagation du son se peut assez proprement comparer à ces cercles qui se font dans l'eau quand on y a jetté une pierre ; & comme ceux qui se font dans une eau courante, s'étendent plûtost vers le bas de la riviere, que vers le haut, à cause que l'eau où ils se forment les emporte tous entiers vers-là ; L'on doit aussi juger que si le vent emporte l'air vers un certain costé, le tremblement, auquel consiste le son, parviendra plûtost de ce costé-là qu'à l'opposite ; Aussi experimente-t-on, qu'on entend plûtost un coup de canon, & generalement tout autre bruit, au dessous du vent que l'on ne fait au dessus. Et mesme il se pourroit faire que l'air se meût si vite, que ses parties fuiroient

roient de nous, à proportion que le son s'étendroit, &
ainsi, on ne le pourroit en aucune façon entendre.

Le son s'étendant en rond de tous costez, c'est à dire, comme du centre d'une sphere vers la superficie, il peut arriver que les parties d'air qui sont en estat de transmettre leur mouvement à d'autres plus éloignées, rencontrent quelque corps dur qu'elles ne peuvent ébranler; ce qui les doit en quelque façon faire reflechir vers le costé opposé, & ainsi faire qu'elles redonnent leur mouvement aux parties de qui elles l'ont receu, & celles-cy à d'autres; De façon qu'il se doit faire un nouveau trémoussement d'air, au lieu mesme où il a commencé, & où il y a déja peut-estre quelque temps qu'il a cessé; Et par consequent, l'on y doit entendre pour la seconde fois, le mesme son qu'on y a oüy auparavant; Et c'est ce son ainsi redoublé que l'on appelle *un Echo*.

XXXV.
Comment se fait l'Echo.

S'il se rencontroit plusieurs corps à diverses distances, lesquels pûssent reflechir le son, comme celuy qui rejailliroit de plus loin, agiroit sur l'oreille aprés que l'impression d'un autre seroit déja toute effacée, il devroit à son tour produire un nouveau sentiment de son; Ainsi il est evident qu'il se peut rencontrer des Echos qui repeteront un mesme mot plusieurs fois de suitte.

XXXVI.
Comment il arrive qu'un Echo repete plusieurs fois ce que l'on a dit.

Selon la diverse cheute de l'air sur les corps qui reflechissent le son, il doit rejaillir tantost vers un costé, & tantost vers un autre; ce qui est cause qu'il y a des Echos, où celuy qui parle n'entend point repeter ses paroles, que d'autres qui sont à

XXXVII
Pourquoy celuy qui parle n'entend pas toûjours l'Echo.

K k

quelques pas delà entendent repeter fort diftinctement..

XXXVIII.
En quoy con-
fiftent les
differentes ef-
peces du fon.

Pour ce qui eft de la diverfité qui fe rencontre dans
les fons, laquelle fait qu'on en établit de diverfes ef-
peces, comme de graves & d'aigus, les inftrumens de
mufique nous font affez connoiftre qu'elle confifte
dans la diverfité du mouvement, foit du corps refonnant, foit de l'air qu'il agite: Car de ce que les cordes de luth rendent un fon d'autant plus aigu qu'elles
font plus tenduës, & qu'au contraire elles rendent un
fon d'autant plus grave qu'elles le font moins, eftant
d'ailleurs certain que plus des cordes font tenduës, plus
le mouvement qu'elles impriment à l'air eft fubit &
preffé, il s'enfuit que la forme *du fon aigu* confifte dans
la vîteffe & le redoublement prompt & fubit du mouvement duquel dépend le fon, & que la forme *du fon*
grave confifte dans fa lenteur.

XXXIX.
Comment
plufieurs fons
fe font
entendre.

Lors que deux corps refonnans agiffent fur l'air en
mefme temps, ils luy doivent imprimer un mouvement
compofé des deux qu'ils produiroient s'ils agiffoient
feparément; & l'air doit en fuitte ébranler d'une telle
maniere l'organe de l'oüye, qu'il en refulte une fenfation qui participe des deux que ces corps exciteroient
par des impreffions feparées.

XL.
En quoy con-
fiftent les ac-
cords des
fons.

Et fi ces deux corps refonnans convenoient tellement dans leurs actions, que les fecouffes qu'ils donne-
roient à l'air pendant un certain temps fuffent com-
menfurables, c'eft à dire, qu'à chaque fois qu'un de ces
corps frappe l'air, l'autre le frappaft de mefme, ou pour
le moins qu'ils s'accordaffent à le frapper enfemble

de deux coups l'un, ou de trois coups l'un, alors l'o-
reille feroit frappée fi uniformement, & avec tant de
mefure, qu'elle s'appercevroit de leur cheute, & fe plai-
roit à leur cadence. Et il eft à croire que c'eft dans
cette commenfurabilité de fecouffes que confiftent les
accords que les Muficiens appellent *l'uniffon*, *l'octave*,
la quinte, *la tierce*, *&c.*

Au contraire, fi les fecouffes que deux corps refonnans impriment à l'air eftoient incommenfurables, c'eft
à dire, fi elles ne s'accordoient point dans leurs cheu-
tes, & ne faifoient enfemble aucune cadence, on devroit s'appercevoir de l'inégalité de ce fon, & comme
il ne mouveroit pas uniformément l'oreille, il ne produiroit aucun accord; & il eft à croire que c'eft dans
cette incommenfurabilité de fecouffes, que confiftent
les tons que les Muficiens appellent *difcordans*.

A l'occafion de ce qui vient d'eftre dit des fecouffes que les corps refonnans impriment à l'air, quelqu'un fe pourra peut-eftre perfuader que celles que les
cordes de luth luy impriment ne font pas égales, mais
qu'elles font d'abord fort frequentes, & qu'elles le font
beaucoup moins lors que leur mouvement fe ralentit;
Mais il ne fera pas difficile de le convaincre du contraire, en luy faifant remarquer que la lenteur qu'a le
mouvement de la corde vers la fin de fon agitation,
peut eftre compenfée par le peu de chemin qu'elle a
lors à faire; en forte qu'elle n'employe ny plus ny moins
de temps, pour faire fes premieres allées & venuës,
qui font fort grandes, que pour faire les dernieres, qui
font plus petites.

K k ij

Il est vray que pour s'assurer de cette verité par l'experience, il faut user de quelque industrie: Car il est impossible de le pouvoir faire par le moyen des cordes de
luth, à cause du peu de temps qu'elles employent pour
faire plusieurs centaines de vibrations ou de secousses. Mais parce qu'il s'agit icy d'un mouvement semblable à celuy d'un poids qui pend dans l'air au bout
d'une corde, il faut penser que ce que l'on peut observer en l'un de ces mouvemens, arrive pareillement en
l'autre; Or l'experience nous apprend que si l'on retire
ce poids de la ligne perpendiculaire, & qu'aprés cela
on le laisse aller en liberté, toutes les allées & venuës
qu'il fait, jusqu'à ce qu'il soit parvenu à son repos, se
font dans un temps égal : Car si l'on prend la peine
de compter combien, par exemple, se feront de bat-
temens d'arteres dans les vingt premieres, l'on trouvera qu'il s'en fera tout autant dans les vingt suivantes,
ou dans vingt autres telles que l'on voudra choisir; Et
cette experience seule suffit pour nous faire conclure
que toutes les secousses d'une corde d'instrument se
font dans un temps égal, & qu'ainsi les dernieres s'a-
chevent en aussi peu de temps que les premieres. Or
comme cette experience est aisée à faire, & qu'elle
est curieuse, & mesme qu'elle peut servir de principe à
plusieurs belles & importantes conclusions de Musi-
que, il seroit à propos que chacun se donnast la peine
d'observer le mouvement de ces pendules, & qu'on en
fist mouvoir plusieurs à la fois : Car on verroit alors
que ceux qui sont d'égale longueur, & qui d'ailleurs
ont toutes choses égales, achevent leurs allées & ve-

nuës en mefme-temps, & que ceux qui font d'inégale longueur les font en des temps inégaux, fçavoir les plus courts en moins de temps que les autres ; en telle forte que leurs vibrations font entr'elles en raifon reciproque des racines quarrées de leur longeur ; Et ainfi, l'on auroit la confirmation de ce que nous avons cy-devant avancé, touchant la commenfurabilité des fons, & les accords de mufique.

L'on comprendroit auffi fort clairement comment fe font les diverfes flexions de la voix, & comment il eft poffible qu'une mefme bouche faffe oüir fucceffivement un fon grave & un fon aigu. Dont la raifon eft, que la luette qui couvre le canal de la refpiration, & qui s'en-trouvre pour laiffer fortir l'air qui doit former la voix, fe hauffe & fe baiffe comme il nous plaift, fçavoir, quelquefois toute entiere, & jufqu'à la racine, & quelquefois auffi feulement en partie ; Or ce qui fe leve de la forte, & qui fe leve mefme à diverfes reprifes, & comme en tremblant, pour laiffer fortir l'air de mefme, reffemble aux pendules ; D'où il fuit, que les tremble-mens de la voix font d'autant plus frequens, que la partie de la luette, à qui le mouvement eft permis, eft moins grande ; & qu'au contraire ils font les moins frequens qu'ils peuvent eftre, lors que la luette a la liberté de fe mouvoir toute entiere. Et c'eft de cette flexibilité de la luette que dépend toute la varieté des tons de la voix : Car l'air qui fort des poulmons fe reffentant de la differente flexion de la luette, imprime à l'air de dehors le mouvement qu'il a receu en fortant, lequel frappant diverfement l'oreille, eft caufe de toute

XLIV.
Comment fe font les diverfes flexions de la voix ; & pourquoy les enfans ont ordinairemét la voix plus aigüe que les perfonnes âgées.

K k iij

la diverſité que l'on remarque dans les ſons. Et dautant que les enfans ont ordinairement toutes les parties de leurs corps proportionnées à leur grandeur, & qu'ils ont la luette plus petite que les autres hommes, c'eſt la raiſon pourquoy ils ont auſſi la voix plus claire.

XLV.
La cauſe de la ſympathie des cordes qui ſont à l'uniſſon.

L'on ne trouveroit meſme plus de difficulté à rendre raiſon d'une experience qui a ſurpris d'abord beaucoup de perſonnes; qui eſt, que ſi deux cordes d'un meſme luth, ou de deux luths differens, mais voiſins l'un de l'autre, ſont à l'uniſſon, on n'en ſçauroit toucher l'une, que l'autre ne reſonne, ou du moins ne tremble en meſme-temps ; laquelle ne branle point, quand on touche une autre corde voiſine, qui n'eſt point d'accord avec elle. Or la raiſon de cette experience, eſt, que les cordes qui ſont à l'uniſſon, ſont capables de ſemblables vibrations ; De ſorte que l'air qui eſt remué par l'une, imprime fort à propos ſes meſmes ſecouſſes à l'autre ; Ce qui ne ſçauroit arriver, quand deux cordes n'eſtant pas à l'uniſſon, ne ſont aucunement d'accord enſemble ; dautant que l'air qui eſt ébranlé par l'une, ne trouve point l'autre diſpoſée à ſuivre ſon mouvement, & qu'aprés la premiere ſecouſſe, toutes les autres ſe donnent mal à propos, & font comme des contre-temps qui ruinent l'effet les unes des autres.

XLVI.
Que cette ſympathie ſe rencontre en d'autres corps.

Cette experience a eſté le ſujet de l'admiration de pluſieurs il y a déja long-temps, & quelques-uns meſme ont tâché de l'expliquer, en diſant qu'il y avoit de la ſympathie entre ces deux cordes ; Mais outre que ce n'eſt rien dire que de parler de la ſorte, vous remar-

querez que la difpofition qu'a un corps à fe mouvoir,
quand un autre ébranle l'air, fe rencontre encore en
d'autres corps, que dans des cordes de luth, ou autre
inftrument de mufique; ainfi que je l'ay experimenté
pendant les dernieres guerres; où j'ay veu que les vitres
d'une maifon trembloient fort fenfiblement, toutes les
fois qu'on battoit la garde avec un certain tambour, &
que les mefmes vitres ne trembloient point, quand
on la battoit avec d'autres, qui faifoient mefme plus
de bruit.

J'eftime qu'on peut rapporter à ces fortes de mouvemens, la caufe d'un certain fremiffement que l'on ref-
fent quelquefois dans toutes les parties du corps, &
qui femble mefme paffer jufques au cœur, quand on
entend le fon d'une trompette, ou de quelque autre inftrument : Car il fe peut faire que le fang foit alors tellement difpofé, que fes parties obeïffent fort aifément au
tremblement de l'air.

XLVII.
Quelle eft la
caufe du fre-
miffement
que l'on ref-
fent quand
on entend
une trom-
pette.

Et dautant que la membrane de l'oreille, qui eft
meüe par l'agitation de l'air exterieur, & dont les diverfes fecouffes excitent differens mouvemens dans les filets des nerfs de l'oüye, reffemble à une peau de tambour, ce qui fait que quelques-uns l'appellent le tim-
pan de l'oreille, je crois qu'elle eft plus ou moins fuf-
ceptible d'un certain ébranlement, felon qu'elle eft
plus ou moins tenduë; Et ainfi, je me perfuade aifément, que nous la tendons ou la relâchons quelquefois,
pour recevoir plus fenfiblement l'impreffion du fon, &
faire qu'elle foit mieux d'accord avec le mouvement de
l'air exterieur; De forte que l'attention ne confifte en

XLVIII.
Comment on
fe rend at-
tentif pour
oüir diftinc-
tement.

autre chose sinon à tendre ou à relâcher comme il faut
cette membrane, & à l'arrester en suitte dans la situation où elle reçoit mieux l'impression & le mouvement
que le son imprime à l'air de dehors.

CHAPITRE XXVII.

De la Lumiere, & des Couleurs ; du Transpa-
rent, & de l'Opaque.

I.
Premiere si-
gnification
des mots de
lumiere &
de couleur.

SI nous devons jamais estre soigneux de bien prendre garde à l'exacte signification des mots, afin de
ne nous pas laisser surprendre par quelque équivoque,
c'est principalement à l'égard de la lumiere,& de la couleur, dont on se sert communement pour signifier des
choses fort differentes, & que la plus-part des hommes
confondent ordinairement. Remarquez donc premierement, que comme on a donné le nom de douleur,
au sentiment qu'une épingle excite en nous quand on
nous picque ; de mesme on a donné le nom de *lumiere*
au sentiment que nous avons quand nous regardons le
soleil ou la flamme ; & celuy de *couleur*, au sentiment
qu'excitent en nous les divers objets qu'on nomme colorez ; & en particulier on a donné le nom de couleur blanche, & celuy de couleur verte aux sensations
que l'herbe & la neige ont coûtume de produire en
nous.

II.   Secondement, par ces mots de lumiere & de couleur

leur, on entend ce qu'il y a de la part des objets exterieurs, au moyen dequoy ils peuvent exciter en nous
les sentimens dont je viens de parler; Ainsi, par la lumiere de la flamme, on entend un certain je ne sçay
quoy, par le moyen duquel elle fait naistre en nous le
sentiment de la lumiere, & par la blancheur de la neige, on entend un autre je ne sçay quoy, par le moyen
duquel elle fait naistre en nous le sentiment de la blancheur.

Seconde si-
gnification
des mots de
lumiere &
de couleur.

Et dautant que les objets qu'on nomme lumineux,
comme le soleil & la flamme, ne s'appliquent pas immediatement à nos yeux, mais agissent par l'entremise
de quelques autres corps qui sont entre deux, comme
par exemple, par l'entremise de l'air, de l'eau, ou du
verre; quoy que ce puisse estre qu'ils impriment dans
ces milieux, cela s'appelle encore *lumiere*, mais lumiere *seconde*, ou *dérivée*, pour la distinguer de celle
qui est dans les objets lumineux, que quelques-uns ont
appellée lumiere *primitive*, ou *radicale*.

III.
Troisiéme si-
gnification
du mot de
lumiere.

Quant aux corps qu'on nomme *transparens*, ce sont
ceux par l'entremise desquels les objets lumineux agissent sur nos yeux pour exciter en nous le sentiment de la
lumiere, & au travers desquels les couleurs se font aussi
sentir. Et pour les *opaques*, ce sont ceux qui interrom-
pent l'action des corps lumineux ou colorez, ou au travers desquels la lumiere ny les couleurs ne se font point
sentir.

IV.
Signification
des mots de
transparent
& d'opaque.

Je n'entreprens pas de vous décrire ce que c'est que
la lumiere & les couleurs dans la premiere signification,
je laisse à vous en éclaircir vous-mesme par vostre pro-

V.
Que le senti-
ment de lu-
miere ou de

couleur ne se peut décrire.

pre experience : Car j'eftime qu'il eft auffi impoffible de faire comprendre à un autre le propre fentiment que l'on a des couleurs, que d'en faire avoir l'idée à un aveugle de naiffance.

VI.
Qu'un mefme objet vifible n'excite pas neceffairement un mefme fentiment en deux perfonnes differentes.

J'oferay pourtant bien affurer, que comme il arrive fouvent qu'une mefme viande excite en mefme-temps des goufts fort differens en deux diverfes perfonnes, de mefme il fe peut faire que deux hommes ayent des fentimens fort diffemblables en regardant de mefme façon un mefme objet ; Et j'en fuis d'autant plus perfuadé, que j'en ay une experience qui m'eft toute particuliere : Car m'eftant une fois arrivé de m'eftre laffé & bleffé l'œil droit, à force de regarder pendant plus de douze heures, au travers d'une lunette de longueveuë, le combat de deux Armées, qui fe faifoit à une lieüe de moy, je me trouve maintenant la veuë tellement difpofée, que quand je regarde des objets jaunes avec l'œil droit, ils ne me paroiffent plus comme ils faifoient auparavant, ny comme ils me paroiffent encore aujourd'huy quand je les regarde avec le gauche ; Et ce qui eft admirable, c'eft que je ne remarque pas la mefme diverfité en toutes fortes de couleurs, mais feulement en quelques-unes, comme par exemple dans le vert, qui me paroift approchant du bleu quand je le regarde avec l'œil droit. Cette experience que j'ay me fait croire qu'il y a peut-eftre des hommes qui apportent en naiffant, & qui confervent toute leur vie, la difpofition que j'ay prefentement dans l'un de mes yeux, & qu'il y en a peut-eftre d'autres qui ont celle que j'ay dans l'autre ; De quoy cependant il n'eft pas poſſible que ny eux ny perſonne s'apperçoive, à cauſe que chacun s'accoûtume à nommer le ſentiment que produit en luy un certain objet, du nom qui eſt déja en uſage ; mais qui pour eſtre commun aux divers ſentimens que chacun peut avoir, n'en eſt pas moins équivoque.

Avant que d'en venir à la recherche que je veux faire de ce que peut eſtre la lumiere, & la couleur d'un ob-jet, qui eſt le but particulier de ce diſcours, nous re-marquerons qu'Ariſtote a traitté de la meſme choſe au Chapitre ſeptiéme du ſecond livre de l'Ame ; où aprés avoir dit que la couleur dépend de la lumiere pour eſtre veuë, il conclud qu'il doit y avoir une mutuelle dépendance dans l'explication de ces deux qualitez. Et pour établir ce que c'eſt que la lumiere, il préſuppoſe qu'il y a des corps tranſparens, tels que ſont l'air, l'eau, la glace, le verre, & pluſieurs autres ; Mais comme on ne ſçauroit voir la nuit au travers de tous ces corps, il dit qu'en ce temps-là ces corps ne ſont tranſparens, qu'en puiſſance, & que de jour ils ſont & deviennent actuel-lement tranſparens; Et dautant qu'il n'y a que la lumiere qui puiſſe reduire cette puiſſance en acte, il conclud que *la Lumiere eſt l'acte du tranſparent, entant que tranſ-parent.*

VII.
Doctrine d'Ariſtote touchant la lumiere.

Quant à la couleur, il fait remarquer que l'objet dans lequel elle ſe rencontre, ne s'appliquant pas immedia-tement à nos yeux pour exciter en nous quelque ſenſa-tion, elle doit premierement mouvoir le milieu qui ſe rencontre entre elle & nous ; Et parce qu'elle ne ſe fait point ſentir au travers des corps opaques, & que

VIII.
Sa doctrine touchant les couleurs.

nous ne voyons pas mefme au travers de ceux qui n
font tranfparens qu'en puiffance, il conclud que *la cou
leur eft ce qui meut le corps qui eft actuellement tranfpa
rent.*

IX.
*Qu'il n'a pas
affez expli-
qué ce que
c'eft que la
lumiere, &
la couleur.*

Quoy que dans le Chapitre que je viens de citer, Ari
tote n'ait point autrement approfondi cette matiere
il ne laiffe pas de dire qu'il a fuffifamment expliqué c
que c'eft que la lumiere, la couleur, & la tranfparenc
& il n'employe prefque le refte de fon difcours qu'à r
futer l'opinion de quelques Philofophes qui l'ont pr
cedé. Il ajoûte neantmoins que la lumiere n'eft pas u
feu, ny auffi un corps qui paffe du corps lumineux
qui foit receu dans le tranfparent, mais bien feulemer
la prefence du feu, ou de quelqu'autre corps lumineu
au corps tranfparent. Or en faifant reflexion fur cett
doctrine, je ne trouve pas qu'il y ait dequoy eftre ple
nement fatisfait, en forte qu'il ne faille pas aller pl
loin que n'a efté Ariftote, ou du moins expliquer u
peu plus diftinctement fa penfée : Car il eft certain qu
nous laiffe encore à rechercher plus particuliereme
la nature du corps tranfparent, auffi-bien que celle
corps lumineux, & ce que la prefence de ce derni
opere en l'autre pour reduire fa puiffance en acte ; & d
plus quelle eft cette autre chofe qui meut le corps q
eft actuellement tranfparent.

X.
*Quelle eft la
penfée de fes
fectateurs,
touchant la
lumiere &
les couleurs.*

C'eft ce qu'ont déja reconnu les Interpretes d'Ari
tote ; Mais quoy qu'ils euffent pû tirer quelque éclai
ciffement de ce qu'il a dit dans fes problémes, & par
culierement dans le foixante & uniéme de la onziér
Section, ils ont negligé ce qu'il a dit en ce lieu-là,

plûtoſt ils ne l'ont pas compris, pour avancer une choſe à laquelle il ne paroiſt pas qu'Ariſtote ait jamais ſon-
gé ; à ſçavoir, que la lumiere & les couleurs, dans les
ſujets qu'on nomme lumineux ou colorez, ſont des qualitez tout-à-fait ſemblables aux ſentimens que nous
avons à leur occaſion ; que quelques-uns meſme font
naiſtre du mélange du chaud, du froid, du ſec, & de
l'humide. Et pour preuve de cecy, outre qu'ils ſe perſuadent d'avoir Ariſtote de leur coſté, ils diſent qu'il
ſeroit impoſſible que les corps lumineux ou colorez
cauſaſſent en nous les ſentimens que nous experimentons, s'ils n'avoient en eux quelque choſe de ſemblable
à ce qu'ils nous font ſentir ; dautant, ajoûtent-ils, que
rien ne donne ce qu'il n'a pas.

Mais outre qu'Ariſtote n'a rien dit poſitivement de
tout ce qu'ils avancent, l'autorité ne ſert de rien où
l'on cherche ſeulement des raiſons ; Et pour celle qu'ils
alleguent, il paroiſt aſſez que ce n'eſt qu'un ſophiſme,
pour peu que l'on faſſe de reflexion ſur la douleur que
l'on experimente quand on eſt picqué d'une épingle :
car cela nous montre qu'il n'eſt pas impoſſible qu'un
objet puiſſe exciter un ſentiment auquel il n'a rien de
ſemblable. Ce qui ſe confirme encore s'il eſt vray que
deux hommes voyent diverſement un meſme objet,
comme j'ay remarqué que je voyois diverſement le
jaune par les deux yeux.

XI.
Que leur penſée n'eſt pas prouvée.

Mais ce qui montre tres évidemment qu'il n'eſt nullement neceſſaire qu'il y ait de la reſſemblance entre
la qualité de l'objet & le ſentiment qu'il excite, c'eſt
qu'il eſt tres-aſſuré que nous avons des ſentimens fort

XII.
Qu'elle eſt fauſſe.

vifs de rouge, de jaune, de bleu, & de toute autre forte de couleurs, en regardant au travers d'un prifme triangulaire de verre, quoy qu'on ne puiffe pas foupçonner qu'il y ait rien en luy de femblable au fentiment qu'il excite en nous.

XIII.
Abfurdité de l'opinion de quelques Ariftoteliciens.

Ce que quelques-uns difent de la naiffance des couleurs eft encore plus abfurde : Car quel rapport peut-il y avoir entre les idées qu'ils nous donnent du chaud, du froid, du fec, & de l'humide, & celle qu'ils veulent que nous ayons des couleurs ? Si ce qu'ils difent eftoit veritable, il s'enfuivroit delà qu'un mefme objet devroit paroiftre aux yeux avec autant de diverfité, qu'il eft capable d'exciter de fenfations differentes, en le touchant ; Ce qui ne s'accorde pas avec l'experience ; au contraire, il y a des corps qui fe colorent d'une certaine façon en s'échauffant fur le feu, comme l'acier poli, & les efcrevices, lefquels ne changent plus de couleur quand on les refroidit en les trempant dans l'eau.

XIV.
Comparaifon du fentiment de la lumiere avec le fentiment de la douleur.

Laiffant donc à part l'opinion d'Ariftote, & de fes Sectateurs, touchant la lumiere & les couleurs, penfons maintenant au party que nous avons à prendre fur ce fujet. Et premierement, comme nous n'avons aucune raifon qui nous oblige à dire que la lumiere des corps lumineux foit autre chofe que le pouvoir qu'ils ont de produire en nous le fentiment fort clair & fort vif que nous avons en leur prefence, ne fe pourroit-il pas bien faire que ce pouvoir qu'ils ont, reffemblaft à celuy qu'a une épingle de faire naiftre en nous de la douleur ? Comme donc cette fenfation que caufe en nous une épingle, préfuppofe feulement de

noſtre part une capacité de ſentir, & n'admet rien du
coſté de l'épingle que ſa figure & ſa dureté, au moyen
dequoy elle peut ſeulement cauſer quelque diviſion
dans l'endroit où on l'applique; De meſme, penſons
que le ſentiment de la lumiere depend de ce que nous
ſommes capables de ſentir de cette façon particuliere,
& de ce qu'il y a dans les pores des corps tranſparens
une matiere aſſez ſubtile pour penetrer meſme le verre,
& toutesfois aſſez puiſſante pour ébranler les petits filets qui ſont au fond de nos yeux. Deplus, comme une
épingle a beſoin de quelque Agent qui la pouſſe vers
nous; de meſme, penſons que cette matiere doit eſtre
pouſſée par le corps lumineux, avant qu'elle puiſſe faire
aucune impreſſion ſur l'organe de la veuë.

Ainſi, la *lumiere primitive* conſiſtera dans un certain mouvement des parties du corps lumineux, qui les
rend capables de pouſſer à la ronde la matiere ſubtile
qui remplit les pores des corps tranſparens ; & l'inclination à ſe mouvoir, ou la tendance qu'a cette matiere à s'éloigner en ligne droite du centre du corps
lumineux, conſtituera l'eſſence de la *lumiere ſeconde*, ou
derivée. D'où il eſt aiſé de conclure que *la forme du
corps tranſparent* conſiſtera dans la rectitude de ſes pores, ou plûtoſt en ce qu'ils le traverſeront de tous côtez
ſans interruption. Et au contraire un corps ſera *opaque*,
parce qu'il n'aura pas ſes pores tout droits, ou s'il en a
quelques-uns, parce qu'il n'en ſera pas entierement &
de tous coſtez penetré.

XV.
*Ce que c'eſt
que la lu-
miere, la
tranſparen-
ce,& l'opaci-
té ſelon ma
penſée.*

Je ne pretens pas maintenant que tout cela ſoit autrement receu que comme une ſimple conjecture ; Mais

XVI.
*Comment
ma penſée*

se peut con-
firmer.
si je fais voir cy-aprés qu’elle n’enveloppe rien de particulier qui ne soit tres-vray, & que l’on en peut déduire jusques aux moindres proprietez de la lumiere, j’espere que ce qui ne passe maintenant que pour une conjecture, sera receu comme une verité tres-certaine & tres-manifeste.

XVII.
Qu’il y a en nous une capacité de sentir lumiere.

Et premierement, pour montrer que nous avons en nous la capacité de sentir de cette façon qu’on appelle lumiere, sans qu’il soit besoin qu’il y ait rien de semblable au dehors, l’experience nous en convainc évidemment: Car si dans les tenebres les plus obscures on se frotte les yeux d’une certaine façon, ou si par hazard on reçoit un coup assez rude, & que de ce coup les parties interieures de l’œil soient notablement ébranlées, on voit des lumieres & des étincelles fort vives, lesquelles cessent aussi-tost que ce mouvement est cessé.

XVIII.
Que l’existence d’une matiere subtile a déja esté prouvée.

De plus, l’existence d’une matiere assez subtile pour penetrer les pores des corps transparens, & dont l’inclination à s’éloigner en ligne droite du centre du corps lumineux, passe icy pour la lumiere seconde, ou derivée, a esté suffisamment prouvée, en demontrant cy-dessus la necessité du second Element ; Et l’on peut dire que sans elle, il n’arriveroit rien, de tout ce que nous avons remarqué qui arrivoit , en expliquant les mouvemens qu’on avoit coûtume d’imputer à la crainte du vuide.

XIX.
Que le corps lumineux pousse cette matiere à la ronde; & en

Il ne reste plus qu’à faire voir que le corps lumineux pousse actuellement à la ronde cette matiere ; Ce qui se trouvera veritable, s’il est vray qu’il ait des parties fort petites, & avec cela fort agitées. Parcourons donc

tous

tous les corps dont nous avons connoiſſance, & dans leſquels nous ſçavons que la proprieté de luire ſe rencontre; & voyons ſi les parties dont ils ſont compoſez ont la petiteſſe & l'agitation que nous requerons. Et pour commencer par la flamme, il a déja eſté remarqué ſi clairement, qu'elle eſt compoſée de parties tres-delicates, qui ſe meuvent ſeparément les unes des autres, & qui outre cela ſe meuvent extraordinairement vîte, qu'il ſeroit ſuperflu de s'y arreſter dauantage.

quoy conſiſte
la lumiere de
la flamme.

Nous voyons auſſi qu'on fait naître des étincelles fort brillantes, lors qu'on frappe un caillou contre un fuzil, ou deux cailloux l'un contre l'autre, ou en frappant une canne d'Inde contre une autre canne, ou en paſſant les mains ſur le dos d'un chat dans un lieu fort obſcur, & dans un temps froid & ſec, & en une infinité d'autres rencontres, dans leſquelles deux corps ſe frottent rudement l'un l'autre. Ce qui n'arrive qu'à cauſe que quelques-unes des particules de ces corps, ſe trouvant engagées entre deux quand ils ſe choquent, acquierent en s'échappant un mouvement ſemblable à celuy des parties de la flamme, au moyen dequoy elles pouſſent comme elles les petites boules du ſecond Element qui ſont à la ronde.

XX.
D'où vient
qu'on fait
naiſtre des
étincelles en
frappant
deux corps
durs l'un
contre l'au-
tre.

Il y a auſſi certain bois, qui en ſe pourriſſant luit aſſez ſenſiblement, auſſi-bien que quelques poiſſons quand ils commencent à ſe corrompre; Or un corps ne ſe pourrit ou ne ſe corrompt que par le mouvement de ſes parties, dont quelques-unes meſme s'envolent, comme il eſt aſſez évident dans le bois pourry, que la

XXI.
La cauſe de
la lumiere
du bois pour-
ri; & de
quelques
poiſſons qui
ſe corrom-
pent.

M m

grandeur de ſes pores, & ſa legereté, rendent autant different de ce qu'il eſtoit auparavant, que le charbon differe du bois dont il eſt fait; Il faut donc avoüer que le mouvement des parties que nous avons ſuppoſé dans le corps lumineux, ſe rencontre encore dans ceux-cy.

XXII.
De la lumiere des vers luiſans.

Nous ne connoiſſons pas ſi évidemment quel eſt le mouvement qui fait que certains vers & quelques mouches luiſent dans les tenebres; Toutesfois il eſt vray-ſemblable que ces inſectes exhalent quelque matiere qui a du rapport avec la ſueur des autres animaux, & que c'eſt cela qui pouſſe le ſecond Element; ce qui ſe confirme par ce qu'ils ceſſent de luire en mourant.

XXIII.
De la lumiere du Soleil & des Etoiles.

Le Soleil & les Etoiles ſont les corps les plus lumineux que nous connoiſſions; Mais parce qu'ils ſont trop éloignez de nous, il eſt impoſſible de faire voir par aucune experience immediate que toutes leurs parties ſont en mouvement; Tout ce que l'on en peut dire, c'eſt que nous n'y remarquons rien qui y ſoit contraire; C'eſt pourquoy, comme nous experimentons par leur moyen les meſmes effets que la flamme produit en nous, nous devons auſſi penſer qu'ils luy reſſemblent en ce par quoy elle les produit; à ſçavoir, dans le mouvement de leurs parties.

XXIV.
Que les Naturaliſtes ſe ſont trompez, en ce qu'ils nous ont rapporté touchant

Si ce que l'on dit de l'Eſcarboucle & du Diamant eſtoit veritable; à ſçavoir, qu'ils luiſent au milieu des tenebres, j'avoüerois franchement que je me ſerois trompé dans tout ce que je viens de dire touchant la lumiere, n'y ayant aucune apparence que ces corps, qui

font fi durs, foient compofez de parties qui ayent tou- *l'Efcarboucle*
tes feparément quelque forte d'agitation ; Auffi eft-il *& le Dia-*
certain que de femblables propofitions ne font que des *mant.*
difcours en l'air, avancez témerairement & fans preuve, & fur les faux rapports d'autruy, ayant moy-mefme
fouventes-fois éprouvé le contraire.

Il eft bien vray qu'un diamant brille affez notable- XXV.
ment dans un lieu mediocrement éclairé ; mais la rai- *En quoy con-*
fon en eft, qu'il eft tellement taillé, que ces facettes *du diamant.*
détournent toute la lumiere qu'elles reçoivent vers un
mefme endroit ; comme je l'expliqueray plus particulierement cy-aprés, lors que je parleray de la réfraction
de la lumiere.

L'on a écrit depuis peu d'Angleterre, qu'on avoit XXVI.
experimenté que certains diamans luifoient dans les *De la lumie-*
tenebres, aprés avoir efté frottez, & que leur lumiere, *re d'un dia-*
qui ne dure que tres-peu, eftoit affez éclatante pour y *mant qui a*
pouvoir lire un mot ou deux ; C'eft ce que je n'ay pû *efté frotté.*
encore remarquer dans quelques diamans dont je me
fuis fervy ; Toutesfois cela peut bien eftre veritable,
fans eftre contraire à ce que j'ay écrit cy-deffus : Car
le frottement peut exciter quelque agitation, finon
dans les parties du diamant, au moins dans quelque
matiere contenuë dans fes pores, laquelle continuant à
fe mouvoir, comme fait la flamme qui eft dans les pores
d'un charbon embrafé, peut quelque-temps pouffer le
fecond Element qui eft alentour, & le difpofer à exciter
un petit fentiment de lumiere.

Si nous n'avons point de pierre precieufe qui luife XXVII.
au milieu des tenebres, nous en avons une qui eft ve- *De la pierre*
de Boulongne

ritablement lumineuſe ; C'eſt une pierre qu'un Chy-miſte d'Italie a trouvée par hazard auprés de Boulon-gne, dans un lieu où un torrent avoit coulé ; L'ayant retirée du feu, où elle avoit demeuré prés de ſix heures, & l'ayant laiſſé refroidir, il s'eſt le premier apperceu qu'expoſant quelque-temps cette pierre à la lumiere, & la portant en ſuitte dans les tenebres, elle y luiſoit, comme fait un charbon de feu couvert d'un peu de cendres. J'en ay vû qui luiſoient prés d'un demy quart d'heure, aprés quoy leur lueur ſe paſſoit, & on la leur redonnoit quand on vouloit, en les expoſant quelque-temps à la lumiere de l'air.

XXVIII.
La raiſon de la lumiere de cette pierre.

Or cela arrive vray-ſemblablement, de ce que le feu a rendu cette pierre extrêmement poreuſe, en ſorte que parmy ſes parties qui ont beaucoup perdu de leur liaiſon, il y en a quelques-unes qui ſont ſi ſuſceptibles d'ébranlement, que la ſeule lumiere de l'air eſt capable de les agiter, & ſi diſpoſées à le retenir, qu'elles peuvent le conſerver hors de la preſence du corps lumineux qui les a meuës ; Et cela ſe confirme, en ce que quand on reïtere pluſieurs fois cette experience, ces parties s'exhalent, & la proprieté de luire s'éteint pour jamais dans cette pierre ; laquelle proprieté ne s'y ſçauroit meſme garder plus de quatre ou cinq ans, quoy qu'on la tienne ſoigneuſement enfermée dans une boëte, & hors de l'atteinte de la lumiere.

XXIX.
Confirmation

Pour plus grande confirmation de ce que je dis, conſiderez que ſi l'on avoit laiſſé trop long-temps cette pierre dans le feu, ou ſi ſans l'y laiſſer plus de ſix heures, le feu avoit eſté extraordinairement ardent, comme il

auroit pû alors enlever toutes les parties qui ne refif-
tent pas invinciblement à fon action, il arriveroit que
les parties qui refteroient feroient fi maffives, qu'elles
ne pourroient eftre aucunement ébranlées par la lumiere, auquel cas cette pierre devroit eftre incapable de luire ; auffi eft-ce ce que l'experience nous fait
voir.

Aprés avoir montré la verité des trois chofes que
comprend la conjecture que nous avons faite touchant
la lumiere qu'on appelle Premiere ou Primitive, la
premiere chofe que nous remarquerons à l'occafion
de celle qu'on appelle Seconde ou Derivée, eft, que
puis qu'elle ne confifte pas dans le mouvement actuel
de cette matiere fubtile qui remplit les pores des corps
tranfparens, mais feulement dans la tendance ou l'inclination à fe mouvoir qu'a cette matiere, il fuit delà
neceffairement que le corps lumineux, pour éloigné
qu'il foit, doit tranfmettre fon action & fe faire fentir
en un inftant ; à caufe que cette matiere qu'il pouffe eft
continüement étenduë ; & que femblable en cela à un
bafton qui feroit fort long, le corps lumineux ne fçauroit pouffer la plus proche, que celle qui eft la plus
éloignée ne fe trouve en mefme-temps difpofée à fe
mouvoir, & à avancer.

XXX.
Que l'action
de la lumiere
fe doit éten-
dre en un
moment à
toute forte de
diftance.

Mais peut-eftre croirez-vous que cette fuitte de matiere comprife entre un point du corps lumineux & un
point de l'objet qu'il éclaire, qui eft ce qu'on nomme
un rayon materiel de lumiere, feroit plus à propos comparé
à un filet qu'à un bafton, à caufe que toutes fes parties ne font pas liées enfemble, comme font les fiennes ;

XXXI.
Difficulté
touchant
l'action des
rayons de
lumiere.

& ainſi vous pourriez penſer , que comme on peut mouvoir le bout d'un filet, ſans que l'autre bout avance le moins du monde ; de meſme le corps lumineux peut pouſſer la matiere du ſecond Element, à laquelle il s'applique, ſans qu'il ſoit neceſſaire que l'impreſſion s'étende bien loin au delà. Toutesfois ſi vous conſiderez que le monde eſt plein, & qu'un rayon de lumiere en a toûjours quantité d'autres autour de luy, qui l'empêchent de ſe plier, comme fait un filet qui n'eſt point entouré de pluſieurs autres , vous jugerez vous-meſme que chaque rayon de lumiere doit tranſmettre l'action du corps lumineux, de meſme que s'il eſtoit roide comme un baſton.

XXXII.
Qu'un corps peut continuer ſon action par l'entremiſe d'un liquide.

Et afin d'éclaircir ce qu'il peut y avoir en cela de difficile, comparez cette action du ſecond Element qui tranſmet la lumiere, à l'action de l'eau qui eſt dans un gros & long tuyau fermé par le bas ; & conſiderez, que de pluſieurs filets qui compoſent cette groſſe colomne d'eau, chacun en particulier preſſe tellement le fond, qu'il y agit par toute ſa peſanteur; & l'on n'y ſçauroit verſer par-deſſus tant ſoit peu d'huile, qu'elle ne peſe ſur le fond, de meſme que ſi on l'avoit verſée ſur un baſton bien roide.

XXXIII.
Qu'il n'eſt pas neceſſaire que le liquide ſoit enfermé, pour la continuation de cette action.

Si cette comparaiſon ne vous ſemble pas aſſez juſte, à cauſe que dans cet exemple l'eau eſt renfermée dans un vaiſſeau, en voicy une autre. Imaginez vous que la ſurface de la Terre, au lieu d'eſtre inégale & raboteuſe comme elle eſt, eſt toute ronde & toute unie, & penſez qu'elle eſt toute couverte d'eau juſqu'à une certaine hauteur ; Cela poſé, chacun des points de cette ſurface

fera preſſé par la peſanteur entiere du filet d'eau qui
correſpond deſſus; puis comparez l'action des rayons
de lumiere à l'action des filets de cette eau , & vous
trouverez qu'ils ſont capables d'agir , de meſme que s'ils
eſtoient roides comme un baſton.

Il eſt vray pourtant, & il le faut avoüer, qu'il y a encore en cecy quelque difference : Car les filets de cette
eau vont en retreciſſant, & tendant tous vers un meſme centre, au lieu que les rayons de lumiere vont s'é-
loignant d'un centre, & s'écartant tous vers la ſuperficie ſpherique qu'on peut concevoir alentour; Mais
cette difference ne ſert qu'à nous faire comprendre la
raiſon d'une proprieté des plus remarquables de la lumiere; qui eſt, que l'impreſſion du corps lumineux ne
paſſe pas toute entiere juſqu'à l'objet, mais qu'elle s'af-
foiblit & diminuë peu à peu à meſure qu'elle s'écarte
& qu'elle s'éloigne du centre de ſon action ; Et pour
la bien comprendre, ſuppoſez
que le tuyau A B C, qui va en é-
largiſſant vers le haut, contienne de l'eau juſqu'à la hauteur D E,
& qu'en ſuitte par le bout A, on
ſeringue de l'eau dans ce tuyau,
en telle quantité qu'elle puiſſe
remplir l'eſpace A F G , lequel
ayant une hauteur aſſez conſiderable n'a que fort peu de lar-

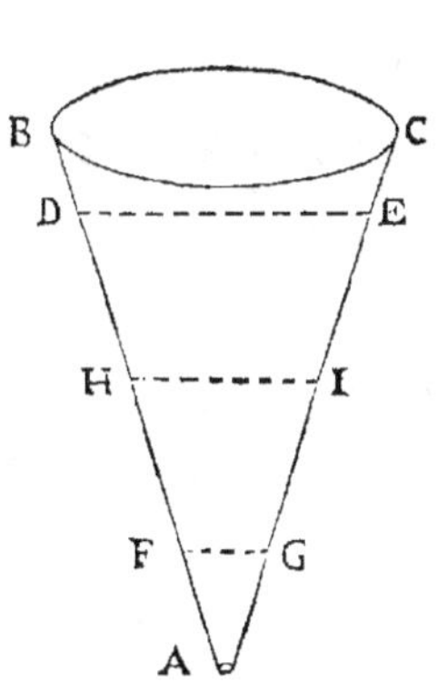

geur ; Il eſt certain que cette creüe d'eau fera quelque
peu ſoûlever celle qui eſt vers H I, & qu'elle ne ſoûle-
vera preſque point ſenſiblement celle qui eſt vers D E.

XXXIV.

Pourquoy l'action de la lumiere s'af-foiblit en s'é-loignant du corps lumi-neux.

Or cela explique parfaittement bien la nature de l
lumiere : Car comme on ne peut pas dire que l'eau qu
eſt vers D E, ne ſe ſouleve point du tout, mais bien ſeu
lement qu'elle n'avance que tres-peu ; Ainſi il faût con
clure, que plus les rayons de lumiere s'éloignent d
corps lumineux, & plus ils s'affoibliſſent ; ce qui s'ac
corde avec l'experience.

XXXV. *Comment la lumiere ſe doit reflechir à la rencontre de certains corps.*

Maintenant, comme nous ſçavons qu'un corps qu
eſt en action pour ſe mouvoir, change de détermina
tion à la rencontre d'un autre qui luy reſiſte, & eſ
contraint de ſe détourner vers un autre coſté ; de me
me, nous devons conclure que la lumiere tombant ſu
la ſurface d'un corps ſolide, doit auſſi ſe détourner & ſ
refléchir. Comme par exemple, ſi les petites boule
qui ſont dans la ligne C D, repreſentent les parties du ſecond Element qui cōpoſent un rayon de lumiere, lequel tombe ſur le corps

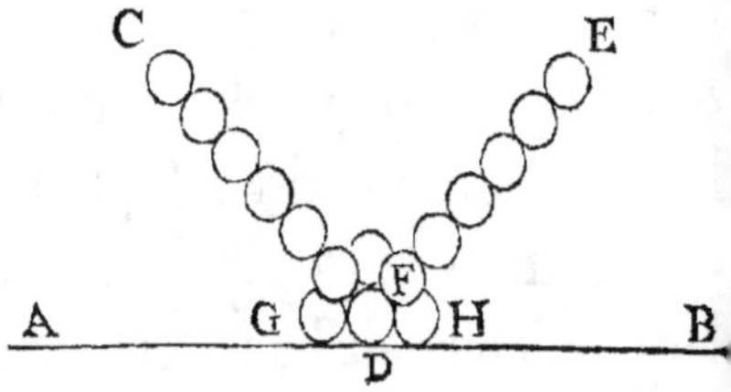

ſolide A B, ſon action ſe doit continuer vers E, par l
ligne D E, en ſorte que l'angle de reflexion B D E, ſoi
égal à l'angle d'incidence A D C, c'eſt à dire, que cett
action ſe doit tranſmettre dans les meſmes ligne
que décriroit la boule C, ſi elle eſtoit ſeule, & qu'ell
euſt eſté meuë dans la ligne C D : Car il eſt certain qu
la boule D, doit tendre, & eſtre diſpoſée à aller, où ell
iroit effectivement ſi ſa puiſſance ſe reduiſoit en acte
Et dautant que cette boule ayant rencontré le corp
A B

A B, n'iroit ny vers G, ny vers H, mais seulement vers
F ; il faut demeurer d'accord qu'il n'y a que la boule F
qu'elle pousse, & qui reçoive son action. Et cela est
mesme confirmé par l'experience : Car quand la lumiere tombe sur la surface de quelque corps opaque
& massif, tel que peut estre de l'or ou de l'acier, l'on
voit que les rayons se reflechissent, & que l'angle de reflexion est égal à celuy d'incidence.

Mais si cela est vray d'un corps massif, tel qu'est de
l'or, ou quelque autre metail, comme cette verité est
generale, elle se doit étendre à toutes sortes de corps solides, & la lumiere qui tombe dessus, s'y doit reflechir
de mesme à angles égaux ; C'est pourquoy, comme les
pores de deux corps transparens qui se touchent, ne
sçauroient par tout exactement correspondre les uns
aux autres, & qu'ainsi, plusieurs pores de l'air, par exemple, aboutissent à des parties solides de l'eau, du verre,
ou du crystal, il est impossible que les corps transparens ne reflechissent une partie de la lumiere qui
tombe sur leur superficie, & mesme qu'il ne s'en reflechisse d'autant plus, que les rayons y tombent plus
obliquement, à cause que dans cette disposition ils rencontrent plus de parties solides du corps transparent sur
lequel ils tombent.

XXXVI.
Qu'il n'y a
point de
corps trans-
parent qui
ne reflechisse
quelques
rayons de lu-
miere.

Considerant maintenant ce qui peut arriver aux
rayons qui passent d'un milieu transparent dans un
autre, sur la surface duquel ils tombent avec quelque obliquité, nous prévoyons qu'ils doivent se rompre, conformément à ce qui a esté dit cy-devant de la
refraction ; dautant que ces corps transparens estant

XXXVII.
Comment les
rayons de lu-
miere se doi-
vent rompre
en passant
d'un milieu
transparent
dans un au-
tre.

Nn

de differente nature, l'un peut donner plus aifément paffage à la lumiere que l'autre; & ainfi les rayons fe doivent trouver moins inclinez, ou plus approchans de la perpendiculaire, du cofté qui les reçoit plus facilement.

XXXVIII.
Que la lumiere penetre d'autant plus aifément un corps transparent, qu'il a de dureté.

Et il ne faut pas fe perfuader qu'un corps tranfparent donne d'autant plus aifément paffage à la lumiere, que plus facilement il le donne aux autres corps groffiers qui ont befoin de fe faire ouverture en paffant au travers; au contraire, comme les paffages de la lumiere font déja tout faits, il s'enfuit qu'elle fe mouvera d'autant plus facilement, que les parties du corps, au travers duquel elle paffe, refifteront plus à leur deplacement, à caufe qu'elle aura moins de fujet de perdre de fon mouvement en y paffant ; de mefme qu'une boule de mail roule plus aifément fur de la terre ferme & dure, que fur de la terre molle, ou couverte d'herbe. Et ainfi, comme l'eau a en quelque façon plus de dureté que l'air, que le verre eft plus dur que l'eau, & que le cryftal eft plus dur que le verre, il s'enfuit que la lumiere doit paffer plus aifément dans l'eau, dans le verre, & dans le cryftal, que non pas dans l'air, & que fes rayons doivent eftre moins inclinez, ou approcher davantage de la perpendiculaire, dans ces corps-là, qu'ils ne font dans l'air.

XXXIX.
Experience de la refraction de la lumiere qui paffe de l'air dans l'eau.

Il peut y avoir plufieurs moyens pour en faire l'épreuve; En voicy un qui m'a paru fort fenfible. J'ay fait faire une boëte de laton avec fon couvercle de mefme metail, telle qu'eft icy A B C D; le fond B C, eft une glace de cryftal de Venife, au deffous duquel j'ay collé

du papier, où font certaines marques arbitraires. J'expofe cette boëte aux rayons
du foleil, afin qu'il y en ait
quelqu'un, comme F E,
qui paffe au travers d'un
trou du couvercle, qui eft
vers E, & regardant par-
deffous, j'obferve le point
G, où ce rayon aboutit;

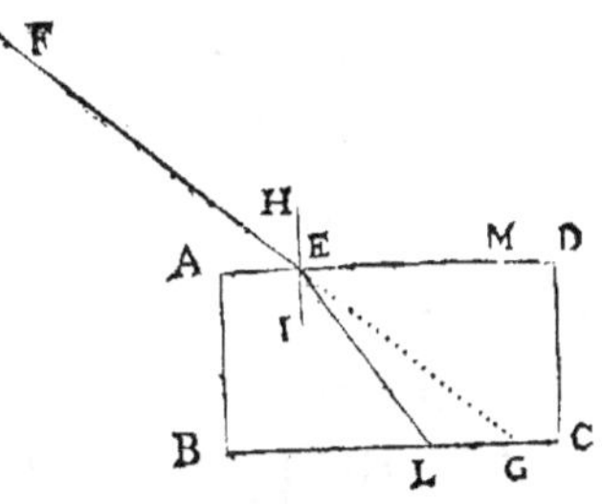

puis, fans changer la fituation de cette boëte, qui eftoit feulement pleine d'air, je la remplis d'eau, que je
verfe par le trou M, en fuitte dequoy je remarque que
le rayon n'aboutit plus en G, mais en L; en forte qu'il
fe trouve plus prés de la perpendiculaire H I, qu'il n'eftoit auparavant.

Pour fçavoir maintenant fi le rayon de lumiere qui
paffe de l'eau dans l'air, fe détourne en s'éloignant de la
perpendiculaire, on s'en peut affurer par une experience affez commune. On met quelque objet, comme
une piftole, au fond d'un vaiffeau affez creux, qui ne
contient autre chofe que de l'air, & on recule l'œil B,
jufqu'à ce que le bord du vaiffeau cache l'objet A;
puis, on emplit d'eau ce
mefme vaiffeau; après
quoy, fans que l'objet
ait changé de place, on
commence à le voir par
le rayon C B, lequel ve-
nant d'A en C, a dû fe
rompre, & s'éloigner

X L.
*Experience
de la refrac-
tion de la lu-
miere qui
paffe de l'eau
dans l'air.*

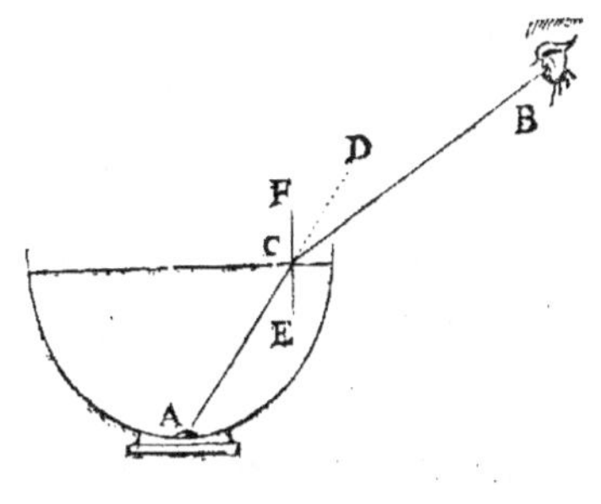

de la perpendiculaire E C F, au lieu que sans cela, le rayon A C auroit esté tout droit en D.

XLI.
Refraction de la lumiere qui passe au travers d'un prisme de verre.

Comme les refractions seront de grand usage dans la suitte, il est bon de s'en rendre la connoissance familiere, en considerant de quelle maniere elles se doivent faire, lors que la lumiere passe de l'air dans des verres de diverses figures. Supposons donc en premier lieu un prisme triangulaire, dont le profil soit A B C, sur l'une des faces duquel, à sçavoir, A B, tombe obliquement le rayon D E; suivant ce que nous avons dit cy-dessus, de ce que ce rayon

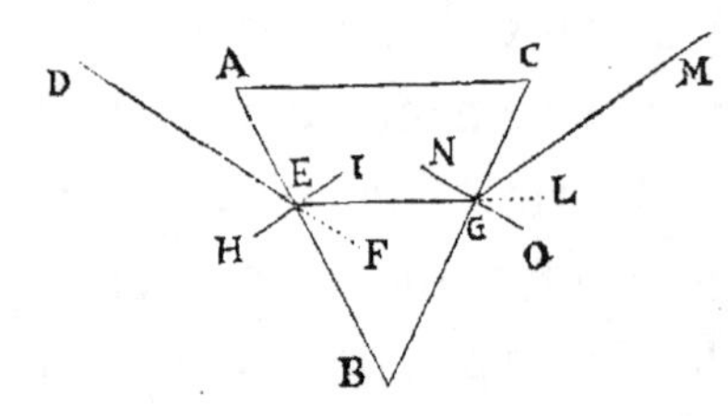

passe de l'air dans le verre, il s'ensuit qu'il ne doit pas aller directement vers F, mais bien vers G, pour s'approcher de la ligne H E I, que je suppose passer par le point E, où tombe le rayon, & estre perpendiculaire à la surface A B ; En suitte dequoy, comme ce rayon E G se presente pour passer obliquement du verre dans l'air, il ne doit pas tendre directement vers L, mais vers M, afin de s'éloigner de la perpendiculaire N G O.

XLII.
Refraction de la lumiere qui traverse un verre convexe.

Supposons maintenant un verre lenticulaire, ou convexe des deux costez, dont le profil est 2 B 3 K, & pensons que plusieurs rayons paralleles, tels que sont A B, C D, E F, tombent sur sa superficie ; Et afin de prévoir de quelle maniere ces rayons se détourneront, tirons premierement par les points B, D, F, des perpendiculaires à la surface de ce verre, c'est à dire, les

lignes A B K, H D I, L F M, qui tendent au point G,
que je suppose estre le centre
de la superficie 2 B 3. Cela fait,
considerons que le rayon A B
ne differant point de la perpendiculaire, ne se doit aucunement détourner, encore qu'il
passe de l'air dans le verre ; ainsi, il continüera directement
vers K ; où il tombe encor à
plomb sur la superficie de l'air
2 K 3, dautant qu'il part du point
R, qui est le centre de cette su-

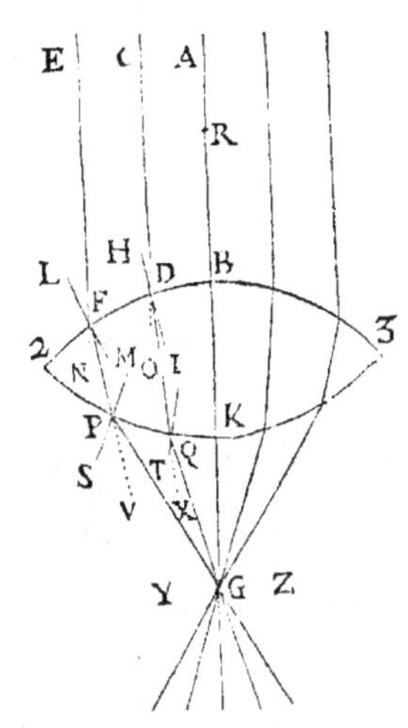

perficie ; C'est pourquoy il continuera encore tout droit
vers G, sans souffrir aucune refraction. Quant aux autres
rayons comme C D, E F, dautant qu'ils different des
perpendiculaires, il est évident qu'ils n'iront pas directement en O, ny en N, mais qu'ils s'approcheront des
perpendiculaires H I, L M, & iront vers Q & vers P, &
que par mesme moyen ils tendront à s'approcher du
rayon A B K ; Et parce qu'ayant tiré aux points Q & P,
les perpendiculaires T Q I, S P M, c'est à dire, des lignes
qui tendent au point R, on s'apperçoit que les rayons
D Q, F P, tombent obliquement sur la surface de l'air,
on conclura qu'ils se rompront en s'éloignant de leurs
perpendiculaires ; ainsi D Q n'ira pas directement en x,
mais vers G, & F P n'ira pas aussi directement en v,
mais environ le mesme endroit G. L'on montrera de
mesme, que les rayons qui tombent de l'autre costé
de A B, se détourneront en sorte qu'ils couperont les

premiers environ l'endroit G ; Et par-là l'on verra que le verre convexe a la proprieté d'assembler les rayons de lumiere qu'il reçoit paralleles.

XLIII.
Refraction des rayons qui viennent de divers costez.

Que si ce verre demeurant dans cette situation recevoit des rayons paralleles qui vinsent d'un autre côté, on trouveroit qu'il les assembleroit en un autre point que G, ainsi, s'il en recevoit qui vinsent du côté droit de ceux qui sont icy representez, il les assembleroit à gauche, à sçavoir, vers Y ; & au contraire, s'il en recevoit qui vinsent du côté gauche, il les assembleroit à droite, à sçavoir, vers Z.

XLIV.
Refraction de la lumiere qui traverse un verre concave.

Considerons en troisiéme lieu, un verre plus mince au milieu qu'aux bords, c'est à dire, concave des deux côtez, tel qu'est celuy dont le profil est G B H I M K, & supposons que des rayons paralleles comme A B, C D, E F, tombent dessus ; Et afin de prévoir de quelle maniere ils se doivent rompre, élevons des perpendiculaires aux points B, D, F, où ils se presentent pour entrer dans le verre ; Cela fait, dautant que le rayon A B ne differe point de la perpendiculaire, il entrera dans le verre sans aucune refraction jusqu'en M ; où parce qu'il tombe perpendiculairement sur la superficie de l'air, il ne doit non plus se rompre à la sortie qu'à l'entrée, & par consequent il tendra directement vers L. Mais dautant que le rayon

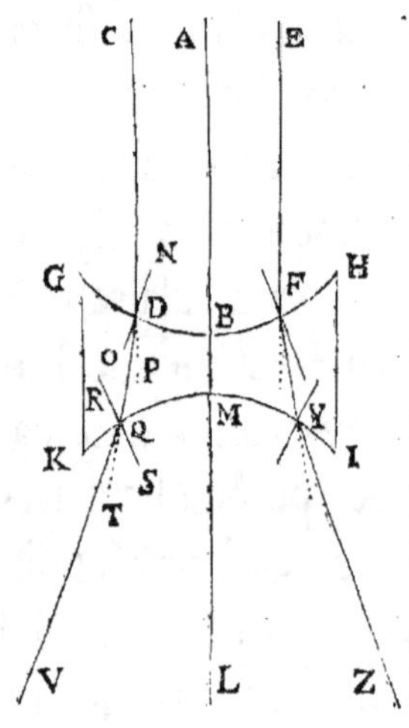

C D tombe obliquement fur la furface du verre, il n'ira
pas directement vers P, mais fe détournera vers Q, en
s'approchant de la perpendiculaire N D O ; & parce que
ce rayon D Q tombe encore obliquement fur la fuperficie de l'air, il n'ira pas directement vers T, mais fe rom-
pra vers V, en s'éloignant de la perpendiculaire R Q S;
De mefme, en confiderant le rayon E F, l'on trouvera
par un femblable raifonnement qu'il ira en Y, & delà en Z; & ainfi l'on verra que le verre concave a la
proprieté d'écarter tous les rayons qu'il reçoit paralleles.

Propofons-nous en quatriéme lieu, un verre taillé à
facettes par l'un de fes côtez, & tout plat de l'autre,
tel que peut eftre celuy dont le profil eft A B C D E T S,
& fuppofons que des rayons paralleles comme F G, H
I, tombent deffus ; puis tirant des perpendiculaires aux
points G & I, dont ces rayons fe doivent approcher,
fuivant ce que nous avons dit, l'on connoîtra qu'ils fe
détourneront vers K & vers Q; & comme ils tombent
encore obliquement fur la fuper-
ficie de l'air S T, l'on conclura
qu'ils fe rompront une feconde
fois ; & ainfi que G K tendra vers
L, & I Q vers M; Et dautant que
tous les rayons paralleles qui tombent fur une mefme facette plane
y font également inclinez, ils doivent fouffrir des refractions égales,
& par confequent fe trouver encore paralleles en fortant ; tellement que ceux qui tombent fur

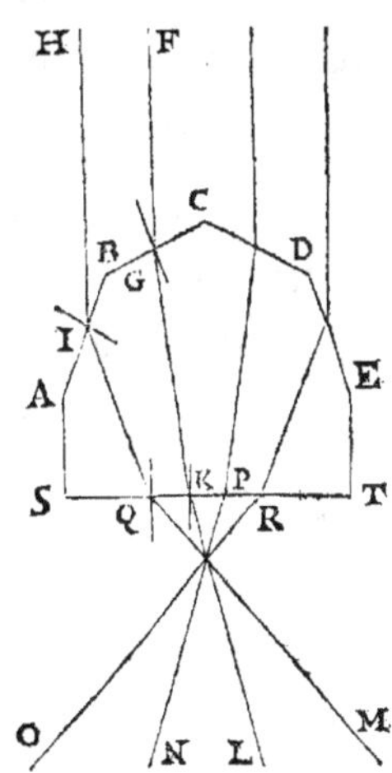

la facette B C, doivent accompagner le rayon K L, & ceux qui tombent sur A B, C D, & D E, doivent accompagner les rayons Q M, P N, & R O.

XLVI.
*En quoy con-
siste l'éclat
des pierres
precieuses.* Tellement que s'il y avoit un corps opaque qui couvrist la surface S T, & qui receust tous les rayons de lumiere qui tombent sur les facettes A B, B C, C D, D E, il est évident que les endroits S Q, R T, n'en recevroient aucun, & par consequent qu'ils devroient paroistre fort rembrunis, au lieu que l'endroit Q R, recevant toute la lumiere qui tombe sur toutes ces facettes, devroit paroître extraordinairement brillant ; Et c'est en cela que consiste l'éclat du diamant, & des autres pierres precieuses qui sont en quelque façon transparentes : Car elles ne brillent jamais, à moins que d'estre taillées à facettes, d'une maniere qui puisse détourner les rayons de lumiere vers un mesme endroit du fond, où l'on met une petite lame d'or, ou d'argent, qui puisse recevoir cette lumiere, & la renvoyer vers nos yeux.

XLVII.
*Refraction
de la lumiere
qui traverse
un verre plat* Proposons nous enfin un verre plat d'égale épaisseur, tel que seroit un verre dont le profil seroit A B C D, sur lequel les rayons paralleles E F, G H, I L, ne sçauroient tomber obliquement qu'ils ne tombent avec des obliquitez toutes égales, ce qui les détermine à se rompre également, en s'approchant chacun de sa perpendiculaire ; ainsi ils tendent vers M, vers O, & vers Q, estant encore paralleles, & par consequent également inclinez sur la face B C ; D'où il suit qu'ils passent

fent dans l'air en s'éloignant également de leurs perpendiculaires, & qu'ils demeurent toûjours paralleles.
Surquoy l'on peut remarquer, que les rayons E F, G
H, I L, s'eftant d'abord pliez vers la droite en entrant
dans le verre, fe trouvent au fortir du verre autant
pliez vers la gauche ; Ainfi l'on peut dire que ce verre
défait par la feconde refraction ce qu'il avoit pû faire
par la premiere.

Comme la lumiere n'éclaire pas feulement, mais
qu'elle échauffe auffi, nous pouvons icy ajoûter, qu'encore qu'on n'apperçoive aucune inégalité dans l'action
des corps lumineux, & qu'ils femblent pouffer uniformement le fecond Element qui eft à la ronde, vers tous
les corps qui terminent leur action, la raifon neantmoins nous perfuade qu'il y a des temps où ils agiffent
plus fortement que non pas en d'autres ; non feulement
à caufe que leurs parties ne font pas toutes égales, &
que ce ne font pas toûjours les mefmes qui s'appliquent à la mefme matiere d'alentour pour la pouffer,
mais encore parce que cette action eft d'abord receuë
dans un milieu tranfparent & liquide, dont les parties
fe déplacent fans ceffe ; Ce qui fait que les petites boules du fecond Element impriment quelque forte de
trémouffement dans les parties des corps vers lefquels
elles font pouffées par les corps lumineux ; Et dautant
que la chaleur confifte dans cette forte d'agitation, il
s'enfuit que tout corps lumineux doit produire quelque chaleur.

Il fe peut faire neantmoins que cette chaleur ne foit
pas fenfible, foit à caufe de la foibleffe du corps lumi-

O o

de chaleur à la presence de certains corps lumineux.

neux, soit parce que l'organe sur lequel elle agit, en a davantage. Ainsi, si en sortant du feu vous vous exposez durant la fraischeur de la nuit aux rayons de la Lune, vous ne manquerez pas de vous refroidir, par ce qu'en l'estat où vous estes, vous devez plûtost donner de la chaleur à l'air qui vous environne, que non pas en recevoir de luy.

L.
Force merveilleuse de la chaleur du soleil.

Mais comme le soleil est fort lumineux, aussi doit-il fort sensiblement échauffer ; & c'est une chose qu'on experimente tous les jours ; jusques-là mesme que ses rayons assemblez par le moyen d'un miroir concave, n'enflamment pas seulement les corps combustibles sur lesquels ils tombent, mais mesme, comme nous avons vû, fondent les metaux, les pierres, & les cailloux, qui ne se fondent que tres-difficilement par le feu.

LI.
Que le corps coloré n'excite pas immediatement le sentiment de couleur.

Aprés avoir suffisamment étably la nature de la lumiere, & expliqué ses proprietez les plus connuës, la premiere chose que nous remarquerons touchant les couleurs, est, qu'elles se sentent sans que l'objet coloré s'applique immediatement sur l'organe; D'où il suit, qu'il n'excite point en nous par luy mesme le sentiment de couleur que nous avons en sa presence, puis que la raison nous apprend, qu'un corps ne sçauroit agir par luy-mesme sur un autre, à moins qu'il ne le touche immediatement; Mais quoy que ce soit qu'il ait en luy, en quoy l'on puisse faire consister la couleur qu'il a , nous devons penser que c'est par son moyen qu'il agit sur quelque chose qui se rencontre dans le milieu, & que c'est par le moyen de cette chose qu'il agit en suitte sur nostre organe.

Si l'on ne confideroit que le feul corps coloré, qui pour l'ordinaire eft en repos lors qu'il fe fait fentir, je doute que l'on pûft jamais découvrir comment il agit fur le milieu, & confequemment je doute que l'on pût acquerir une connoiffance diftincte de ce en quoy confifte fa couleur ; Mais faifant reflexion fur ce que ce corps ne fe fait point fentir dans les tenebres, & que pour paroître coloré il eft neceffaire qu'il reçoive de la lumiere, dont la nature eft de fe reflechir à la rencontre des corps qu'elle ne fçauroit penetrer, il eft aifé à juger que c'eft elle qui agit fur noftre organe pour nous faire fentir quelque couleur, & que toute l'action du corps coloré confifte à la renvoyer avec quelque modification qu'elle n'avoit pas quand il l'a receuë.

LII.
Que les rayons de lumiere modifiez font naître en nous le fentiment des couleurs.

Cette verité fuppofée, il femble qu'il n'y ait plus gueres de chemin à faire pour parvenir à une connoiffance exacte de la nature des couleurs : Car puifque la lumiere n'eft autre chofe qu'un certain mouvement des petites boules du fecond Element, ou du moins une inclination à fe mouvoir d'une certaine façon, il ne s'agit plus pour connoître les couleurs, que de parcourir les differentes modifications dont ce mouvement eft capable, & de chercher ce qu'il peut y avoir dans les corps qu'on nomme colorez, pour caufer ces modifications. Celle qui femble fe prefenter d'abord, comme eftant la plus fimple, eft, que ce mouvement ne peut manquer de s'affoiblir, fi tous les rayons de lumiere qui font tombez en certain ordre & en certaine quantité fur l'objet, ne fe reflechiffent pas dans

LIII.
Que la feule âpreté de la fuperficie d'un corps modifie l'action de la lumiere.

le mefme ordre, ny dans la mefme quantité vers un endroit déterminé du milieu où l'œil fe peut placer; Et l'on fçait que cela doit neceffairement arriver, fi les parcelles infenfibles des corps qui reçoivent la lumiere, font tellement rangées, que leur fuperficie en devienne âpre ou raboteufe: Car alors les rayons qui venoient du corps lumineux comme s'ils euffent efté paralleles, tombant deffus avec toutes fortes d'obliquitez, s'éparpillent & fe reflechiffent de toutes parts; Ce qui fait que l'œil ne reçoit pas la lumiere avec toute fa force, mais qu'il n'y a qu'un certain petit nombre de rayons, qui foient déterminez par cette fuperficie à tendre vers l'endroit où l'œil peut eftre placé. Ainfi, l'on peut conclure qu'il y a une certaine couleur, qui confifte dans la feule âpreté de la furface du corps qu'on nomme coloré, & qui n'apporte aucune autre modification à la lumiere, finon qu'il la renvoye indifferemment de tous côtez de la mefme façon qu'il l'a receuë.

LIV.
En quoy confifte la nature de la blancheur.

Et comme cette modification eft la moindre qui puiffe arriver à la lumiere, auffi le corps qui la caufe doit paroître le plus approchant qu'il eft poffible du corps lumineux, c'eft à dire, qu'il doit exciter en nous le fentiment de la blancheur, qui de toutes les couleurs eft celle qui approche le plus de la lumiere; Et cela fe confirme par l'experience, qui nous apprend que la couleur blanche du fablon d'Eftampes, ne confifte qu'en ce que chaque grain reflechit ainfi de tous coftez quelque rayon de lumiere: Car quand on regarde tous ce grains avec le microfcope, pas un ne paroift avoir aucune couleur, mais ils paroiffent tous tranfparens comme des morceaux informes de cryſtal, ou comme de petits diamans, leſquels donnent tellement paſſage à la lumiere, qu'ils nous la renvoyent de toutes parts ainſi qu'ils l'ont receuë.

On peut conjecturer encore, & meſme s'aſſurer, que l'eſſence de la blancheur ne conſiſte que dans l'âpreté du corps qu'on nomme blanc, en conſiderant qu'on ne ſçauroit introduire cette âpreté dans certains corps ſans les rendre blancs, & qu'on ne la leur ſçauroit ôter ſans en ôter en meſme temps la blancheur. Ainſi, les Orfevres blanchiſſent l'argent en le mettant premiere-ment dans le feu, pour en enlever toute la craſſe, & toutes les ordures dont il pourroit eſtre ſaly, & en le faiſant aprés cela tremper quelque-temps dans de l'eau boüillante, dans laquelle ils ont jetté certaine quan-tité de tartre & de ſel commun, qui ſont des choſes corroſives, & capables de rendre la ſuperficie de l'ar-gent âpre & raboteuſe. Et pour en ôter la blancheur ils ne font autre choſe que paſſer par-deſſus la pierre qu'on nomme ſanguine, qui eſtant fort dure & liſſée ne ſçauroit preſſer l'endroit où elle s'applique, ſans en-foncer les parties les plus élevées, & ſans élever quel-que peu les parties les plus enfoncées, c'eſt à dire, ſans en ôter l'âpreté.

Comme nous ſuppoſons que le corps blanc n'amor-tit aucuns rayons de lumiere, & que l'âpreté de ſa ſuperficie les diſſipe indifferemment vers tous les en-droits d'alentour, il s'enſuit qu'on ne ſçauroit placer l'œil en aucun lieu, qu'il ne reçoive à peu prés autant de rayons qu'il en recevroit s'il eſtoit placé dans un

LV.
Que l'âpreté
ſuffit pour in-
troduire la
blancheur
dans un ſu-
jet.

LVI.
D'où vient
que le corps
blanc eſt vû
tel de toute
ſorte d'en-
droits.

Oo iij

autre ; Et par conſequent ce corps doit eſtre vû blanc
de quelque côté qu'il ſoit regardé. Il n'en eſt pas de
meſme des corps plats & polis, comme ſont des miroirs : Car quand ils reçoivent d'un ſeul côté des
rayons paralleles de lumiere, ils ne les reflechiſſent auſſi
que vers un ſeul côté, où l'œil peut bien en eſtre ébloüy,
mais ils ne renvoyent aucuns rayons vers tout autre endroit.

LVII.
De la nature de la couleur noire.

Comme le noir eſt oppoſé au blanc, il ne faut pas
auſſi douter que l'eſſence de la noirceur ne conſiſte
dans le contraire de ce en quoy conſiſte l'eſſence de la
blancheur ; Ainſi, au lieu que pour voir blanc, il faut
que le corps qui reçoit la lumiere la renvoye tellement de tous côtez comme il l'a receuë, qu'il n'y ait
point d'endroit d'où l'on ne reçoive l'impreſſion d'une
aſſez grande quantité de rayons ; nous devons penſer
que pour voir noir, il n'en faut point recevoir du tout ;
& conſequemment que le corps qu'on nomme noir, &
qui paroiſt tel en tout ſens, amortit tellement les
rayons qu'il reçoit, qu'il n'en reflechit aucun qui puiſſe
faire impreſſion ſur les yeux ; Et dautant qu'un corps
ne ſçauroit faire perdre à un autre le mouvement qu'il
a, qu'en le recevant luy-meſme, il eſt aiſé à juger
que les parties du corps noir ſont fort delicates & fort
interrompuës, en ſorte qu'elles peuvent eſtre facilement ébranlées.

LVIII.
Pourquoy pluſieurs corps qui ne ſont pas noirs paroiſ-

Et cela ſe confirme, premierement, par ce que nous
voyons noir dans les tenebres, c'eſt à dire, dans un
lieu où les corps ne recevant aucun rayon de lumiere,
n'en peuvent auſſi renvoyer aucun vers nos yeux ; Se-

condement , nous voyons noir dans l'ombre, c'eſt à *ſent tels;* dire, aux endroits qui ne reçoivent point de rayons de lumiere du corps lumineux, ou qui en reçoivent moins qu'ils n'en recevroient, ſans l'interpoſition de quelque corps opaque ; Et enfin nous voyons noir en regardant un corps fort poly , qui reçoit meſme pluſieurs rayons de lumiere, mais qui les renvoye d'un autre côté que celuy où nous ſommes.

Ces veritez ſuppoſées, nous ne trouverons point étrange, que la flamme, qui eſt ſi claire, faſſe devenir noir le bois blanc qu'elle convertit en charbon ; dautant qu'il eſt manifeſte que le bois a dû perdre beaucoup de parties qui ont ſervy à nourrir la flamme ; ce qui fait que la pluſpart des autres ſont ſi deſunies, & ſi aiſées à ébranler, qu'elles émouſſent preſque toute la lumiere qu'elles reçoivent.

LIX
Comment le bois devient noir lors qu'il ſe convertit en charbon.

Je dis que la pluſ-part ſont deſunies & aiſées à ébranler, & non pas toutes, parce qu'il ſe peut faire que les plus delicates, qui paroiſſent à l'exterieur du charbon, ſoient comme un duvet qui couvre des parties plus maſſives, & capables de reflechir une aſſez grande quantité de rayons de lumiere ; Auſſi voyons-nous qu'aprés que le feu a enlevé tout ce qu'il a pû conſumer du charbon, il reſte encore pluſieurs parties qui compoſent la cendre, leſquelles ſont aſſez maſſives, puis qu'elles paroiſſent ſous une couleur blanchâtre.

LX.
Que le charbon n'eſt pas noir dans toutes ſes parties.

De ce que le corps Noir a ſes parties plus deſunies que le corps Blanc, il s'enſuit qu'il contient moins de ſa propre matiere ſous un certain volume, que l'autre n'en contient ; Et dautant que plus il y a de matiere pe-

LXI.
Que toutes choſes eſtant égales , les corps noirs doivent

ſante, & plus auſſi il y a de peſanteur, nous devons conclure que toutes choſes eſtant égales, de deux corps qui paroiſſent égaux, dont l'un eſt noir & l'autre blanc, celuy-là doit moins peſer que celuy-cy ; ainſi, le charbon doit moins peſer que le bois, & un bloc de marbre noir qu'un bloc de marbre blanc de pareil volume.

La forme de la blancheur & de la noirceur eſtant ainſi établie, nous comprendrons facilement la raiſon pourquoy les rayons du ſoleil eſtant aſſemblez par le moyen d'un verre convexe, ne brûlent point, ou du moins ne brûlent que difficilement, les corps blancs, & brûlent en moins de rien les corps noirs, quoy que les uns & les autres ſoient combuſtibles : Car il eſt évident que le corps blanc, qui reflechit tous les rayons qu'il reçoit, n'en eſt point ébranlé ; & que le noir, qui les amortit & les émouſſe, ne les amortit ainſi, qu'à cauſe qu'il reçoit en ſoy tout leur mouvement ; ce qui commence ſa chaleur, d'où reſulte en ſuitte ſon embraſement.

Nous entendrons encore la raiſon d'un fait que nous n'avons connu que par experience, qui eſt que les corps blancs fatiguent la veüe, & que les noirs la delaſſent : Car on ne ſçauroit voir blanc qu'on ne reçoive l'impreſſion de quantité de rayons, ce qui fatigue la veüe, au lieu que l'on voit noir quand on n'en reçoit aucun, ce qui la delaſſe.

De tout ce que deſſus, il reſulte, que ces corps-là ſont les plus blancs, qui reflechiſſent de tous côtez & avec la meſme force, toute la lumiere qu'ils ont receüe ; comme

me au contraire, que ces corps-là sont les plus noirs, *& les plus noirs.*
qui amortissent le mouvement de la lumiere le plus qu'il
est possible ; Ce qu'on a lieu de croire du velours noir,
dautant que les petits filets de soye dont il est composé,
sont comme herissez , & disposez avec toute l'âpreté
imaginable ; aussi est-ce la chose du monde qui nous
paroisse la plus noire.

Quant aux modifications qui arrivent aux rayons de *LXV.*
lumiere qui causent en nous le sentiment des autres *De la nature des autres couleurs.*
couleurs, comme *de rouge, de jaune, & de bleu,* nous
pouvons penser qu'elles consistent, en ce que les petites boules du second Element , qui composent les
rayons qui rejaillissent de chacun de ces corps, n'ont
pas tant de force ou tant d'inclination à avancer en ligne droite, qu'en ont celles des rayons qui reflechissent de ceux qui sont blancs, au lieu dequoy elles ont
un certain tournoyement alentour de leur propre centre , auquel une partie de la force qu'elles avoient
auparavant à avancer en ligne droite, s'est convertie;
Ce qui se justifie, de ce que l'on ne sçauroit imaginer
qu'il puisse arriver quelque autre sorte de changement
aux rayons de lumiere qui passent au travers d'un prisme
triangulaire de verre , & que cependant on s'apperçoit
qu'en sortant de ce prisme, ils sont capables de faire
naître en nous le sentiment de rouge, de jaune & de
bleu.

Mais afin que vous conceviez cecy plus distinctement, *LXVI.*
considerez le prisme dont le profil est A B C , qui a une *De l'action des rayons de lumiere au travers d'un prisme de verre.*
de ses faces, à sçavoir B C , couverte d'un corps opaque ,
à l'exception de l'endroit D E , où je suppose que ce

corps opaque ait une ouverture, par où puissent passer
quelques rayons qui viennent du soleil F G, tels que sont

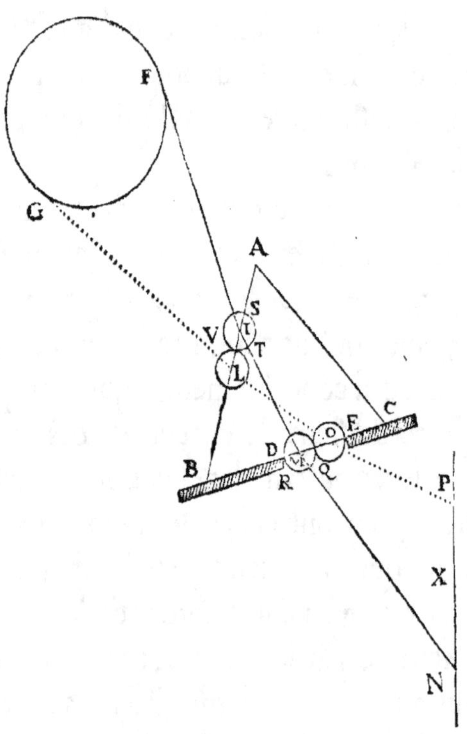

F I, G L, lesquels, suivant ce qui a esté dit cy-dessus, se
rompent de telle sorte, que F I tend en M, & delà en
N, & que G L tend en O, & delà en P. Ensuitte dequoy, prenez garde que F I, G L ne se détournent en
ce sens-là, qu'à cause que les petites boules qui se presentent pour entrer dans le verre, ont plus de facilité
à avancer de ce côté-là, c'est à dire, du côté qui est
icy vers la main droite, que de celuy qui est vers la
main gauche. Comme par exemple, si S T V est une de
ces boules, nous devons penser que la superficie A B la

détermine à avancer vers s, plûtost que vers ⊤, & confe-
quément à tourner alentour de fon centre, fuivant l'ordre des lettres s ⊤ v, ce qu'elle continûra de faire dans
toute l'étenduë de la ligne ɪ ᴍ; Et dautant que quand
elle eſt parvenüe en ᴍ, où elle fouffre encore une réfraction vers la droite, nous avons un nouveau motif
de reconnoiſtre fon tournoyement en mefme fens, nous
ne devons point faire de difficulté d'avoüer, que les
petites boules qui fortent du verre pour tendre vers ɴ, fe
trouvent tellement modifiées, qu'outre l'inclination qu'-
elles ont à fe mouvoir d'un mouvement direct, elles ont
encore celle de tourner alentour de leur propre centre.

Ce qui fe dit des boules du rayon ꜰ ɪ ᴍ ɴ fe doit
aufſi entendre de celles du rayon ɢ ʟ ᴏ ᴘ, & de tous
les autres rayons qui font entre ces deux-là. Mais aprés
la feconde refraction qui fe fait à la furface ʙ ᴄ, nous
trouvons d'une part que les petites boules du rayon ᴍ
ɴ ont une nouvelle occafion de tourner comme elles
ont commencé, tant à caufe des tenebres qui font du
côté de ᴅ, lefquelles difpofent tout ce côté - là de la
boule ᴍ, à avancer moins que l'autre, qu'à caufe que
les rayons qui font entre ɪ ᴍ ɴ, & ʟ ᴏ ᴘ, eſtant plus
forts que les autres, entraînent le côté ǫ de cette boule, & l'obligeant à avancer plus que l'autre, favorifent
fon tournoyement; Et d'autre part, nous connoiffons
que les boules du rayon ɢ ʟ ᴏ ᴘ, rencontrent quelque
obftacle au tournoyement qu'elles avoient acquis par
ces deux refractions; Premierement, en ce que les tenebres eſtant du côté par où elles avoient plus d'inclination à avancer, s'oppofent à leur avancement, & le

retardent ; Et secondement, en ce qu'elles sont comme entraînées de l'autre côté par des rayons plus forts,
& qui tendent à leur imprimer un tournoyement contraire à celuy qu'elles ont acquis.

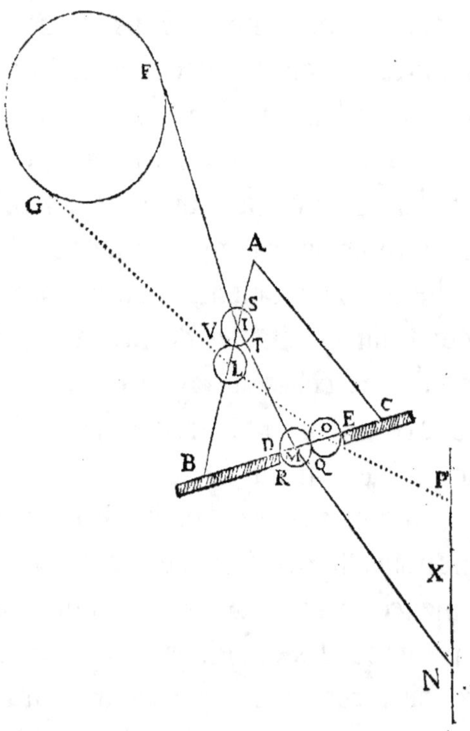

LXVIII.
Quelles sont les modifications des rayons qui font voir le rouge, le jaune, & le bleu.

Ainsi, aprés avoir examiné toutes les diverses occa-
sions de changer, ou tous les divers changemens qui
peuvent arriver aux rayons de lumiere, dans le chemin
qu'ils font pour parvenir sur le corps opaque N P, nous
connoissons que les boules qui tombent vers N, ont plus
de disposition à tourner en rond qu'à avancer en ligne
droite ; & au contraire, que les boules des rayons qui
tombent vers P, ont plus de disposition à avancer en

ligne droite qu'à tourner alentour de leur centre ; Et
enfin , que les boules des rayons qui tombent entre
deux, comme vers x, ont·à peu prés autant d'inclination à tournoyer qu'à avancer directement. A quoy fi
nous ajoûtons qu'on voit rouge en regardant vers N,
bleu vers P, jaune vers x, orangé entre N & x, & verd
entre x & P, nous pouvons dire que nous connoiſſons
en particulier les diſpoſitions des boules dont ſont compoſez les rayons qui excitent en nous ces ſenſations.

Or deux choſes ſe peuvent rencontrer de la part des
objets qu'on nomme colorez , au moyen dequoy ils
feront capables de cauſer dans la lumiere les modifications qu'elle acquiert en paſſant au travers d'un priſme;
La premiere eſt, la tranſparence des petites parties de
ces corps, qui fait que les rayons les penetrent un peu,
& ne rejailliſſent qu'aprés avoir ſouffert quelque refraction; La ſeconde choſe qui peut ſervir au meſme effet,
& en quoy peut conſiſter la couleur des divers objets,
eſt la delicateſſe & l'interruption de leurs parties, qui
fait que les petites boules des rayons de lumiere qui
tombent deſſus, leur transferent quelque peu de leur
mouvement, & rejailliſſent en tournoyant; comme l'on
voit que tournoye une balle que l'on a pouſſée avec roideur contre une terre couverte d'herbe , entre les brins
de laquelle elle s'eſt un peu embaraſſée.

LXIX.
En quoy con-
ſiſtent ces
couleurs de
la part des
objets colo-
rez.

L'on ne peut douter que les corps colorez n'ayent
des parties tranſparentes, puiſque le microſcope nous
en fait appercevoir dans toute ſorte de ſable, dans le
grez, le marbre, le ſucre, la ſoye, la laine, les cheveux,
les herbes, & dans une infinité d'autres corps.

LXX.
Que les
corps colorez
ont quelque
ſorte de
tranſparence

LXXI.
Que la sur-
face des corps
colorez est
renduë ra-
boteuse par
la teinture

Et pour la delicatesse & l'interruption de leurs parties, outre qu'elle se conclut de ce que les corps colorez sont veus & apperceus colorez·de plusieurs differens endroits, elle se confirme encore par la maniere avec laquelle on sçait que les Teinturiers font naître des couleurs ; Car comme le bresil, le bois d'Inde, l'Indigo, les gaudes &c. seroient incapables de teindre en rouge, en violet, en bleu, en jaune, &c. si l'on n'y ajoûtoit de l'alun, l'on peut penser que cette drogue corrosive & penetrante s'insinuë dans les pores des estoffes, lesquels elle agrandit ; au moyen dequoy il s'y engage des parties que l'eau a enlevées de toutes les autres drogues qui servent à teindre, lesquelles s'enfoncent de telle sorte dans les estoffes, qu'il en demeure quelque chose au dehors, ce qui rend leur superficie comme veluë, & capable de donner toutes ces differentes modifications à la lumiere.

LXXII.
Que les
corps noirs
ont plus
d'interrup-
tion que les
autres corps
colorez.

Ce que je viens de dire des teintures, m'oblige de faire icy une remarque particuliere touchant le Noir ; qui est, que comme l'âpreté en quoy il consiste doit estre tres-grande pour émousser l'action de tous les rayons de lumiere ; aussi ne suffit-il pas pour teindre en noir d'employer de l'alun avec de la noix de galle, mais au lieu d'alun il faut du vitriol, qui est beaucoup plus corrosif que l'alun ; Et mesme pour rendre le vitriol encore plus actif, on jette les estoffes qu'on veut teindre dans la chaudiere, & on les laisse long-temps dans la liqueur toute boüillante; au lieu que pour teindre en autre couleur on se contente quelquefois de tremper les estoffes dans la liqueur, qui n'est gueres que tiede.

Comme le Noir demande moins de continuité, vous jugerez aifément que les draps & autres eftoffes de cette couleur fe doivent déchirer, ou s'ufer beaucoup plûtoft que celles qui font de quelque autre couleur.

Outre cela, confiderant que les couleurs plus brunes demandent une plus grande âpreté que celles qui le font moins, il eft évident qu'on peut bien donner une couleur obfcure à une piece de drap qui en a une claire, à caufe qu'il ne s'agit que d'augmenter fon âpreté; Mais parce qu'on ne fçauroit que tres-difficilement la diminuer, il s'enfuit qu'on ne fçauroit teindre aucune eftoffe de couleur brune dans une autre qui le foit moins.

Au refte, quand je parle icy des parties des corps colorez, j'entens feulement les plus petites, dont plufieurs centaines toutes femblables fe peuvent joindre diverfement, pour compofer d'autres parties plus groffieres qui pourront avoir des figures fort differentes, de mefme qu'avec des briques toutes femblables l'on peut conftruire plufieurs diverfes fortes de bâtimens; Ainfi, fçachant que les corps colorez agiffent fur les yeux par leurs plus petites parties, & fur la langue par d'autres plus groffieres, qui font compofées de celles-là, on ne conclura point que toutes les chofes qui font d'une mefme couleur, doivent auffi avoir une mefme faveur.

De ce que dans un mefme corps il fe rencontre de deux fortes de parties, cela nous doit apprendre, que fi nous en alterons un jufqu'aux plus petites, il doit changer de couleur; ce qu'on experimente en pilant des

LXXIII.
Pourquoy les eftoffes noires s'ufent plûtoft que les autres.

LXXIV.
Pourquoy les eftoffes de couleurs claires fe peuvent teindre en de plus brunes, & non au contraire

LXXV.
Qu'il n'eft pas neceffaire que les chofes qui font d'une mefme couleur ayent auffi une mefme faveur.

LXXVI.
Qu'en alterant les moindres parties d'un corps on al.

herbes dans un mortier, & en broyant ſur la pierre des couleurs dont les Peintres ſe ſervent, comme du vermillon & de l'orpiment ; Mais ſi un corps eſt tel qu'on ne le puiſſe alterer juſqu'aux plus petites parties, alors il ne doit point changer de couleur, ce qui ſe voit dans pluſieurs autres peintures qui ſont moins alterables que celles que je viens de nommer, & ſur tout que les herbes, dont les parties ayant déja du mouvement qui leur eſt propre, à cauſe qu'elles ſont en quelque façon liquides, contribüent par leur choc à ſe diviſer beaucoup plus ſubtilement qu'elles ne le pourroient eſtre ſans cela.

Si nous faiſons reflexion ſur ce que nous avons dit des corps colorez, & particulierement du corps blanc, nous conclurons que ſi un corps blanc ne reçoit aucuns rayons de lumiere que ceux qui luy ſont envoyez par un autre corps qui les a déja modifiez, il n'y changera rien, & les renvoyera vers nos yeux avec leur meſme modification ; & ainſi, au lieu de voir ce corps-là blanc, il devra paroître de la couleur de celuy dont il a reçeu la lumiere.

C'eſt une choſe dont on peut eſtre convaincu par une experience tres-curieuſe, & qui n'eſt pas difficile à faire; en voicy le moyen. On ferme toutes les fenêtres d'une chambre, & on ne laiſſe ouvert qu'un ſeul petit trou, par où les rayons de lumiere qui rejailliſſent des objets de dehors peuvent paſſer, on reçoit dans la chambre ces rayons ſur un linge, ou quelqu'autre corps blanc, & en meſme-temps on a le plaiſir d'y voir les differentes couleurs des objets qui s'y ſont peints.

Cette

Cette experience fera peut-eftre naître une difficulté dans l'efprit de quelques-uns, qui s'imagineront que les divers rayons, & diverfement modifiez, qui paffent par un mefme trou, fe devroient empêcher les uns les autres, & troubler mutuellement leurs actions ; Toutesfois ils n'auront pas de peine à s'en delivrer, s'ils confiderent premierement la grande quantité de pores qui fe peuvent rencontrer dans la moindre quantité d'air, ou de quelqu'autre corps tranfparent que ce foit, qui peuvent, pour ainfi dire, donner paffage à une infinité de rayons, fans fe nuire les uns les autres. Mais ce qu'il y a principalement icy à confiderer, & qui leve la difficulté, c'eft que la lumiere, ou la couleur, ne confifte pas tant dans un mouvement actuel, que dans une inclination à fe mouvoir, ou dans un preffement ; Or il eft aifé de comprendre qu'un mefme point de matiere peut tranfmettre une infinité de ces fortes d'actions toutes diverfes, fans qu'elles fe confondent. Par exemple, fi quelque Agent s'appliquant au bout A, de la ligne droite A B, pouffe comme cent livres vers B, où je fuppofe qu'il y ait un corps qui foutienne cet effort, la ligne A B, ne doit point avancer vers B, & encore moins fe plier vers C ou vers D, à caufe qu'elle eft droite ; mais la moindre force fera capable de la déterminer à fe courber vers tel cô-té que l'on voudra ; Ainfi, s'il y a une puiffance en C, qui pouffe par E vers D, comme une livre, cela la fera

LXXIX.

Comment les actions de divers objets qui font receuës dans un mefme milieu ne détruifent pas les effets les uns des autres.

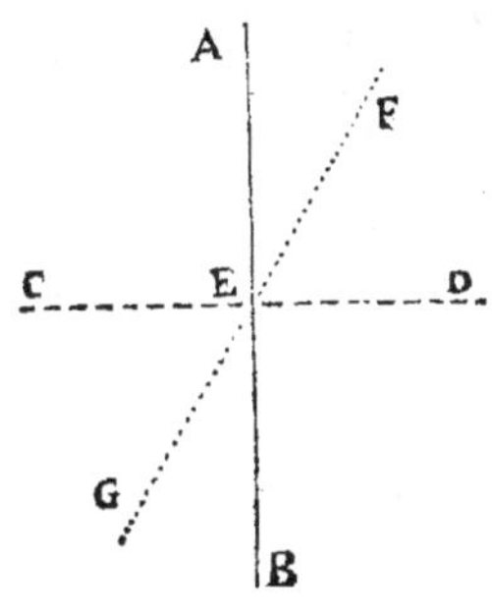

plier du côté de D ; Mais ſi l'on
ſuppoſe en D, une autre puiſſance qui reſiſte comme une livre,
elle l'empêchera de plier ; ainſi,
la puiſſance qui eſt en A, tranſ-
mettra ſon action toute ſeule &
toute entiere vers B, ſans que
celle qui eſt en C la trouble ;
& celle qui eſt en C tranſmet-

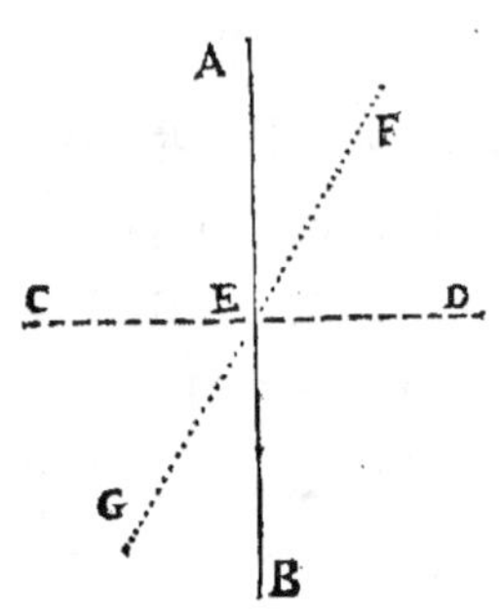

tra ſon action vers D, ſans que l'action qui ſe continuë
par A B, y apporte le moindre obſtacle. De meſme, on
pourra concevoir qu'une puiſſance en F, agira comme
cinq livres ſur un çorps qui ſera en G ; Et partant un
meſme point, comme E, peut ſervir à tranſmettre tant
d'actions differentes que l'on voudra, ſans les confondre.

LXXX.
Que c'eſt ſans raiſon qu'on diviſe les couleurs en vrayes & fauſſes, ou en réelles & apparentes.
　　　Aprés ce que j'ay écrit juſques icy, je n'ay plus
qu'une choſe à remarquer ſur la diviſion qu'on a coûtume de faire des couleurs, dont on veut que les unes
ſoient vrayes ou réelles, comme celles d'une tapiſſerie,
& que les autres ſoient fauſſes ou apparentes, comme
celles qu'on voit par le moyen d'un priſme de verre.
Mais je n'eſtime pas qu'il y ait aucun fondement en
cette diviſion, puis qu'il n'y a ny plus ny moins de réa-
lité aux unes qu'aux autres : Car ſi le ſentiment de couleur qu'on experimente en regardant une tapiſſerie eſt
réel, celuy que l'on a en regardant au travers d'un priſme ne l'eſt pas moins ; le priſme n'eſt pas moins réel
que la tapiſſerie ; Et enfin, c'eſt la meſme lumiere qui
intervient, pour nous faire ſentir les couleurs du priſme, que pour nous faire ſentir les autres.

Que fi quelqu'un, pour faire valoir la divifion que je rejette, vouloit repliquer qu'il y a au moins de la fauffeté dans la vifion qui fe fait en regardant au travers d'un prifme, en tant qu'on rapporte les couleurs qu'on apperçoit, à des objets où elles ne font point, j'ay à luy répondre que la fauffeté n'eft point dans la vifion, mais feulement dans le jugement qui la fuit ; Et fi cela eftoit fuffifant pour dire que ces couleurs font fauffes, il faudroit dire que toutes les couleurs le font, dautant qu'on ne rapporte pas moins fauffement, aux objets qu'on nomme colorez, les fentimens que l'on a en leur prefence.

LXXXI. *Que la vifion de toutes les couleurs eft accompagnée d'un jugement faux.*

Ceux-là n'ont pas mieux rencontré, qui reconnoiffant que toutes les couleurs font également réelles, les ont divifées en fixes & en paffageres, donnant le nom de fixes à celles que les autres appelloient vrayes, & nommant paffageres celles qu'on avoit coûtume d'appeller fauffes ; dautant que fi l'œil demeure toûjours appliqué de la mefme façon au prifme, & fi la lumiere intervient toûjours de mefme, on ne manque jamais de voir les mefmes couleurs ; en forte que la fenfation dure autant en regardant au travers d'un prifme, que celle qu'on peut avoir à la prefence d'une tapifferie.

LXXXII. *Que c'eft auffi fans raifon qu'on a divifé les couleurs en fixes & paffageres.*

Toute la difference que l'on peut remarquer entre les objets qui font naître en nous quelque fentiment de couleur, eft, que quelques-uns, comme le prifme, femblent exiger que l'œil foit arrefté dans un certain lieu, hors lequel on ceffe de voir comme on voyoit auparavant ; au lieu que les autres, comme une tapifferie, font veus fous une mefme couleur d'une infinité d'endroits.

LXXXIII. *Que les unes & les autres fe reffemblent toutes.*

Q q ij

Toutesfois à considerer la chose de plus prés, il est certain que le prisme & la tapisserie se ressemblent encore en cecy ; dautant que les mesmes parties de la tapisserie qui reflechissent la lumiere vers l'œil qui est en un certain endroit, n'en reflechissent point du tout vers luy, quand on a le moins du monde changé de place ; & l'on ne continuë de voir la mesme couleur quand on en change, qu'à cause qu'au defaut des premieres parties, il y en a d'autres toutes semblables qui leur sont voisines, qui reflechissent la lumiere de mesme façon. De forte que si l'œil estant arresté en un certain lieu, d'où il voit certains endroits de la tapisserie d'une certaine couleur, on supposoit que Dieu aneantist tous les autres endroits de la tapisserie qui ne reflechissent point de lumiere vers le lieu où il est, il continueroit bien de voir les mesmes couleurs, mais il ne pourroit changer de place sans cesser de voir comme il voyoit auparavant.

LXXXIV.
De la nature des couleurs changeantes.

Cette verité estant bien entenduë, il n'y a plus de difficulté dans ces couleurs qu'on nomme changeantes, comme sont celles qu'on voit au col d'un canard, ou d'un pigeon, & à la queuë d'un paon : Car on peut bien penser qu'il y a dans ces sujets un tel arrangement de parties, que celles qui sont propres pour modifier la lumiere d'une certaine façon, sont disposées pour la renvoyer vers un mesme endroit, & que celles qui la peuvent modifier autrement, la reflechissent d'un autre côté ; Ainsi, si l'œil est au lieu où parviennent les rayons qui peuvent faire naître le sentiment de rouge, l'objet paroîtra rouge, & s'il estoit placé où sont reflechis ceux qui peuvent faire naître le sentiment de jaune, l'objet paroîtroit jaune.

Ce qui se confirme en ce que les ouvriers ont trouvé le moyen de faire des étoffes de couleur changeante, en faisant la trame d'une couleur claire, & l'enflûre d'une couleur qui l'est moins. Mais ce qui ressemble mieux aux objets ausquels on attribuë ces sortes de couleurs changeantes, sont certaines images canelées qui representent des choses toutes diverses, estant regardées de differens endroits. Ainsi, une de ces images estant regardée de front, fait voir un Cesar, estant regardée d'un certain côté fait paroître un chat, & estant regardée d'un autre represente un squelette : Car comme ce sont diverses parties de l'image qui causent ces diverses apparences, aussi sont-ce diverses parties d'un pigeon qui nous font voir diverses couleurs.

Si aprés tout ce que nous avons dit touchant la nature & les proprietez de la lumiere, & des couleurs, il reste encore quelque difficulté, on en trouvera la solution dans la suitte, quand on aura vû plus particulierement comment se fait la vision ; C'est ce qui nous oblige maintenant d'en parler ; Et nous le faisons d'autant plus volontiers, que les parties suivantes de ce Traitté de Physique, estant en quelque façon fondées sur les observations que l'on découvre par son moyen, nous avons besoin de bien connoître toutes les circonstances de cette façon de sentir, qui est la plus merveilleuse que nous ayons. Nous commencerons par la description de l'œil ; & pour éviter la longueur, nous ne nous arresterons qu'à ce qui fait particulierement à nôtre sujet.

Q q iij

CHAPITRE XXVIII.

Description de l'Oeil.

I.
De la figure de l'œil.

TANDIS que l'œil est enchassé dans la teste de l'animal, ce qui l'entoure nous empêche d'en connoître la figure, mais quand il en est dehors, l'on voit qu'il est de figure ronde, & tel à peu prés qu'il est representé dans le profil A B C D E F; dont la partie F A B C, est l'anterieure, ou celle qui avance le plus en dehors, & le reste C D E F, est ce qui est enfoncé dans l'os de la teste.

II.
Quelle est la tunique cornée.

A B, est une partie de l'enveloppe particuliere de l'œil, qui a esté nommée *la tunique cornée*, & cette partie est transparente.

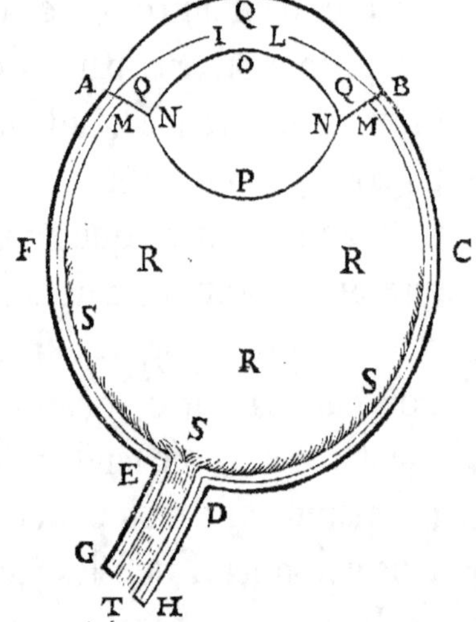

III.
La conjonctine ou le blanc de l'œil

B C D E F A, est le reste de cette enveloppe, dont les endroits qui sont proches de A & de B, s'appellent *le blanc de l'œil*.

IV.
La tunique uvée & la prunelle.

A I L B, est la tunique *uvée*, dans laquelle est un trou marqué I L, qui s'appelle *la prunelle*.

V.
Les ligamens

M N, M N, sont certains filets noirs qu'on appelle *les ligamens ciliaires*, qui tiennent suspendu un certain

corps mol & tranfparent, qu'on nomme l'humeur *ciliaires.*
cryftaline.

L'efpace Q Q Q, eft remply d'une liqueur tranfpa- *VI.*
rente, qui eft coulante comme de l'eau, & qui pour *L'humeur*
cette raifon a efté appellée *l'humeur aqueufe.* *aqueufe.*

N O N P, eft un corps tranfparent, de la figure d'une *VII.*
lentille, un peu plus convexe du côté de N P N, que du *L'humeur*
côté de N O N, lequel, à caufe qu'il eft un peu dur, s'ap- *cryftaline.*
pelle *l'humeur cryftaline.*

Le refte de la capacité de l'œil R R R, eft remply *VIII.*
d'une glaire, qui femble plus tranfparente que les hu- *L'humeur*
meurs cryftaline & aqueufe, & qui eft d'une confif- *vitrée.*
tance moyenne entre l'une & l'autre ; dautant qu'elle
fe peut preffer plus facilement que l'humeur cryftaline,
& cependant elle n'eft point coulante comme l'humeur aqueufe ; cette glaire eft ce qu'on momme
l'humeur vitrée.

D E G H, eft une partie du nerf optique, dont les fi- *IX.*
lets T S, prennent leur origine du cerveau, & fe vont *Le nerf op-*
terminer dans l'œil, dont ils tapiffent le fond, formant *tique & la*
un certain lacis fort delicat que les Medecins appellent *retine.*
la retine..

Je mabftiens à deffein de parler du nombre & des *X.*
noms des tuniques qui fervent d'enveloppes à l'œil, *Que le de-*
parce qu'elles n'ont point d'ufage particulier pour la *dans de l'œil*
vifion ; mais il ne faut pas omettre de remarquer que *eft noir.*
les furfaces de ces tuniques font toutes noires, aux endroits qui font vis-à-vis du fond de l'œil.

Le corps de l'œil eft entouré de *fix mufcles*, quatre *XI.*
defquels s'appellent *droits*, & les deux autres fe nom- *Des mufcles*
de l'œil.

ment *obliques*; Chaque nerf qu'on dit eſtre l'origine d
quelqu'un des muſcles droits part immediatement d
cerveau; d'où ſortant par un petit trou de l'os de l
teſte, il ſe va diſſiper dans l'un de ces muſcles, qui on
chacun leur inſertion à un endroit de l'enveloppe d
l'œil, comme peut eſtre celuy qui eſt icy marqué F
en ſorte que de ces quatre muſcles droits l'un eſt a
deſſus, l'autre au deſſous, & les deux autres aux deu
côtez de cette enveloppe; Et bien que les muſcles obl
ques prennent auſſi leur origine du cerveau, leurs nerf
font certains détours, qui font qu'ils ſemblent ſorti
du coin de l'œil qui eſt voiſin de l'oreille, & là, l'u
prend le deſſus, & l'autre le deſſous de l'œil, & ainſi il
croiſent les quatre muſcles droits, & ſe vont inſerer ver
l'os du nez.

XII.
De l'uſage
des muſcles
de l'œil.

Il n'y a point de muſcle dans tout le corps, qui ne ſ
rempliſſe quelquefois d'une certaine liqueur ſembla
ble à un air fort ſubtil, qui luy vient du cerveau par l
nerf qui luy ſert d'origine; Cette liqueur eſt ce que le
Medecins appellent *les Eſprits Animaux*, leſquels n
ſçauroient gonfler un muſcle ſans le racourcir, ou ſan
diminuer la dimenſion qui eſt entre ſon origine & ſo
inſertion; Ainſi, le muſcle droit qui eſt au deſſus ſe rem
pliſſant d'eſprits, c'eſt une neceſſité que l'œil s'éleve e
haut; & les trois autres muſcles s'en rempliſſant tour à
tour, ſervent tantoſt à faire baiſſer l'œil, & tantoſt à l
faire tourner à droite ou à gauche. Mais ce qui eſt icy
fort conſiderable, c'eſt que ſi ces muſcles ſe racour
ciſſent tous quatre en meſme-temps, ils doivent quel
que peu changer la figure de l'œil, qui en devient plu
pla

plat qu'il n'eſtoit auparavant. Et quant aux muſcles
obliques, je ne ſuis point de l'avis des Medecins, qui
diſent qu'ils ſervent à faire tourner l'œil en rond, comme une poulie; j'eſtime plûtoſt que ſe rempliſſant tous
deux en meſme-temps d'eſprits, & ainſi ſe racourciſ-
ſant, ils preſſent le corps de l'œil, dont ils changent la
figure; en telle ſorte qu'il devient plus long & plus
vouté par ſa partie anterieure, & un peu plus enfoncé
par ſa poſterieure; ce qui fait qu'il y a un peu plus de
diſtance entre l'humeur cryſtaline & la retine.

Ajoûtez à ces changemens de l'œil, que la prunelle *XIII.* *Que la pru-*
eſt ſujette à ſe dilater, & à ſe reſſerrer; Et l'on obſerve *nelle eſt ca-*
qu'elle ſe dilate, dans les lieux où il y a peu de lu- *pable de di-*
miere, ou quand nous nous efforçons à regarder de *latation.*
loin; Et au contraire qu'elle ſe reſſerre, dans les lieux
fort éclairez, ou quand nous nous efforçons à regarder
de prés.

Remarquez enfin, que ſi l'on remonte juſqu'à l'ori- *XIV.*
gine des deux nerfs optiques, l'on s'apperçoit qu'aprés *Des deux*
avoir paſſé le crane ils s'approchent peu à peu; & l'on *nerfs opti-*
voit preſque toûjours qu'ils s'uniſſent par leurs enve- *ques.*
loppes, aprés quoy ils ſe ſeparent derechef, & ſe vont
enfoncer dans la ſubſtance du cerveau, dans laquelle
il eſt impoſſible de les diſcerner; Ainſi, ſi l'on ajoûte
quelque choſe de plus que ce que je viens de dire, cela
n'a de vray-ſemblance, qu'entant qu'il ſert à rendre
raiſon de certains phénomenes, qu'il ſeroit impoſſible
d'expliquer ſans cela.

R r

CHAPITRE XXIX.

Explication vulgaire de la Vision.

I.
Ce que l'on entend par la vision; & qu'Ariſtote n'en a rien dit.

ARISTOTE n'a rien écrit de particulier touchant la maniere que ſe fait la Viſion; Et quoy que le titre du ſeptiéme Chapitre du deuxiéme livre de l'ame, qu'il intitule, *de la veuë*, ſemble promettre qu'il en doive parler à fond, il n'en dit rien autre choſe, ſinon que l'objet doit agir ſur le milieu pour faire que ſon action ſe tranſmette juſqu'à l'organe; Il eſt vray qu'il dit encore au douziéme Chapitre du meſme livre, qu'en toute ſenſation nous recevons les images des choſes ſans en recevoir la matiere; de meſme que la cire reçoit la figure du cachet ſans rien retenir du cachet; Mais ce texte ne contient rien qui ne ſoit auſſi vague que ce qu'il avoit dit auparavant; & la comparaiſon qu'il apporte, ne fait point comprendre comment un grand nombre de parties, dont un objet eſt compoſé, ſe peuvent faire ſentir toutes à la fois diſtinctement; ny comment nous pouvons connoître la ſituation, la diſtance, la grandeur, la figure, le nombre, & le mouvement ou le repos des choſes qui ſe preſentent devant nos yeux.

II.
Doctrine des Ariſtoteliciens touchãt la viſion.

Les Diſciples d'Ariſtote ont bien reconnu qu'il s'en faloit beaucoup qu'il n'euſt enſeigné tout ce qu'on ſouhaitoit de ſçavoir en cette matiere, & c'eſt ce qui les a incitez à rechercher le moyen de pouvoir étendre ſa doctrine. Ainſi, prenant au pied de la lettre le mot d'image , dont il eſt parlé dans ce texte que je viens de rapporter , ils ont aſſuré que l'objet viſible en produit une dans l'air voiſin , que celuy-cy en produit une ſeconde un peu plus petite dans l'air qui eſt au delà, cette ſeconde une troiſiéme encore plus petite, & que cela ſe continuë juſques à ce qu'il s'en produiſe une dans l'humeur cryſtaline de l'œil, qu'ils pretendent eſtre le principal organe de la viſion , ou la partie du corps qui ſert immediatement à l'Ame pour la faire ſentir. Ce ſont ces ſortes *d'images* , ou *eſpeces*, qu'ils nomment , *intentionelles* , dont ils tâchent d'expliquer la production, en diſant que les objets les font naître de la meſme maniere que nôtre image ſe produit dans un miroir.

Il paroiſt aſſez par ce que j'ay écrit juſques icy , que je ſuis d'accord avec Ariſtote ; mais je ne ſçaurois convenir avec ſes Diſciples ſur le ſujet de leurs eſpeces intentionelles, dont la nature me paroiſt inconcevable , & qui de tout temps leur ont donné d'étranges gênes ; Et c'eſt un pur ſophiſme de vouloir pretendre les établir par l'exemple d'un miroir, puiſque la viſion reflechie eſt plus difficile à connoître que la directe.

III.
Que les Ariſ-
toteliciens
n'expliquent
pas la natu-
re de leurs
eſpeces in-
tentionelles.

Il n'eſt pas beſoin de rapporter icy toutes les abſurditez où ils s'engagent, pour montrer la nullité de ces eſpeces intentionelles ; il ſuffit ſeulement de remarquer que ſi cette diminution ſe faiſoit de la ſorte qu'ils diſent, il s'enſuivroit que lors qu'un objet ſe fait voir à dix pas de diſtance, ſon eſpece ne ſeroit encore diminuée que de moitié quand elle ſeroit à cinq pas ; c'eſt à dire, que ſi l'objet eſt de ſix pieds, l'eſpece en auroit

IV.
Abſurditez
de ces eſpeces

alors encore trois; Ainſi, mettant l'œil à cinq pas de
diſtance, il ne pourroit recevoir qu'une tres-petite
partie d'une ſi grande eſpece; & par conſequent on
ne pourroit voir qu'une tres-petite partie de l'objet;
ce qui eſt contre l'experience, puiſque nous le voyons
tout entier à cette diſtance, & à d'autres encore beaucoup moindres. Que s'ils répondent que ces eſpeces
diminuent autrement pour un œil qui eſt proche, que
pour un autre qui eſt plus éloigné, ils s'engagent à reconnoître qu'un objet inanimé, & qui agit neceſſairement, a cependant la diſcretion de proportionner ſon
action, pour operer la meſme choſe à pluſieurs diſtances; ce qui eſtant abſurde, il s'enſuit auſſi que l'établiſſement de ces eſpeces eſt abſurde,

Ce n'eſt pas ſeulement parler ſans raiſon, mais c'eſt
meſme choquer la raiſon, que de dire que la viſion s'a-
cheve dans l'humeur cryſtaline, & que l'humeur vitrée
eſt derriere pour le meſme uſage que le vif argent eſt
derriere un miroir, à ſçavoir, pour terminer l'action de
l'objet viſible : Car il eſt indubitable que cet objet doit
continuer ſon action au travers de l'humeur vitrée, qui
eſtant la choſe du monde la plus tranſparente que nous
connoiſſions, ne ſçauroit raiſonnablement eſtre com-
parée à du vif-argent, qui eſt tres-opaque. Ajoûtez que
comme cette humeur cryſtaline ſe trouve dans les deux
yeux, & qu'il s'y forme en meſme-temps deux eſpeces, ſi c'eſtoit elle qui fuſt le principal organe de la viſion, il s'enſuivroit que nous ne pourrions jamais manquer de voir un objet double, lors que nous le regarde-
rions avec les deux yeux.

Cette derniere raison convainc de fausseté l'opinion de quelques Philosophes, qui établissent le principal organe de la vision de la Retine.

Pour l'opinion de ceux qui assurent que nous sentons, de ce que l'action de l'objet se porte jusqu'au concours des nerfs optiques, elle se détruit par l'experience des Anatomistes, qui ont trouvé ces nerfs desunis dans les cadavres de quelques particuliers, qui pendant leur vie avoient vû à la façon des autres hommes.

VI.
Qu'elle ne se fait pas dans la retine.

VII.
Qu'elle ne se fait pas dans le concours des nerfs optiques.

CHAPITRE XXX.

Du passage de la lumiere au travers des humeurs de l'œil.

SI la plus-part se sont trompez en tâchant d'expliquer la vision, je pense que leur méprise vient principalement de ce qu'ils ont voulu connoître trop de choses à la fois, & qu'ils n'ont gardé aucun ordre. Nous profiterons de leur faute, si considerant que la vision est une suitte de l'action de l'objet sur les organes tant interieurs qu'exterieurs, nous ne nous arrestons d'abord qu'à examiner comment les rayons de lumiere par lesquels les objets se font sentir, sont receus dans les humeurs de l'œil.

I.
La cause de la méprise des anciens Philosophes au sujet de la vision.

Proposons nous, par exemple, l'œil z, & l'objet A B c; il n'y a pas de doute que chaque point, c'est à dire, chacune des moindres parties visibles de cet objet, envoye des rayons dans tous les endroits du milieu d'où

II.
Qu'il suffit de considerer certains rayons entre plusieurs qui

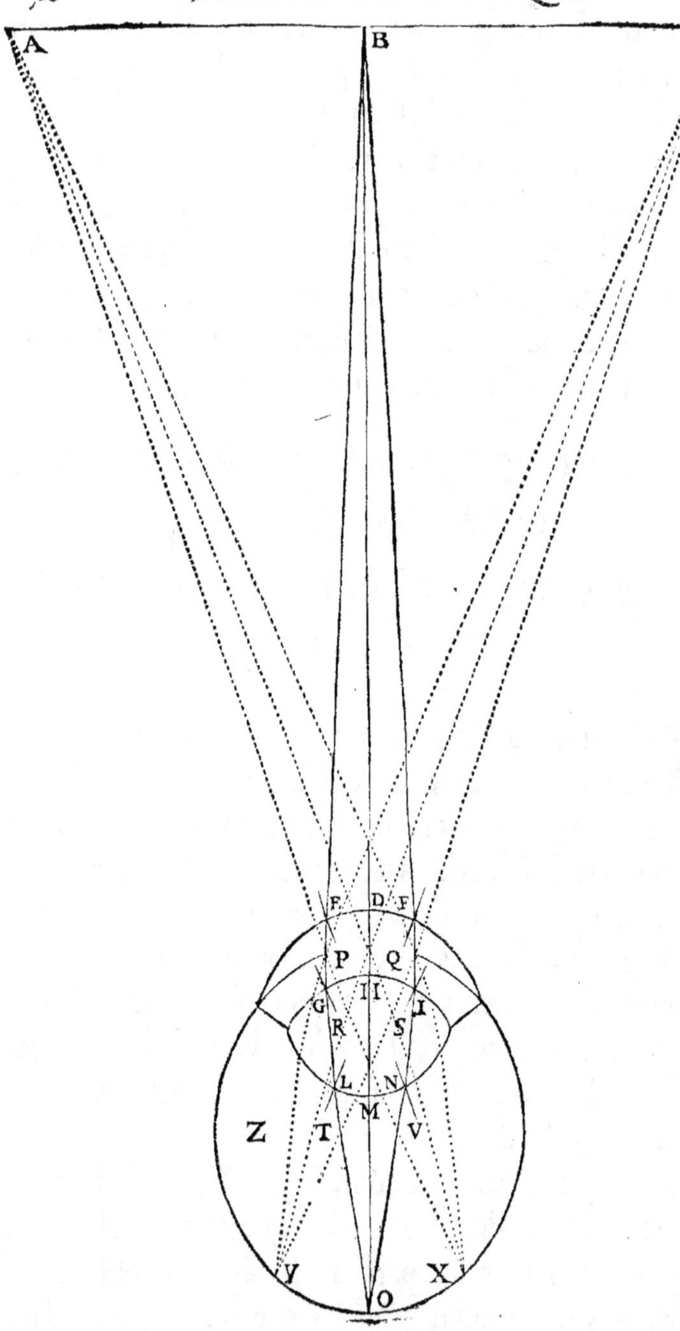
A
B
C
F D F
P Q
G H I
R S
L N
M
Z T V
Y X
O

l'on le peut appercevoir ; Mais parce qu'il n'y a que ceux qui paſſent au travers de la prunelle qui ſervent à la viſion, nous ne conſidererons que ceux qui tombent ſur l'endroit de la cornée qui correſpond vis-à-vis de la prunelle ; Ainſi, ayant à examiner l'action du point B, nous nous contenterons de conſiderer quelques-uns des rayons qui partent de ce point, ſçavoir les rayons B D, B E, B F. *partent de chaque point de l'objet.*

Et d'autant que le rayon B D eſt perpendiculaire à la ſuperficie E D F, il ne doit ſouffrir aucune refraction en paſſant de l'air dans l'humeur aqueuſe ; il doit donc continuer tout droit juſqu'en H ; où tombant encore perpendiculairement ſur la ſurface de l'humeur cryſtaline, il doit ſans refraction tendre directement vers M ; & parce qu'il tombe encore en ce lieu là perpendiculairement ſur la ſuperficie de l'humeur vitrée, il doit tendre directement au point O du fond de l'œil. *III. Que quelques rayons ſe portent juſqu'au fond de l'œil ſans refraction.*

Mais le rayon B E ne tombant pas à plomb ſur la ſurface E D F, où il ſe preſente pour paſſer de l'air dans de l'eau, il doit ſe rompre en approchant de la perpendiculaire E P ; en ſuitte dequoy, il aboutira à quelque point de la ſurface de l'humeur cryſtaline, par exemple, au point G, qui eſt un peu plus prés de H, qu'il n'auroit eſté s'il ne s'eſtoit point rompu ; Maintenant le rayon E G, n'eſtant point auſſi perpendiculaire à la ſurface G H I, par laquelle il ſe preſente pour paſſer de l'humeur aqueuſe dans un milieu qui eſt plus dur, il ſe doit rompre encore en approchant de la perpendiculaire G R ; & par conſequent parvenir à quelque point de la ſurface de l'humeur vitrée, par exemple, au point L, qui *IV. De la refraction de quelques autres ; & comment ceux qui partent d'un point d'un objet s'aſſemblent dans un point de la retine.*

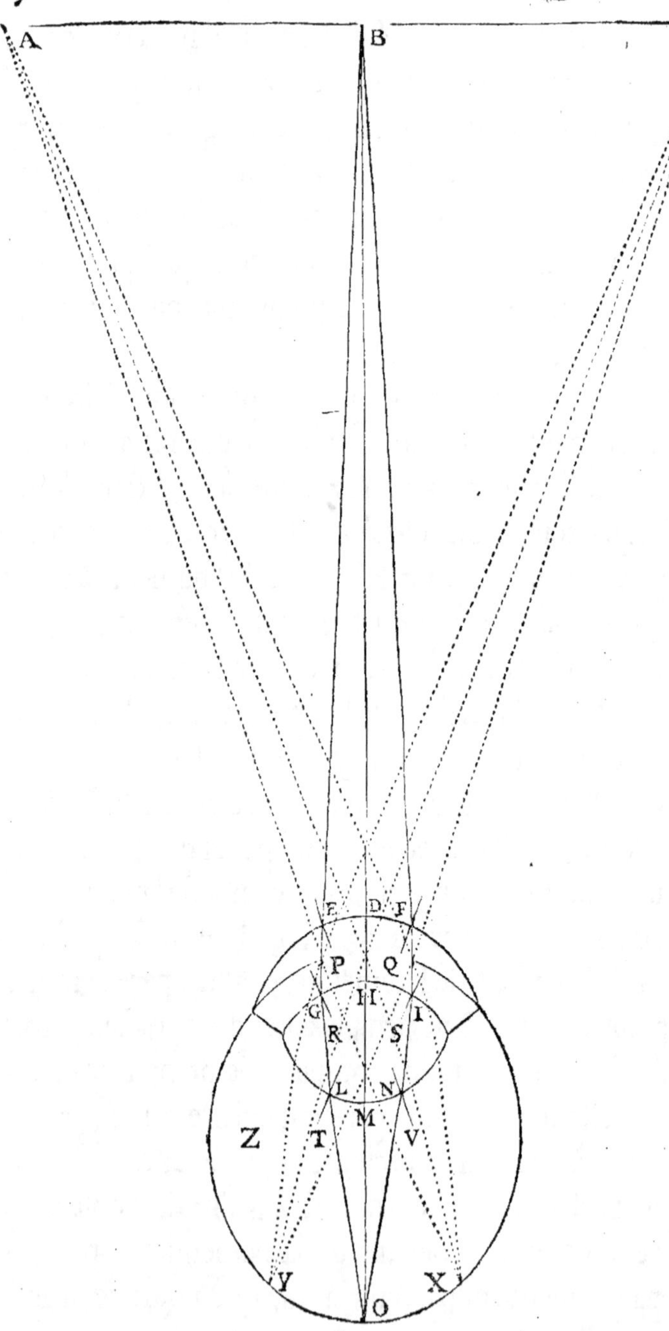

est

est aussi un peu plus proche de M, qu'il n'auroit esté
sans cette seconde refraction; Enfin, dautant que le
rayon G L, est aussi incliné sur la superficie L M N, par
laquelle il doit passer d'un corps assez dur dans un autre
qui l'est moins, il doit se rompre en s'éloignant de la
perpendiculaire L T, laquelle, comme vous voyez, est
tellement située, que le rayon qui s'en éloigne, tend à
s'approcher du rayon B D O; Et l'on peut concevoir
qu'il se peut rompre de telle sorte, qu'il parviendra au
mesme point, où le rayon B D O estoit parvenu, sçavoir
au point O. En considerant de mesme ce qui doit arriver au rayon B F, on connoîtra que ses refractions le
conduiront de F en I, de I en N, & qu'il se joindra enfin aux deux autres au point O. Et dautant que les refractions que souffrent les rayons qui tombent entre
B E & B F, ne sont pas si grandes que celles de ces
rayons mesmes, il est aisé à juger que tout ce qu'elles
peuvent faire, est de les détourner tous vers ce mesme
point O. Ainsi, l'on verra que le point B, agit sur le fond
de l'œil, comme si la prunelle n'avoit aucune largeur, &
comme s'il n'envoyoit qu'un seul rayon, lequel en re-
compense eust toute la force qu'on peut attribuer à tous
ceux qui sont compris entre B E & B F.

Maintenant, si l'on considere ce qui doit arriver aux
rayons qui partent d'un autre point, comme A, l'on
connoîtra que tous ceux qui entrent dans l'œil, y doivent souffrir de telles refractions, qu'ils aillent ensemble aboutir à peu prés dans un mesme point, comme
X; Et de mesme, que ceux qui partent d'un autre point
pris entre A & B, doivent parvenir à peu prés à un au-

V.
Que les
rayons qui
partent de
divers points
d'un objet,
tombent sur
autant de di-
vers points
de la retine.

S f

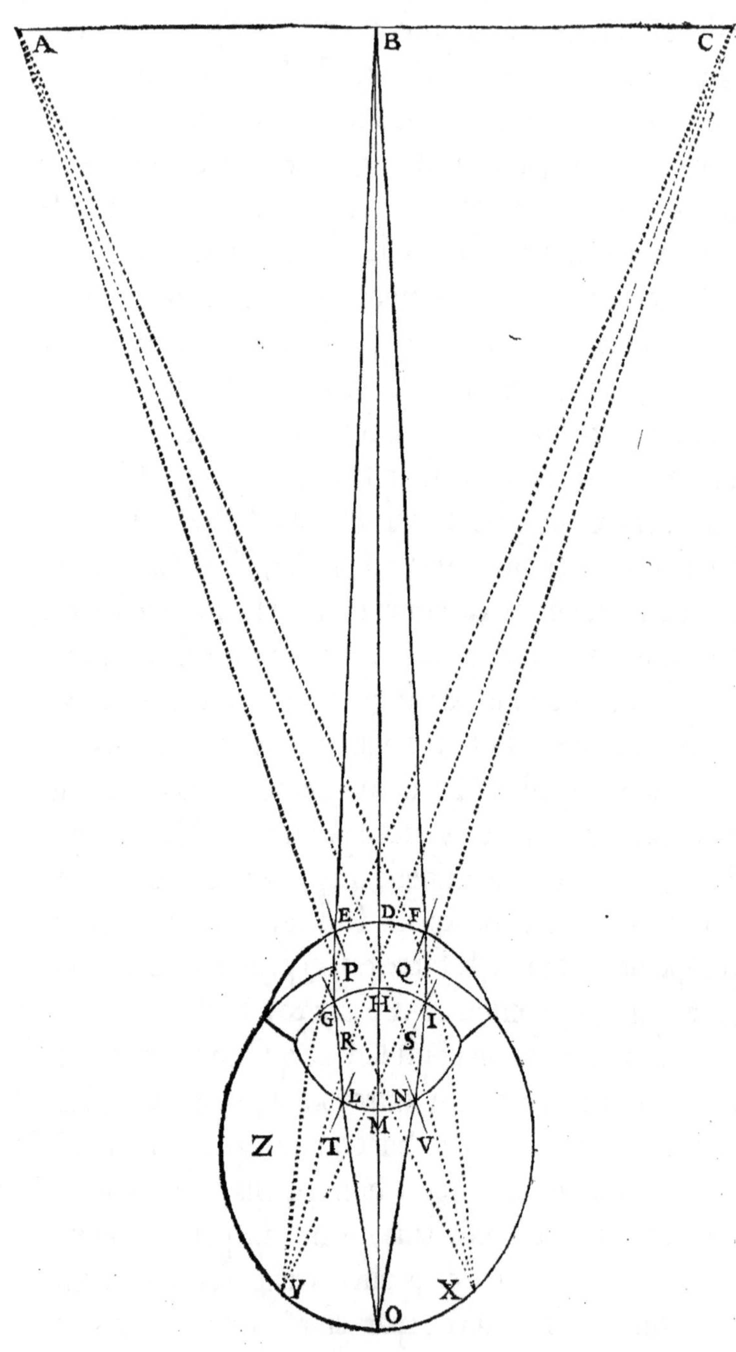
A
B
C
E D F
P Q
G H I
R S
L N
M
Z T V
Y X
O

tre point du fond de l'œil, qui se rencontre entre x &
o ; Ainsi l'on peut dire generalement, que chaque point
de l'objet n'agit à peu prés que sur un mesme point du
fond de l'œil, & reciproquement, que chaque point du
fond de l'œil ne reçoit à peu prés l'impression que d'un
seul point de l'objet.

Je dis à peu prés, & non pas en toute rigueur : Car si
les surfaces E D F, G H I, L M N, sont tellement cour-
bées qu'elles conduisent justement tous les rayons qui
viennent d'un seul point, comme B, en un seul point,
comme o, il est impossible qu'elles assemblent de mesme les rayons qui viennent d'un autre point, comme A;
dautant que tout autre point que B, n'est point disposé
comme luy à l'égard de l'œil.

VI.

Que les rayons qui partent de certains points ne se reünissent pas si exactement que ceux qui partent de quelques autres.

Et remarquez que si l'objet s'éloignoit de l'œil, le
point B demeurant toûjours dans la ligne B D, & l'œil
ne changeant point de disposition, comme les rayons
que ce point B envoyeroit alors vers la prunelle, seroient un peu moins divergens, ou écartez, il arriveroit qu'en penetrant les trois superficies E D F, G H I, &
L M N, ils se romproient de telle sorte, que leur reünion
se feroit plus prés de l'humeur crystaline que n'est le
point o. Tout au contraire, si l'objet s'approchoit de
l'œil, comme les rayons qui partiroient du point B pour
passer dans la prunelle, seroient alors beaucoup plus
divergens, leurs refractions ne les pourroient faire reünir qu'au delà du mesme point o ; Et il se pourroit faire
que l'objet fust si proche de l'œil, & les rayons qui partiroient d'un seul de ses points si divergens, qu'ils ne
pourroient jamais se reünir. On pourroit donc dire en

VII.

Que l'œil ne changeant point de disposition, les refractions ne sçauroient reünir sur la retine les rayons qui partent des objets qui sont a toutes sortes de distances.

tous ces cas, qu'il n'y auroit aucun point de l'objet dont l'impreſſion ne s'étendiſt dans un petit eſpace du fond de l'œil ; & conſequemment il ſeroit vray de dire que deux points voiſins agiroient avec confuſion.

Tout cela ſe feroit de la ſorte, ſi l'œil eſtoit inflexible ; mais pour remedier à tous ces inconveniens, la nature a fait qu'il peut eſtre applaty ou alongé juſques à un certain point, pour s'ajuſter aux diverſes diſtances où peuvent eſtre les objets que l'on veut regarder. Quand donc nous voulons regarder un objet, qui eſt plus éloigné qu'il ne faut pour eſtre apperceu diſtinctement, ſelon l'eſtat ordinaire de l'œil, il eſt applaty par l'action des quatre muſcles droits, qui le tirent tous enſemble vers le fond de l'orbite, & la retine ſe trouve alors aſſez prés de l'humeur cryſtaline, pour ſe trouver juſtement à la reünion des rayons qui partent d'un ſeul point de cet objet éloigné. Et quand nous voulons regarder un objet qui eſt trop proche, l'œil eſt alongé par l'action des deux muſcles obliques, qui l'entourent & qui le preſſent en ſe gonflant ; & alors, la diſtance qui eſt entre l'humeur cryſtaline & la retine devient aſſez grande, pour faire que les rayons qui partent d'un point de cet objet qui eſt proche, ſe reüniſſent dans un point de la retine. Et ainſi, s'il reſte quelque confuſion, à laquelle la nature n'ait point remedié, ce n'eſt qu'à l'égard de l'action des rayons qui viennent d'un point d'un objet qui eſt par trop proche de l'œil, comme à deux ou trois pouces de diſtance ; Mais il auroit eſté ſuperflu ou du moins peu neceſſaire d'y remedier : Car comme la veuë nous a eſté principalement donnée pour connoître les chofes éloignées, & qu'il arrive tres-rarement qu'il fe prefente des occafions où nous ayons befoin de voir à une diftance fi proche, la nature a negligé d'y apporter le remede.

Cet approchement & ce reculement de l'humeur cryftaline du fond de l'œil, font fi neceffaires pour bien voir, que ne fe pouvant faire par l'action des mufcles dans certains oifeaux, qui ont l'enveloppe de l'œil dure & inflexible comme fi elle eftoit d'os, la nature y a pourvû par une autre voye : Car elle a mis dans les yeux de ces oifeaux certains petits filets noirs, qui ne fe rencontrent point dans ceux des hommes, ou des autres animaux, lefquels attachant l'humeur cryftaline au fond de l'œil, la peuvent faire approcher ou reculer de la retine.

IX, Qu'il fe fait un autre changement dans les oi-feaux.

Remarquez icy que la premiere des trois refractions que les rayons de lumiere fouffrent dans l'œil, ne fe rencontre point dans la vifion des poiffons qui font dans l'eau, à caufe que ces rayons ne changent prefque point de milieu lors qu'ils entrent dans l'humeur aqueufe de l'œil de ces poiffons ; C'eft pourquoy il femble que le defaut de cette refraction a dû fe compenfer par quelque autre moyen ; Et nous voyons en effet que la nature a donné beaucoup de convexité à l'humeur cryftaline des poiffons, qui eft prefque toute ronde comme une petite boule, & non pas de la figure d'une lentille, ainfi qu'elle eft dans les autres animaux.

X. Belle remarque touchant l'œil des poiffons.

Comme la plus-part des perfonnes âgées amaigriffent & deffechent par l'âge, cela fait que leurs yeux s'applatiffent, & deviennent quelque peu plus larges qu'ils

XI. Que les vieillards n'ont qu'une image confufe des

objets pro-
ches.

n'eftoient dans un âge moins avancé ; Or cette difpofition des yeux ne permet pas que les rayons qui partent d'un objet un peu proche, foient reünis lors qu'ils
rencontrent la retine ; c'eft pourquoy ils ne tracent
fur elle qu'une image confufe ; Et il eft impoffible que
ces fortes d'yeux reçoivent jamais aucune image diftincte, fi ce n'eft quand l'objet eft fuffifamment éloigné.

XII.
Que ceux qui ont les yeux fort gros & fort voutez ne reçoivent qu'une image confufe des objets éloignez,

Quelques perfonnes au contraire ayant naturellement
les yeux plus longs & plus voutez que le commun des
hommes, la diftance qui fe rencontre entre l'humeur
cryftaline & le fond de l'œil, eft auffi plus grande que
de coûtume ; ce qui fait que les rayons qui partent d'un
point d'un objet un peu éloigné, font reünis avant qu'ils
ayent atteint la retine, aprés quoy fe defuniffant ils tombent fur une petite étendüe du fond de l'œil ; D'où il fuit
que ces fortes d'yeux ne fçauroient recevoir qu'une
image confufe des objets éloignez, & n'en peuvent
avoir de diftinctes, que de ceux qui font proches.

CHAPITRE XXXI.

Comment on peut dire que les objets impriment leurs images dans les organes.

I.
Que l'objet vifible trace fon image fur la retine.

LO R s que l'on a une fois bien compris qu'un point
d'un objet agit feulement fur un point du fond de
l'œil vis-à-vis duquel il correfpond, & reciproquement
qu'un point du fond de l'œil ne reçoit impreffion que
d'un feul point de l'objet, l'on n'a pas grande difficulté

à concevoir que tout cet objet agit sur une certaine
étenduë de la retine, qui ne luy ressemble pas moins
quant à la figure, que les traits qu'un Peintre tres-ex-
cellent en auroit décrit sur une toile, luy pourroient
ressembler. L'on connoist de plus que cette étendüe
ressemble encore à l'objet d'une autre maniere, sçavoir, en ce qu'elle reçoit autant de divers pressemens
en toutes ses parties, qu'il y a de differentes couleurs
ou de differens degrez de lumiere dans toutes les parties de l'objet; Et dautant que l'on donne le nom d'i-
mage, ou d'espece, à tout ce qui a quelque sorte de ressemblance avec la chose qu'elle represente, nous pouvons appeller de ce nom l'étenduë de la retine où tombent tous les rayons de l'objet; & ainsi dire qu'il trace
son image dans le fond de l'œil.

    Il ne faut point chercher dans cette image d'au-
tre ressemblance que celle que je viens de representer;
Car si l'on vouloit la comparer davantage avec l'objet,
l'on trouveroit qu'elle luy est fort dissemblable; Premierement, en ce qu'elle represente toûjours un corps
par une superficie, quelquefois une superficie par une
ligne, & quelquefois aussi une ligne par un point; Secondement, elle luy est dissemblable dans la situation:
Car la partie haute de l'objet est peinte dans la partie
basse de l'œil, la partie droite de l'objet dans la gauche de l'œil, &c. Enfin cette image differe en grandeur,
puis qu'un objet d'une étenduë fort vaste se represente
dans une fort petite partie de l'œil.

II.
En quoy
cette image
differe de
l'objet.

    Et cette partie est d'autant plus petite que l'objet est
plus éloigné, comme il paroist dans l'œil c, que l'espa-

III.
Qu'elle est
d'autant

plus petite que l'objet est éloigné.

ce H I, qui reçoit l'image de l'objet F G, est plus petit que D E, où se peint l'objet A B, que je suppose égal à F G ; & ce à peu prés en mesme proportion que F G est plus loin de l'œil que n'est A B.

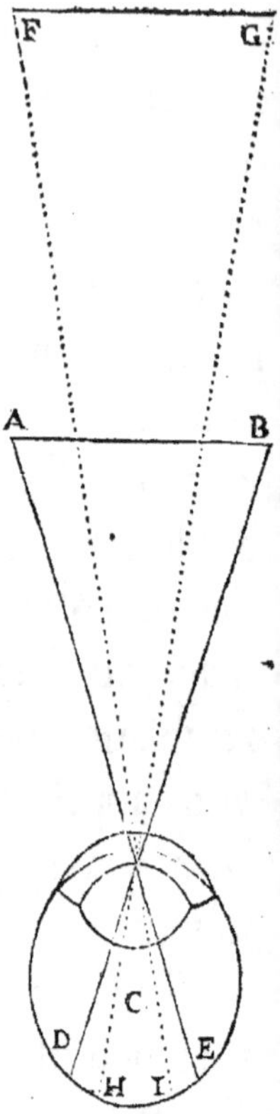

IV.
Experience qui fait voir ces images.

Quiconque aura tant soit peu médité sur ce que nous avons cy-devant étably touchant la nature de la lumiere & des couleurs, ne sçauroit pas disconvenir que les objets n'impriment ainsi leurs images au fond de l'œil ; Mais l'on peut encore s'en asfurer par l'experience : Car si ayant fermé toutes les fenestres d'une chambre, vis-à-vis desquelles il y a des objets fort éclairez, l'on fait un trou dans l'un des volets de ces fenestres, & que l'on applique à ce trou l'œil d'un animal fraîchement mort, dont on ait adroitement enlevé les peaux qui couvroient l'humeur vitrée à l'endroit du fond, & à la place desquelles l'on ait mis une coquille d'œuf pour retenir cette humeur, l'on verra sur cette coquille une peinture assez distincte des objets de dehors.

V.
Oeil artificiel pour le mesme effet.

Mais dautant que pour faire bien reüssir cette experience, il y a des difficultez assez grandes à surmonter, nous avons pensé qu'on pourroit experimenter la mesme chose, en faisant faire une machine qui representast l'œil en grand volume ; Nous y avons representé

toutes

toutes les peaux ou tuniques opaques avec des cartons
aſſez épais , excepté la retine , que nous avons faite d'un
vêlin fort blanc & fort mince , un verre tranſparent
tient lieu de la cornée , & à la place de l'humeur cryſtaline nous avons mis un cryſtal de figure lenticulaire,
qui eſt moins vouté que n'eſt cette humeur , à cauſe
que n'y ayant dans cette machine que de l'air, à la place
des humeurs aqueuſe & vitrée , une petite convexité eſt
capable de cauſer des refractions aſſez ſenſibles;Et parce
qu'il auroit eſté trop difficile de faire que cet œil artificiel s'applatiſt , ou s'alongeaſt, comme fait l'œil naturel
par le moyen des muſcles, nous avons tellement diſpoſé le vêlin, qu'on le peut avancer, ou reculer à ſon
gré.

Cette machine eſtant placée ſur la feneſtre d'une
chambre, en ſorte que le verre qui repreſente la tunique cornée regarde quelques objets fort éclairez, l'on
ne voit pas ſeulement qu'ils impriment leurs images ſur
le vêlin, mais l'on y remarque meſme juſques aux moindres particularitez que le raiſonnement nous ſçauroit
faire connoître ; ainſi l'on obſerve,

VI.
Comment on y voit l'image d'un objet.

1. Qu'il faut arreſter le vêlin à une certaine diſtance
de la lentille de cryſtal, pour avoir l'image de l'objet la
plus diſtincte qu'il eſt poſſible.

VII.
1. Obſervation.

2. Que cette image eſt moins diſtincte aux extremitez qu'au milieu.

VIII.
2. Obſervation.

3. Que ſi ce vêlin eſt trop prés de la lentille, la peinture en devient plus petite, & toute confuſe.

IX.
3 Obſervation.

4. Que s'il en eſt trop loin, la peinture en devient plus
grande, & encore toute confuſe.

X.
4. Obſervation.

Tt

5. Que l'image diſtincte d'un objet eſt d'autant plus petite que cet objet eſt plus éloigné.

6. Que s'il y a une certaine diſtance entre la lentille & le vêlin, lors qu'il fait voir une image diſtincte d'un objet mediocrement éloigné, l'on doit un peu rapprocher le vêlin, & faire qu'il y ait moins de diſtance entre le vêlin & la lentille, pour avoir une image diſtincte d'un autre objet qui eſt notablement plus loin.

7. Que lors que le vêlin eſt où il doit eſtre, pour repreſenter diſtinctement un objet qui eſt à une grande diſtance, comme de cent ou de deux cens pas, il ne le faut plus du tout changer pour luy faire repreſenter autant diſtinctement qu'il eſt poſſible des objets qui ſont à toute autre plus grande diſtance.

8. Que plus l'objet ſe rencontre prés de l'œil artificiel, & plus le vêlin ſe doit éloigner de la lentille.

9. Que lors que l'objet eſt par trop proche de l'œil artificiel, il eſt impoſſible d'en avoir une peinture diſtincte, quelque éloignement que l'on donne au vêlin.

Remarquez que dans les occaſions où la diſpoſition de l'œil doit changer, pour faire que l'image de l'objet ſoit diſtincte, ce changement eſt moins ſenſible dans les yeux des animaux, qui ont l'enveloppe flexible, que dans un œil artificiel : Car dans les animaux, l'alongement ou le racourciſſement de l'œil, eſtant toûjours accompagné d'une plus grande ou d'une moindre convexité de la cornée, la diſpoſition que prend cette tunique, contribuë en partie à l'effet qui dépend du ſeul alongement ou racourciſſement de l'œil artificiel. Ainſi, ſi un œil artificiel ayant receu la peinture diſtincte

d'un objet éloigné, il s'en presentoit un autre qui fuft
fi proche, que la reünion des rayons qu'il envoye de
chacun de fes points, fe fift plus loin de la centiéme
partie de fa longueur, il faudroit éloigner le vêlin de la
lentille de cryftal, de cette quantité, pour avoir la peinture diftincte de cet objet; Mais en pareil cas, il ne
feroit pas neceffaire que l'œil s'alongeaft de la centiéme partie de fa longueur ; dautant qu'alors la cornée
devenant plus voutée qu'elle n'eftoit auparavant, caufe des refractions plus fenfibles , & qui difpofent les
rayons à fe reünir un peu plus prés qu'ils n'auroient fait
fans cela.

L'image qu'un objet trace dans l'œil d'un animal, *XVII.*
eftant receüe dans un lieu où fe rencontrent les extre- *Que les filets*
mitez des filets dont chaque nerf optique eft compo- *des nerfs op-*
tiques tranf-
fé, il eft croyable qu'elle s'y imprime de telle forte, *mettent l'ac-*
tion de l'ob-
que les rayons ne touchent point ces filets par leur *jet jufqu'au*
longueur, mais feulement par leurs extremitez. A quoy, *cerveau.*
fi nous ajoûtons que l'impreffion qui a efté faite fur
l'extremité de chacun de fes filets, fe communique d'un
bout à l'autre, nous conclurons que l'image entiere de
l'objet fe tranfmet jufqu'au lieu où ces filets aboutiffent
dans la fubftance du cerveau.

Et dautant que nous ne fentons point quand on nous *XVIII.*
touche dans un endroit du corps où il ne fe rencontre *Que l'Ame*
fent dans le
aucun nerf, on peut bien penfer que les nerfs font *cerveau.*
neceffairement requis pour nous faire fentir; Mais parce que nous ne fentons point auffi , quand un objet
fait impreffion fur un nerf, dont on empêche la communication avec le cerveau, ou quand le cerveau mef-

me eſt attaqué de quelque maladie particuliere, nous devons croire que les nerfs ne ſont point les organes im-
mediats de l'Ame , mais qu'ils ſont ſeulement inſti-
tuez de la nature pour tranſmettre l'impreſſion qu'ils
reçoivent , juſqu'à l'endroit du cerveau d'où ils tirent
leur origine , & où vray-ſemblablement cet organe ſe
doit rencontrer.

XIX.
*Qu'il y a une
partie dans
le cerveau
qui eſt le
principal or-
gane de
l'Ame.*

Toutesfois il faut encore remarquer, que preſque toutes les parties du cerveau eſtant doubles , elles ne peuvent pas toutes indifferemment paſſer pour l'organe
immediat de l'Ame ; Au contraire , il eſt tres-croyable
que comme nous n'avons qu'une ſeule ſenſation , en
ſuitte des deux impreſſions qu'un meſme objet fait ſur
les deux organes exterieurs des ſens qui ſont touchez ,
il y a auſſi un endroit particulier dans le cerveau où ces
deux impreſſions ſe reüniſſent. Peut-eſtre ſeroit-il tres-
difficile de le déterminer ; Mais ſoit que ce ſoit la petite
glande que les Medecins appellent *conarium* , ou quelqu'autre partie du cerveau , on ne peut gueres imaginer
que la reünion ſe faſſe , qu'en poſant quelque choſe
d'équivalent à ce que je m'en vas vous décrire.

XX.
*Conjecture
ſur la conti-
nuation des
filets des
deux nerfs
optiques.*

Outre la reſſemblance ſenſible qui ſe rencontre dans
les deux yeux, j'y en conçois encore une que les ſens
ne ſçauroient appercevoir, laquelle conſiſte, en ce que
le nombre des filets de l'un des nerfs optiques, eſt é-
gal au nombre des filets de l'autre. Ainſi, ſi pour plus
grande facilité nous ſuppoſons que le nerf optique de
l'œil A , contienne cinq filets , dont les extremitez
ſoient C D E F G, il faut penſer qu'il y en a un pareil
nombre dans le nerf de l'œil B, dont les extremitez

font H I K L M. J'eſtime en ſuitte, que les extremitez E & K, qui ſont au milieu des autres, ſe trouvent juſtement au bout des axes optiques , c'eſt à dire aux extremitez des lignes T E, V K, qui paſſent par les centres de la prunelle, de l'humeur cryſtaline, & du corps de l'œil, & que les autres ſont tellement rangées alentour d'elles , que l'on peut prendre ſeparé-

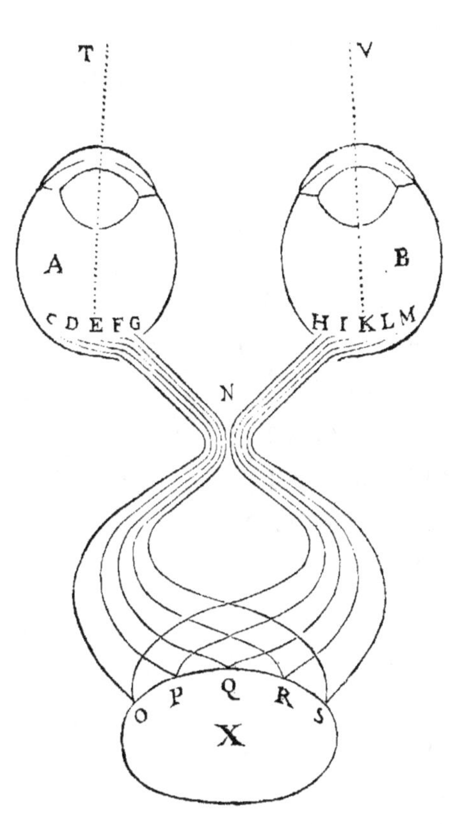

ment en certain ordre tous les filets de l'un des yeux, & les comparer avec ceux de l'autre pris dans le meſ-me ordre, pour en compoſer pluſieurs paires, que nous nommerons ſympathiques. Ainſi, commençant par les filets C, & H, qui ſont les plus avancez vers la main gauche, j'en fais une premiere paire ; les autres paires ſont D I, E K, F L, G M. Enfin je me perſuade que les filets ſympathiques de chaque paire aboutiſſent à un meſme point de la partie du cerveau qui excite l'Ame à ſentir ; comme vous voyez icy que la paire C H abou-

T t iij

tit au point O du principal organe X; La paire D I, au point P; La paire E K, au point Q; La paire F L, au point R; Et la paire G M au point S.

XXI.
Comment l'action de l'objet est receüe sur l'organe immediat de l'Ame.

Cecy supposé, je conçois que quand nous voulons regarder un objet, nous tournons tellement les yeux vers luy, que les deux axes optiques aboutissent à l'endroit où nous portons principalement nostre attention; Ainsi, cet endroit agissant par les lignes T E, V K, sur les filets sympathiques E,& K, les deux impressions qu'il y fait,

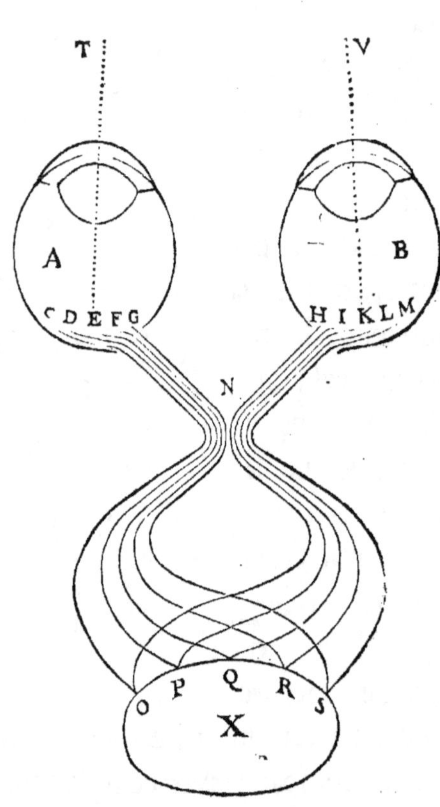

se reünissent dans un seul point, à sçavoir au point Q; De mesme, la partie de l'objet qui se rencontre à sa droite, ébranle les filets sympathiques D , & I, dont les impressions passent en P. De mesme encore, la partie de l'objet qui sera à sa gauche, agira sur les filets sympathiques F&L,& leurs impressions se reüniront au point R , & ainsi des autres. D'où il suit, qu'au lieu de deux images qu'il imprime dans les yeux, il n'y en a qu'une feule qui s'imprime dans l'endroit du cerveau x, que nous prenons icy pour l'organe immediat de la vifion.

Ce que nous avons dit cy-deffus, au fujet des images que les objets vifibles tracent dans les yeux, eftant bien compris, l'on aura un nouveau fujet de s'étonner de la méprife des Interpretes d'Ariftote, & de prefque tous les Medecins, qui ont enfeigné que ces images eftoient receües dans l'humeur cryftaline, fans paffer plus avant: Car l'on aura vû tres - certainement que les diverfes actions des divers points d'un mefme objet y font toutes confonduës.

<table>
<tr><td>XXII.
Preuve convaincante que la vifion ne fe fait pas dans l'humeur cryftaline.</td></tr>
</table>

CHAPITRE XXXII.

Comment fe fait la vifion.

L'IMAGE materielle de l'objet, ou l'impreffion qu'il fait fur les organes, ayant efté conduitte jufques au lieu que nous venons de dire, il s'agit d'expliquer comment elle excite en nous cette image fpirituelle, ou cette fenfation qui nous rend formellement voyans; puis d'affigner les caufes de fa clarté, & de fa diftinction; & enfin de dire comment nous connoiffons le lieu, la fituation, la diftance, la grandeur, la figure, le nombre, & le mouvement ou le repos de cet objet.

<table>
<tr><td>I.
Ce que l'on entend par la vifion.</td></tr>
</table>

Pour comprendre comment fe forme en nous cette

<table>
<tr><td>II.</td></tr>
</table>

Comment se forme en l'Ame l'image spirituelle de l'objet. image spirituelle, il faut se ressouvenir d'une verité qui a déja esté suffisamment établie, c'est à sçavoir, que nostre Ame est de telle nature, qu'à l'occasion de certains mouvemens qui se font dans le corps auquel elle est unie, il s'excite en elle certaines sensations; Or les differentes parties de l'objet agissant toutes separément sur diverses parties du fond de l'œil, & leurs actions étant transmises de là jusques à cet endroit du cerveau qui est le principal organe de l'Ame, il est aisé de comprendre, que l'Ame doit estre incitée à avoir en mesme temps, & sans confusion, autant de sensations particulieres, que chacune à part excite de differens mouvemens.

III. *D'où naist la clarté de cette image.* Il est mesme manifeste que cette image spirituelle doit estre d'autant plus vive, ou plus claire, que l'objet envoyera plus de rayons de lumiere qui seront receus dans l'œil, dautant que par ce moyen l'impression qui se fera sur l'organe sera d'autant plus forte; Et c'est à quoy sert la grandeur de la prunelle, qui donne moyen à plusieurs rayons qui partent d'un mesme point de l'objet, d'en aller tracer l'image sur le fond de l'œil.

IV. *Que la vision d'un objet éloigné ne doit pas estre moins claire que celle d'un objet proche.* Il est vray qu'à ne considerer que l'action d'un seul point d'un objet, il faudroit dire qu'il se feroit sentir d'autant plus foiblement ou obscurement qu'il agiroit de plus loin, à cause que les rayons de lumiere qu'il envoye estant divergens, il en passe moins au travers de la prunelle quand l'œil est éloigné que quand il est proche; Toutesfois il faut sçavoir qu'un point d'un objet n'agit jamais seul, mais qu'il agit toûjours en la compagnie de plusieurs autres, & que l'image entiere de l'objet

l'objet s'imprime dans une étenduë de la retine d'au_
tant plus petite, que la diſtance quil y a de l'œil à l'ob_
jet eſt grande. Ainſi, ſi un point viſible qui eſt à deux
mille pas, n'envoye dans la prunelle que la moitié des
rayons qu'il envoyeroit s'il eſtoit ſeulement à mille, il
y a en recompenſe quelques autres points viſibles qui
ſont tout proches de celuy-là, qui envoyent en meſme
temps leurs rayons ſur le meſme filet du nerf optique où
un ſeul point de l'objet proche fait tomber les ſiens; ſi-
bien que la viſion en devient auſſi forte & auſſi vive.

Ajoûtez, que comme nous ouvrons quelque peu
plus la prunelle, pour regarder les objets quand ils
ſont éloignez, que pour les regarder quand ils ſont plus
proches, il s'enſuit que nous recevons alors plus de
rayons de chaque point, que nous ne ferions ſi la prunelle eſtoit moins ouverte; ce qui doit rendre leur ſenſation plus claire; En effet, une montagne regardée de
loin nous paroiſt d'une couleur moins brune, que celle
ſous laquelle elle nous paroîtroit ſi nous en eſtions moins
éloignez.

V.
Pourquoy les objets éloi- gnez nous paroiſſent plus clairs.

Quant à la diſtinction de la viſion, il eſt manifeſte
qu'elle dépend entierement de la refraction des rayons;
Or afin que la viſion ſoit bien diſtincte, il faut que la
refraction ſe faſſe de telle ſorte, que tous les rayons qui
partent d'un meſme point de l'objet, s'aſſemblent exactement dans un meſme point du fond de l'œil; Mais
comme cela ne ſe rencontre préciſément, que dans les
rayons qui viennent du point de l'objet où l'axe optique aboutit, (eſtant certain que ceux qui viennent des
autres points, ſe réüniſſent d'autant moins exactement

VI.
La cauſe de la diſtinction de la viſion

V u

en autant d'autres points, que ces points s'écartent davantage de cet axe,) aussi ne pouvons-nous avoir en mesme temps un sentiment distinct que de cet endroit-là seul, & nous voyons les autres plus confusément.

VII.
Pourquoy les vieillards voyent confusément les objets proches.

Cela estant, comme nous sçavons qu'il ne se trace dans l'œil d'un vieillard qu'une image confuse d'un objet proche, nous conclurons qu'il ne pourra voir un objet proche que confusément; Et ainsi nous n'aurons pas occasion de tomber dans l'erreur de ceux qui se persuadent que la confusion qui arrive dans la vision des vieillards vient de ce que la faculté de voir, c'est à dire le sens de la veuë, est plus mousse en eux que dans les autres. Et certes, il y a lieu de s'étonner, ou plûtost d'admirer, que dans un temps auquel la doctrine des refractions n'estoit pas encore connuë, Aristote ait si heureusement rencontré, que de dire, que si un vieillard avoit l'œil d'un jeune homme, il verroit de mesme qu'un jeune homme; voulant dire par-là que le defaut qui se trouvoit dans la veuë d'un vieillard ne venoit pas d'aucun vice qui fust dans sa faculté, mais seulement d'un manque de disposition dans ses organes.

VIII.
Pourquoy certaines personnes voyent confusément les objets éloignez.

Et comme nous sçavons aussi que ceux qui ont les yeux plus longs & plus voutez que l'ordinaire des hommes, ne reçoivent une peinture distincte que des objets proches, & qu'ils n'en reçoivent que de confuses des objets qui sont éloignez, il est aisé de juger qu'ils ne doivent voir distinctement que les objets proches, & qu'ils doivent voir confusément ceux qui sont trop éloignez.

La diſtinction de la viſion dépend encore de la grandeur de l'eſpace que l'image que trace l'objet occupe
au fond de l'œil, où il ſe doit rencontrer du moins autant d'extremitez de filets du nerf optique, qu'il y a
de diverſes parties ſenſibles dans l'objet qui envoyent
leurs rayons, afin que chacune d'elles faſſe ſon impreſſion
ſeparée : Car ſi les rayons qui viennent de deux differentes parties de l'objet, s'aſſembloient ſeparément
dans deux differens points d'un meſme filet, ce ſeroit
de meſme que s'ils s'eſtoient aſſemblez dans un ſeul
point, à cauſe qu'ils ne pourroient pas mouvoir ce filet
en deux diverſes façons tout à la fois ; Et c'eſt la raiſon
pourquoy les objets fort éloignez, traçant leurs images
dans une fort petite étenduë, ne ſçauroient eſtre veus
que confuſément.

IX.
Autre cauſe
de cette diſ-
tinction.

Et meſme, ſi cet objet éloigné eſt compoſé de pluſieurs diverſes parties qui ſoient de differentes couleurs,
il eſt évident que pluſieurs de ces parties agiſſant enſemble ſur un meſme filet, celle qui ſera d'une couleur
plus claire ſe fera ſentir toute ſeule ; à cauſe que ce filet
ne ſuivra alors que le mouvement ſeul que cette partie
luy imprimera ; Auſſi, obſervons-nous qu'un pré dans
lequel il y a pluſieurs fleurettes blanches, parmy un tres-
grand nombre de brins d'herbes, ne paroiſt de loin
que tout blanc.

X.
Pourquoy un
objet dont les
parties ſont
de differentes
couleurs pa-
roiſt de loin
ſous une
ſeule.

Si nous n'avions jamais pris garde que nous ſentons
quelquefois quand nous ne voulons pas, & que nous
ne ſentons pas quelquefois quand nous le voulons, nous
n'aurions point eſté incitez à accompagner noſtre ſenſation d'aucun jugement ; & ſentir auroit pû eſtre en

XI.
Comment
nous rappor-
tons noſtre
ſentiment au
dehors.

V u ij

nous une simple apprehension ; mais parce que nous avons fait ces reflexions, nostre sentiment a dû estre une perception composée ; Et si nous eussions esté d'abord assez retenus dans le jugement que nous avons fait, pour n'y rien comprendre que ce que nous appercevions clairement, nous aurions dû simplement conclure que quelque chose concouroit avec nous pour nous faire sentir ; Mais comme nous nous sommes en cela comportez en enfans, & que nous avons trop précipité nôtre jugement, nous avons tiré une autre consequence ; & la sensation, que nous reconnoissons maintenant, & aprés une meure reflexion, comme une de nos façons d'Estre qui nous est accidentelle, a passé dans nostre estime pour une chose differente de nous ; & ainsi nous l'avons rapportée au dehors ; & nous avons ensuitte reïteré tant de fois ce jugement, que nous nous sommes accoûtumez à le faire sans aucune peine , & sans avoir la moindre défiance qu'il ne fust pas conforme à la verité.

XII.
Autre cause de ce rapport

Nous avons encore esté confirmez dans cette erreur, à l'égard de la vision, par une autre méprise. Nous observions qu'interposant un corps opaque entre un objet & nostre œil, nous cessions en mesme temps de le voir ; Ce qui devoit nous porter à conclure, que la chose qui concouroit à nous faire sentir, estoit au delà du corps opaque, & que ne pouvant plus agir sur nostre organe , nous cessions d'avoir la sensation que nous avions auparavant ; Mais au lieu de raisonner de la sorte, nous avons conclu que la sensation de lumiere ou de couleur que nous avions, c'est à dire, la lu-

lumiere ou la couleur que nous fentions, eftoit au delà; De forte que portant noftre imagination auffi loin
que l'objet, nous nous fommes comme alongez hors
de nous-mefmes, fuivant la ligne dans laquelle nous
recevions l'impreffion de l'objet, & nous luy avons
attribué noftre fenfation, c'eft à dire; la couleur que
nous fentions.

Le mefme motif que nous avons eu de rapporter
hors de nous la fenfation totale d'un objet, nous a pareillement incitez à rapporter toutes les fenfations particulieres dont celle-là eft compofée, dans les lignes
droites, fuivant lefquelles nous avons receu les impreffions des diverfes parties de l'objet; Ainfi, l'impreffion qui fe fait dans la partie la plus baffe du fond de
l'œil, venant en nous par la ligne la plus haute de toutes celles par lefquelles l'objet fe fait fentir, c'eft dans
cette ligne que nous rapportons la fenfation particuliere qui en refulte; De mefme, nous rapportons au
lieu le plus bas de l'objet, le fentiment que caufe l'impreffion qu'il fait au lieu le plus haut du fond de l'œil.
Et cela fait, qu'encore que l'image totale que l'objet
trace fur la retine foit renverfée, lors que nous regardons cet objet au travers d'un milieu qui eft fimple &
uniforme, nous ne laiffons pas de voir l'objet dans fa
veritable fituation, c'eft à dire, que cela fait que l'image fpirituelle nous fait voir l'objet comme il eft.

XIII. *Comment nous connoiffons la fituation d'un objet.*

La connoiffance de la diftance dépend, auffi-bien
que celle de la fituation, de ce que nous rapportons
noftre fenfation au dehors : Car portant noftre principale attention à la difpofition qu'ont les deux axes

XIV. *Comment on connoift fa diftance.*

optiques, & le mouvement des mufcles droits des yeux eftant un argument naturel qui nous fait concevoir à peu prés le rapport ou l'inclination que ces deux axes ont l'un au refpeċt de l'autre, & à quelle diſtance ils fe rencontrent, c'eſt à cette diſtance que nous rapportons noſtre fenſation, c'eſt à dire, à l'endroit meſme où eſt l'objet; Tellement que fi nous nous trompons au jugement que nous faiſons de la diſtance d'un objet, lors que nous le regardons avec les deux yeux, c'eſt parce que nous ne connoiſſons pas préciſément à quelle diſtance les axes optiques fe reüniſſent.

XV.
Autre moyen de connoître la diſtance d'un objet.

Mais quand bien meſme on ne fe ferviroit que d'un œil, on ne laiſſeroit pas de pouvoir connoître la diſtance, pourvû qu'on le transferaſt d'un lieu en un autre : Car on pourroit en quelque façon fe reſſouvenir de la fituation qu'avoit fon axe optique dans la premiere ſtation, lors qu'on feroit actuellement attentif à celle qu'il a dans la feconde; Et ainſi, fe figurant deux axes optiques au lieu d'un, on pourroit imaginer la diſtance à laquelle ils fe rencontreroient, & y rapporter auſſi l'objet.

XVI.
Troiſiéme moyen de connoître la diſtance d'un objet.

Comme il n'arrive jamais que nous inclinions d'une certaine façon les deux axes optiques, pour les faire aboutir à un meſme point d'un objet dont nous ſommes éloignez d'une certaine diſtance, fans donner à chaque œil la forme & la difpofition particuliere qui eſt requife pour voir diſtinctement à cette diſtance, nous pouvons préſumer que la nature a tellement difpoſé les mufcles des yeux, qu'ils cauſent neceſſairement ces deux effets en meſme-temps; Mais nous ne douterons point que cela ne foit ainfi, fi nous prenons garde que ceux qui ne voyent que d'un œil, ne re-muent pas autrement leurs yeux pour voir à diverfes diftances, que font ceux qui voyent des deux yeux. Ainfi, il fuffit que noftre œil foit alongé, ou applaty d'une certaine façon par l'action de fes mufcles, pour faire qu'il refulte dans le cerveau le changement qui incite l'Ame à imaginer la difpofition des deux axes optiques ; Et dautant que la perception de cette dif-pofition eft l'argument le plus naturel qui nous faffe connoître la diftance d'un objet, il s'enfuit que l'alon-gement ou l'applatiffement d'un œil feul, nous fuffit pour connoître cette diftance.

Mais parce que le changement de forme qui arrive à un œil feul, lors qu'on s'en fert pour voir diftincte-ment à diverfes diftances, n'eft pas fi fenfible que le changement de fituation ou de difpofition qui arrive aux deux yeux, lors que pour voir auffi à diverfes dif-tances, on les tourne diverfement, pour faire que les deux axes optiques concourent en un mefme point, il ne faut pas s'imaginer que ce dernier changement fe faffe fi exactement lors qu'il eft caufé par l'autre, que s'il eftoit caufé par l'attention que nous pourrions avoir à regarder avec les deux yeux un mefme point d'un objet; C'eft pourquoy, nous fommes plus fujets à nous tromper, dans le jugement que nous faifons de la dif-tance, quand nous ne nous fervons que d'un œil, que quand nous nous fervons de tous les deux. Et de fait, fi l'on vouloit effayer de toucher un objet éloigné de trois ou quatre pieds, avec le bout d'une baguette d'en-

XVII.
Qu'il eft plus aifé de fe tromper, au jugement que l'on fait de la diftan-ce d'un objet, lors qu'on ne le regarde que d'un œil, que quand on le regarde avec les deux yeux.

viron la mefme longueur, l'on verroit qu'on manqueroit plufieurs fois de fuitte de le toucher, en ne le regardant que d'un œil ; au lieu qu'on le toucheroit du
premier coup en le regardant avec les deux yeux.

XVIII.
Qu'on fe doit plûtoft tromper en jugeãt des grandes diftances que des petites.

Quelque changement qui arrive dans les yeux, lors
que l'on regarde des objets inégalement éloignez, il
eft certain qu'il devient tout-à-fait infenfible, quand
la diftance de celuy qui eft le plus proche eft déja fort
grande ; Ainfi, nous devons eftre bien plus fujets à
nous tromper, en jugeant des grandes diftances, qu'en
jugeant des plus petites.

XIX.
Que la clar-té ou la con-fufion des ob-jets nous aident à ju-ger de leurs diftances.

Outre les deux moyens de juger de l'éloignement,
que j'ay déja touchez, & qui font les principaux, nous
en avons encore quelques autres : Car premierement,
ayant plufieurs fois experimenté qu'un objet fe voyoit
d'autant plus confufément qu'il eftoit plus éloigné, nous
nous en fommes fait une regle pour juger de la diftance
des objets ; en forte que le plus ou le moins de confu-
fion que nous remarquons en eux, nous fert à imaginer
une diftance plus ou moins grande.

XX.
Que le plus ou le moins de clarté nous fert au mefme effet.

De mefme, ayant fouvent remarqué, qu'un objet
fe voit d'une couleur d'autant plus claire que nous fçavons qu'il eft plus éloigné, cela fait que quand nous
voyons une couleur claire dans une chofe qui a coûtume de nous paroître de prés fous une couleur plus
fombre, nous la jugeons eftre à une grande diftance
de nous.

XXI.
Que la dif-tance fe con-noift auffi par la fituation.

La fituation eft encore un moyen qui nous fert à connoître la diftance : Car entre les chofes que nous efti-
mons plus baffes que l'œil, celles-là nous femblent les
plus

plus éloignées qui sont veuës par des rayons qui viennent à nous pardessus les autres ; & au contraire entre
les choses que nous estimons plus hautes que l'œil, celles-là paroissent les plus éloignées qui sont veuës par des
rayons qui viennent par dessous.

Deplus, l'interposition de plusieurs objets, qui se
peuvent rencontrer entre nous & celuy que nous regardons, nous aide aussi à en imaginer l'éloignement
plus grand que nous ne ferions sans cela ; à cause que
la distance que nous imaginons estre entre les uns &
les autres, nous sert comme de mesure pour en suppu-
ter l'éloignement ; Comme il se justifie par l'exemple
de la Lune, laquelle quand elle est fort élevée au dessus de la surface de la Terre, & regardée simplement
au travers de l'air, qui ne contient rien de visible, nous
paroist moins éloignée, que lors que venant de se lever,
ou estant proche de se coucher, nous ne la sçaurions
voir, sans voir en mesme temps plusieurs objets Terrestres entre elle & nous.

La connoissance de la situation, jointe à celle de la
distance d'un objet, nous sert à imaginer sa grandeur :
Car nous imaginant ses extremitez, comme enfermées
entre deux lignes droites qui partent de l'œil, & qui s'é-
cartent de plus en plus à mesure qu'elles s'en éloignent,
nous concevons aisément quelle grandeur il doit avoir,
quand nous nous l'imaginons à une distance déterminée ; De sorte que si l'on se trompe dans le jugement
que l'on fait de la grandeur d'un objet, c'est parce que
l'on s'est premierement trompé en imaginant sa distance ; comme il paroist, en ce que faute de pouvoir ima-

giner la diſtance qu'il y a d'icy à la Lune, ou au Soleil, il n'y a point d'effort d'imagination qui nous puiſſe faire paroître ces Aſtres ſi grands qu'ils ſont en effet.

Et cecy eſt ſi vray, que les Aſtres nous ſemblent quelque peu plus grands, lors que l'interpoſition des objets viſibles qui ſont entre eux & nous, nous aide à imaginer leur diſtance un peu plus grande; Et ce n'eſt point, comme les Anciens l'avoient crû, l'interpoſition des vapeurs, qui cauſe ce changement dans les grandeurs apparentes des Aſtres, en rompant tellement les rayons qui nous viennent de leurs extremitez, que cela faſſe que nous les voyions ſous un plus grand angle : Car les Aſtronomes modernes s'eſtant aviſez de meſurer l'angle ſous lequel eſt vû un de ces Aſtres quand il ſemble raſer la Terre, & l'ayant encore meſuré le meſme jour quand cet Aſtre eſtoit fort élevé, ils l'ont toûjours trouvé d'une meſme quantité.

Mais remarquez que les objets fort lumineux, ou fort éclairez, doivent eſtre veus quelque peu plus grands, que s'ils l'eſtoient moins : Car ſi l'image qu'ils impriment dans l'œil, ne ſe trace pas ſeulement ſur l'extremité de quelque filet, mais qu'elle s'étende encore ſur les bords de ceux qui ſont alentour, c'eſt comme ſi cette image couvroit tous ces filets; à cauſe que la force de leurs rayons eſt ſi grande, qu'ils ſuivent tous leur mouvement, & rendent ainſi inutile l'action des autres objets d'alentour, qui étendent auſſi leurs images juſques ſur les meſmes filets; Et ainſi la grandeur d'un objet éclatant paroiſt augmentée de la quantité des parties des objets moins clairs, dont les rayons ont eſté rendus inutiles.

Ajoûtez à cela, que l'impreſſion d'un objet fort lumineux peut eſtre ſi grande, qu'elle paſſera à la ronde dans
quelques filets, où ce corps lumineux n'envoye aucuns
rayons ; au moyen de quoy , il eſt manifeſte qu'il doit
paroître beaucoup plus grand, que ſi ſa lumiere eſtoit
plus foible. Et il eſt certain que les étoiles fixes ſont
veuës de cette maniere; dautant que ſi l'on affoiblit
leur action en retreciſſant artificiellement la prunelle,
par exemple , en les regardant au travers d'un trou
qu'on aura fait dans une carte avec une aiguille, on les
voit beaucoup plus petites. Et ce qui étonne grande-
ment ceux qui ne ſçavent pas cette verité, c'eſt de voir
que ſi l'on regarde ces étoiles avec des lunettes d'approche, elles nous paroiſſent d'autant plus petites, que
ces lunettes nous font voir les autres objets plus grands,
à cauſe ſeulement que par ce moyen l'action de leurs
rayons eſt d'autant plus affoiblie.

Vous devez auſſi ſçavoir , que comme la connoiſſance de la diſtance nous ſert à connoître la grandeur,
de meſme auſſi la connoiſſance de la grandeur nous ſert
à imaginer la diſtance; Ainſi, ſçachant qu'un certain
homme a cinq ou ſix pieds de hauteur , quand nous le
voyons beaucoup plus petit, ce nous eſt une marque
qu'il eſt fort éloigné.

Il feroit ſuperflu de vouloir expliquer particulierement comment nous connoiſſons la figure d'un objet ,
aprés avoir dit comment nous pouvons connoître la
ſituation , la diſtance, & la grandeur de ſes parties ;
puis que ce n'eſt qu'en cela que conſiſte la connoiſſance de la figure.

X x ij

XXIX.
Comment un objet est vû simple en le regardant par les deux yeux.

Il n'est pas aussi difficile, aprés ce que nous avons dit, de rendre raison pourquoy un objet nous paroist tantost simple & tantost double : Car il est évident qu'un objet doit paroître simple, quand il agit tellement sur les filets sympathiques des deux nerfs optiques, qu'il n'imprime qu'une seule image dans le cerveau.

XXX.
Comment il peut paroître double.

Ce qui se confirme, en ce que si en pressant l'un des yeux avec le doigt, l'on fait en sorte qu'il reçoive l'image d'un objet, dans un autre endroit que celuy où il la recevroit s'il estoit remüé par l'action ordinaire des muscles, comme il est certain que les images qui s'impriment alors dans les deux yeux, ne touchant pas des filets sympathiques, ne se reünissent pas dans le cerveau, aussi ne manque-t-on point alors de voir l'objet double.

XXXI.
Autre moyen de voir un objet double.

De mesme, si portant nostre principale attention à un certain objet, il s'en presente un autre plus prés ou plus loin de nous, lequel par consequent ne puisse tracer son image sur les filets sympathiques des deux nerfs optiques ; comme en ce cas il arrive qu'il imprime deux images dans la partie du cerveau qui est l'organe immediat de la vision, aussi arrive-t-il qu'on voit cet objet double.

XXXII.
Comment on connoist le mouvement & le repos.

Aprés avoir examiné comment nous connoissons par le moyen de la veuë, la situation, la distance, la grandeur, & le nombre des objets, il ne nous reste plus qu'à examiner comment nous en connoissons le mouvement & le repos ; Mais il n'est pas mal-aisé de comprendre, que nous connoissons qu'un corps se meut, premierement, parce que son image se trouve successivement conjointe à differentes images de quelques objets que nous ne comparons à aucun autre, & que nous imaginons immobiles; ou bien, parce que nous appercevons qu'il faut tourner la teste, ou les yeux, afin que cet objet soit toûjours au bout de la ligne, à laquelle nous portons principalement nostre attention; ou bien enfin, parce que ne remüant ny les yeux ny la teste, nous voyons qu'il sort & qu'il échappe de cette ligne. Le contraire de toutes ces choses nous fait appercevoir le repos.

CHAPITRE XXXIII.

De la Vision qui se fait au travers de differentes lunettes.

POur prouver la verité de quelques suppositions que nous avons faites au sujet de la vision, il faut maintenant considerer, si tout ce que l'on peut prévoir qui doit arriver, suivant ces suppositions, en regardant au travers de differentes lunettes, & dans des miroirs, est conforme à l'experience: Car si cela s'y trouve conforme, ce nous sera une grande conviction de la verité de ces suppositions.

I.
Que la consideration des lunettes & des miroirs peut confirmer la pensée que nous avons touchant la vision.

Commençons par les lunettes, & d'abord considerons celle qui est taillée à facettes, telle qu'est icy la lunette dont le profil est A B C D, qui comme vous voyez est entre l'œil E, & l'objet F; Premierement, il est manifeste que sans cette lunette, l'œil E verroit l'objet F

II.
Comment un objet regardé au travers d'une lunette à facettes est vû multiplié.

par le moyen des rayons qui viennent de F en G ; Mais dautant que la facette B C, est icy parallele à la surface A D, qui luy est opposée, & qu'ainsi l'effet de la refraction que les rayons souffrent lors qu'ils entrent dans le verre, est détruit par celle qui se fait lors qu'ils en sortent, il s'ensuit que l'œil doit encore recevoir l'impression de l'objet au mesme endroit G, où il la recevroit s'il n'y avoit eu aucune lunette au devant ; & par conséquent qu'il doit toûjours voir cet objet en F. Il est encore certain que l'objet F, se feroit voir à un œil placé en N, par les rayons qu'il envoye vers là quand il n'y a point de lu-

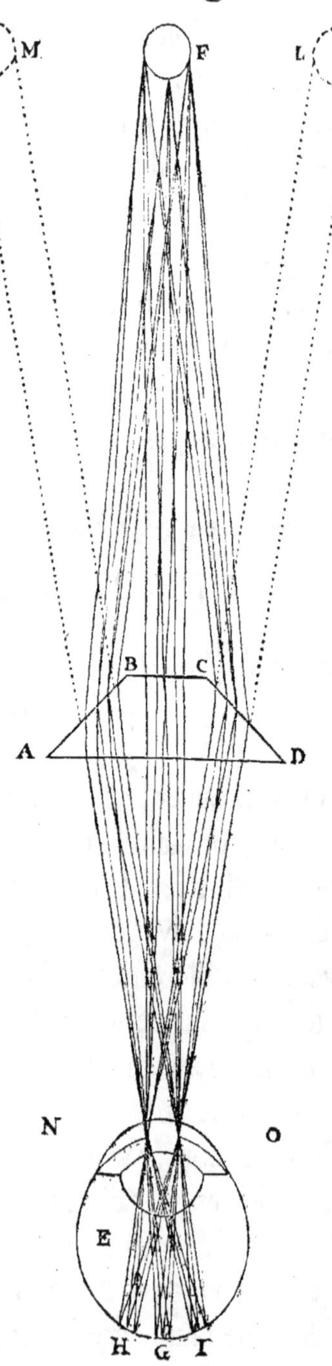

nette interpofée ; Mais parce que ces rayons rencontrent icy la facette A B, par qui ils font tellement détournez, qu'en fortant de la lunette, ils entrent dans la
prunelle de l'œil E, & vont en fuitte en frapper le
fond à l'endroit marqué I, où ils tracent une image
telle que la pourroit tracer un objet placé en M, cela
fait qu'au mefme temps que l'œil voit l'objet F, au lieu
où il eft veritablement, il le voit encore en M. De
mefme, les rayons qui fans l'interpofition de la lunette
auroient pû fervir à exciter la vifion d'un œil placé en
O, eftant icy détournez par la facette C D, en telle
forte qu'ils vont encore tracer l'image de l'objet F, à l'endroit H, où un objet placé en L imprimeroit la fienne
fans l'interpofition d'aucune lunette, il s'enfuit que
l'œil E, doit voir encore l'objet F en L. En un mot,
il eft aifé de conclure que cet œil doit voir l'objet F, en
tous les endroits où aboutiffent des lignes droites, qui
partant de la prunelle, paffent par toutes les facettes,
qui détournent en telle forte les rayons de cet objet,
qu'ils vont en fuitte tracer fon image dans la retine.

Je n'ay plus rien icy à ajoûter, fi ce n'eft que l'objet
peut eftre vû au travers des facettes A B, C D, avec
quelques couleurs que l'on ne verroit point en le regardant au travers de la facette B C ; dont la raifon eft, que
les rayons que l'objet envoye au travers des facettes A
B, C D, fouffrent des refractions femblables à peu prés à
celles du prifme, dont il a efté parlé cy-devant.

Confiderons maintenant la lunette convexe dont le
profil eft C D E F, & remarquons, que comme cette
lunette a la proprieté d'affembler dans un mefme en-

ne les rayons qui partent de divers points.

Voyez la pre-miere des deux figures qui sont à la fin de cette premiere partie.

droit les rayons qu'elle reçoit paralleles , elle a aussi celle d'assembler dans un mesme point , les divers rayons qu'elle reçoit d'un seul point d'un objet , avec cette circonstance , que le point où ils se reünissent est d'autant plus loin de la lunette , que celuy dont les rayons partent en est plus proche ; & mesme ce point en pourroit estre si proche , que les rayons qu'il envoye ne pourroient jamais estre reünis , mais seroient seulement rendus paralleles , ou moins divergens.

V.
Comment la lunette con-vexe peut rendre la vi-sion plus con-fuse.

Cela supposé, si l'objet A B est assez éloigné de cette lunette, tous les rayons qu'elle recevra de chaque point de cet objet se pourront reünir ensemble en autant d'autres points ; par exemple , les rayons qui partent du point A , se pourront assembler en H , & ceux qui partent du point B , se pourront assembler en G. Or s'il y a un œil placé en I , il est constant que comme les rayons qui luy portent l'image de chaque point sont convergens, c'est à dire, qu'ils se presentent pour entrer dans l'œil avec quelque disposition à s'unir , il faut necessairement, puis que les refractions se font à l'ordinaire dans les trois humeurs de l'œil, que ces rayons soient déterminez à s'unir plus prés de l'humeur crystaline qu'ils n'auroient fait sans cela. C'est pourquoy si cet œil est celuy d'un jeune homme , qui ne se peut pas applatir au delà de ce qu'il fait quand il voit distinctement des objets dont les rayons luy viennent comme paralleles, il est évident qu'il verra d'autant plus confusément, que les rayons qu'il reçoit seront plus disposez à s'assembler plus en deça de la retine.

VI.

Mais si c'estoit l'œil de quelque vieillard , que la mai-

greur

greur ordinaire à la vieilleſſe rend preſque toûjours plus
plat que ceux des autres hommes, comme il ne voit
en cet état avec confuſion, qu'à cauſe que les rayons
qui partent de chaque point d'un objet, ne ſont pas
encore réünis quand ils tombent ſur la retine, laquelle
ils rencontrent plûtoſt qu'il ne faut, la lunette convexe
le pourroit faire voir diſtinctement : Car rendant les
rayons qu'elle tranſmet convergens, elle pourroit aider les humeurs de l'œil à les réünir juſtement lors
qu'ils ſeroient parvenus ſur la retine.

Comment elle rend la viſion des vieillards plus diſtincte.

La diſtance de l'objet regardé au travers de cette
lunette doit paroître plus grande ; parce que la diſpoſition des rayons qui partent de chaque point, oblige
l'œil à prendre la forme & la diſpoſition qui donne oc_
caſion à l'Ame d'imaginer une plus grande diſtance ;
Ce qui ſeroit cauſe qu'on ſe perſuaderoit que cet objet
ſeroit plus éloigné, n'eſtoit qu'on eſt déja préoccupé de
l'opinion du lieu où il eſt veritablement.

VII.
Comment elle fait voir l'objet plus éloigné.

Quant à la ſituation, elle ſera veuë à l'ordinaire, &
comme ſi l'on regardoit ſans lunette, dautant que l'œil
voit le côté droit de l'objet, marqué B, par le rayon V 1,
qui eſt à droite du rayon S 1, par lequel il voit le côté
gauche, marqué A.

VIII.
Comment elle le fait voir dans ſa veritable ſi-tuation.

Mais cet objet paroîtra quelque peu plus grand ; à
cauſe que les rayons V 1, S 1, ſe preſentent pour entrer
dans l'œil ſous un plus grand angle que s'ils n'avoient
point eſté rompus par la lunette ; en ſorte que paroiſ-
ſant venir des endroits 2, & 3, ils tracent dans l'œil une
image de l'objet auſſi grande que s'il occupoit toute
l'étenduë 2, 3.

IX.
Comment elle le fait voir plus grand.

Y y

X.
Comment elle le peut encore faire voir plus grand & plus confus.

Si l'œil eſtoit en L, il recevroit les rayons qui partent de chaque point encore plus convergens; Et partant ſi la viſion avoit auparavant eſté confuſe, elle le feroit alors encore davantage. Et dautant que les rayons qui viennent de deux differens points de l'objet, comme X L, T L, font encore un plus grand angle que ne font S I, V I, ils doivent faire paroître l'objet encore plus grand; D'où il ſemble devoir arriver, que la viſion en ſoit moins vive, ou plus obſcure; à cauſe que les rayons qui tracent dans l'œil l'image de l'objet, tombant ſur une plus grande étenduë de la retine, chaque filet du nerf optique en reçoit moins à proportion. Toutesfois il eſt certain qu'on peut voir alors auſſi clairement, que ſi l'image de l'objet eſtoit plus petite: Car les rayons qui viennent de chaque point, & que la lunette diſpoſe à ſe réünir, entrent en plus grande quantité dans la prunelle, quand elle eſt placée à l'endroit où l'objet paroiſt plus grand, que quand elle l'eſt à l'endroit où l'objet paroiſt plus petit.

XI.
Comment elle le peut faire voir tout confus.

De meſme, ſi l'œil eſtoit ſuppoſé en Y, on devroit experimenter la viſion fort vive, parce qu'elle ſeroit excitée par l'action de tous les rayons qu'un meſme point de l'objet envoye ſur toute la ſuperficie de la lunette; Mais avec cela la viſion devroit eſtre toute confuſe; dautant que les rayons eſtant déja unis lors qu'ils ſe preſenteroient pour entrer dans l'œil, les refractions qu'ils ſouffriroient en ſuitte par les humeurs de l'œil, ne feroient autre choſe que les deſunir; Et ainſi, ceux qui viennent d'un meſme point de l'objet, en traceroient l'image ſur pluſieurs filets du nerf optique, ſur

qui les rayons qui viennent des autres points voifins traceroient auffi la leur ; ce qui rendroit l'image de l'objet
toute confufe.

Si l'œil eftoit placé en M, il eft certain qu'on devroit
voir l'objet renverfé: Car on verroit la partie gauche A,
par le moyen du rayon H M, qui eft à droite de G M, par
lequel on voit la partie droite. On devroit auffi voir affez
confufément ; tant à caufe que les rayons qui partent
de chaque point, comme A, ne s'affemblent pas exactement au delà de la lunette, & qu'ainfi l'œil ne fçauroit
prendre aucune figure qui puiffe fervir à réünir tous les
rayons qu'il reçoit de l'endroit H ; qu'à caufe que quand
ils partiroient tous veritablement de l'endroit H, comme d'un feul point, ils fe prefentent fi divergens pour
entrer dans l'œil, qu'il ne peut s'alonger affez, pour faire
qu'ils fe réüniffent dans la retine. La premiere de ces
deux raifons nous donne à connoître qu'il eft impoffible de fe figurer une diftance déterminée de l'objet,
quand on le regarde de cette forte, & qu'il n'y a que
l'opinion que nous avons du lieu où il eft, qui nous l'y
puiffe faire rapporter.

Si l'œil eftoit fuppofé en N, la feconde de ces deux
raifons n'auroit plus de lieu, & partant on devroit voir
l'objet un peu plus diftinctement, mais toûjours renverfé, par la raifon cy-deffus. Et quant à la grandeur,
on en jugera felon la grandeur de l'angle fous lequel
les rayons qui viennent des extremitez de l'objet, fe
prefentent pour entrer dans l'œil, y faifant intervenir
l'opinion que l'on aura de la diftance. Mais il ne faut
pas que j'omette icy que l'efpace O P, & Q R, où s'éten-

dent les rayons qui viennent de chaque extremité de
l'objet, est d'autant plus grand, qu'il est éloigné de Y,
où les rayons qui viennent de chaque point s'assemblent; Ce qui fait que l'étenduë Q P, où l'œil peut recevoir en mesme temps l'impression des deux extremitez A, & B, est aussi d'autant plus grande; Ainsi, il y
a un grand espace, où promenant l'œil, on voit toûjours l'objet tout entier.

XIV.
*Comment elle
peut faire
voir certains
objets fort
distincte-
ment.*

Au lieu que nous avons jusques icy supposé, que
l'objet estoit assez éloigné de la lunette convexe, pour
faire que les rayons qu'il envoye se pûssent aisément
réünir dans le fond de l'œil, pensons maintenant qu'il
en soit si proche, que les rayons qui partent d'un seul
de ses points ne tendent pas à se réünir aprés l'avoir
traversée, mais deviennent seulement beaucoup moins
divergens qu'ils n'estoient auparavant. Pensons aussi
que l'œil soit à telle distance de la lunette, que les
refractions qui arrivent à l'entrée de chacune de ses
humeurs, disposent les rayons qui partent d'un seul
point de l'objet, à s'assembler dans un point de la retine; en ce cas il est évident que la vision sera extraordinairement distincte : Car outre que les rayons qui
viennent des divers points de l'objet ne se confondent
pas, l'image totale qu'ils impriment est si grande, qu'il
se trouve un assez grand nombre de filets du nerf optique, pour faire sentir à l'Ame beaucoup de particularitez, qu'elle ne connoîtroit point, si l'image estant
plus petite, les rayons qui viennent de deux points
voisins de l'objet, estoient obligez de s'assembler en
deux divers points d'un mesme filet seulement.

C'est sur ce fondement que l'on a construit ces petites lunettes, que l'on nomme des lunettes à puces,
qui sont composées d'un seul verre, si convexe, qu'en
mettant une puce, ou tel autre petit objet, à un pouce
prés de l'œil, & ce verre entre-deux, il peut faire que
les rayons qui partent d'un seul point de ce petit objet,
& qui estoient extremement divergens, le soient de-
sormais si peu, que les refractions ordinaires des humeurs de l'œil les déterminent à s'unir dans un seul
point de la retine. Par ce moyen, l'œil qui sans lunettes
ne pouvoit voir distinctement un objet plus proche qu'à
un pied de distance, en pourra voir un, qui sera douze
fois plus prés de luy; D'où il suit, que le diametre de
l'image que cet objet imprimera sur la retine, sera douze fois plus grand; & consequemment que la superficie qui composera toute cette image, sera cent quarante quatre fois plus grande, qu'elle ne seroit si l'objet estoit à un pied de distance; si-bien que s'étendant
sur cent quarante quatre fois plus de filets du nerf optique qu'elle ne feroit sans cela, cet objet doit estre vû
beaucoup plus distinctement.

Proposons nous maintenant la lunette concave, dont
le profil est C D E F G H, laquelle suivant ce qui a esté
dit cy-dessus, a la proprieté de faire que les rayons
qu'elle reçoit d'un seul point d'un objet, deviennent plus
divergens qu'ils n'estoient avant qu'ils eussent passé au
travers. Ainsi, ceux qui partent du point A, tombant
sur la partie v x de la lunette, s'écartent aprés l'avoir
traversée, dans l'espace R z; & ceux qui venant du
point B, tombent sur le mesme espace v x, s'étendent

dans l'espace Y T. D'ailleurs, elle a aussi la proprieté de disposer tellement les rayons qui partent de deux differens points de l'objet, qu'ils font en se rencontrant un plus petit angle qu'ils ne feroient s'ils n'avoient point passé au travers de cette lunette. Par exemple, le rayon M I, qui vient de l'extremité de l'objet A, & le rayon L I, qui vient de l'autre extremité B, font un si petit angle, à sçavoir M I L, qu'ils semblent venir des endroits marquez N, O.

XVII. *Comment elle peut rendre la vision confuse.*

D'où il suit, que si un œil placé en I regarde l'objet A B, il le verra confusément; à cause que les rayons qu'il reçoit de chaque point sont si divergens, que les refractions des humeurs de l'œil ne les peuvent disposer à s'unir en autant de points de la retine.

XVIII. *Qu'il y a des personnes qu'elle peut faire voir distinctement*

Il se peut toutesfois rencontrer des yeux plus longs & plus voutez qu'à l'ordinaire, qui réünissant les rayons qu'ils reçoivent d'un seul point de quelque objet éloigné, avant qu'ils ayent atteint la retine, ne sçauroient voir distinctement que les objets proches; & ceux qui ont les yeux ainsi disposez, peuvent se servir utilement de la lunette concave, pour voir distinctement des objets éloignez; à cause que par son moyen les rayons qui viennent d'un seul point d'un objet sont rendus si divergens, que les grandes refractions qui se font dans les humeurs de leurs yeux, ne les réünissent que lors qu'ils rencontrent la retine.

XIX. *Qu'elle fait voir quelquefois moins & quelquefois plus confusément.*

Que si un œil de figure ordinaire au commun des hommes estoit placé plus loin de la lunette, comme en P, il verroit moins confusément; à cause que les rayons que la prunelle reçoit d'un seul point de l'objet,

font moins divergens que s'il eſtoit en ɪ; Et au contraire, un œil trop long & trop vouté verra d'autant
plus confuſément, que ce point ᴘ ſera plus loin de la
lunette; à cauſe que les rayons qui partent d'un ſeul
point de l'objet, n'eſtant gueres divergens, les refractions qui ſe font dans cet œil, les déterminent à s'unir
avant qu'ils ayent atteint la retine.

Mais de quelque façon qu'on ait les yeux diſpoſez,
ſoit qu'on les ait propres pour voir les objets proches,
ſoit pour voir ceux qui ſont éloignez, quiconque ſe
ſert de cette lunette doit voir l'objet dans ſa veritable
ſituation; dautant que les rayons qui luy font voir les
parties droites d'un objet, viennent à luy du côté droit,
& que ceux qui luy font voir ſes parties gauches, viennent à luy du côté gauche.

XX.
Qu'on voit par ſon moyen l'objet dans ſa veritable ſitua-tion.

Quant à ſa diſtance, il la doit juger moins grande
qu'elle n'eſt veritablement; à cauſe que quand les rayons
qui viennent d'un ſeul point, ſe preſentent pour entrer dans les humeurs de l'œil, ils ont la meſme divergence qu'ils auroient, s'ils partoient en effet d'un point
d'un objet qui fuſt beaucoup plus proche.

XXɪ.
Qu'elle fait voir l'objet moins éloigné

Et pour ſa grandeur, comme les extremitez ſont
veües par des rayons qui font un moindre angle qu'ils
ne feroient s'ils n'avoient ſouffert aucune refraction, il
s'enſuit qu'il doit paroître beaucoup plus petit.

XXII.
Qu'elle le fait voir plus petit.

Comme les rayons qui viennent de chaque point
d'un objet ſont fort divergens aprés avoir traverſé une
lunette concave, il s'enſuit qu'il en doit moins entrer
dans la prunelle, que ſi on les recevoit avant qu'ils
l'euſſent traverſée; Mais la viſion ne doit pas pour ce-

XXIII.
Qu'elle le fait voir auſſi clairement qu'à l'ordi-naire.

la en eftre moins claire ; à caufe que l'image fe traçant en recompenfe dans une moindre étenduë de la retine, chaque filet du nerf optique ne laiffe pas d'eftre affez ébranlé, pour faire qu'en regardant au travers de cette lunette, on voye auffi clairement l'objet que fi on le regardoit fans lunette.

XXIV.
Qu'elle fait voir un objet dans un efpace fort large.

Ajoûtez à tout ce qui a efté dit de la lunette concave, que l'efpace R T, où fe rencontrent des rayons qui partent des deux extremitez de l'objet, eftant fort grand, il s'enfuit que promenant l'œil dans toute cette largeur, l'on pourra toûjours voir l'objet tout entier.

XXV.
Ce que c'eft que la lunette de longue-veüe.

L'une des plus belles découvertes qui ait efté faite en noftre fiecle, eft l'invention des lunettes de longue-veuë : Car par leur moyen, non feulement nous avons découvert dans les Aftres des particularitez qu'on n'y remarquoit pas auparavant, mais mefme elles nous ont fait découvrir dans le Ciel un tres-grand nombre de nouveaux Aftres, que la veuë n'appercevoit point, & dont fans cela l'on n'auroit jamais eu de connoiffance. Il eft vray que c'eft au hazard à qui nous fommes redevables de la premiere découverte qui en a efté faite ; Mais cette invention a efté trouvée fi merveilleufe & fi utile, que plufieurs des meilleurs efprits fe font efforcez de la rendre la plus parfaitte qu'il eft poffible ; C'eft pourquoy je ne puis me difpenfer d'en donner icy l'explication ; & cela fervira mefme beaucoup à confirmer tout ce que nous avons dit jufques icy touchant la vifion. Elles font pour l'ordinaire compofées de deux verres appliquez aux extremitez d'un tuyau ; Celuy de

ces

ces verres que l'on met du côté des objets , & que
pour cette raiſon l'on appelle objectif, eſt un peu convexe, & l'autre, que l'on met au bout du tuyau qu'on applique à l'œil, & que pour cela l'on appelle oculaire, eſt
au contraire fort concave, ou beaucoup plus mince au
milieu qu'aux extremitez.

Le verre objectif diſpoſe tous les rayons qui vien- XXVI.
nent de chaque point de l'objet en particulier, à s'aſ- *Propriété du
ſembler à peu prés en autant de divers points, dans une verre objec-
ſuperficie qu'il faut imaginer au deçà du verre, à une *tif.*
diſtance plus ou moins grande , ſelon que la convexité
du verre eſt plus petite ou plus grande ; Et comme les
rayons qui viennent de divers points de l'objet ſe croiſent en traverſant ce verre , il eſt aiſé à juger qu'ils tracent ſon image ſur cette ſuperficie, à la façon qu'il a
eſté dit qu'ils la tracent ſur la retine , & qu'ils la rendent d'autant plus grande, que la réünion des rayons
l'oblige a eſtre placée plus loin du verre ; De ſorte que
ſi le fond de l'œil pouvoit eſtre mis à la place de cette
ſuperficie, & s'il eſtoit poſſible que ſes humeurs ne cauſaſſent aucunes refractions, on auroit par ce verre ſeul
une grande image tracée ſur la retine; & il ſe rencontreroit une ſi grande quantité de petits filets du nerf optique , qui recevroient ſeparément l'impreſſion de
chaque petite partie de l'objet, qu'il ſeroit impoſſible
qu'on n'en euſt une viſion fort diſtincte.

Mais parce qu'on ne ſçauroit empêcher que les XXVII.
humeurs de l'œil ne cauſent les refractions qu'elles ont *Proprieté du
de coûtume, il arrive qu'elles plient tellement les rayons verre ocu-
qui viennent de chaque point de l'objet, & qui ſont *laire.*

Z z

déja difpofez à s'unir, que leur réünion fe fait avant
qu'ils ayent rencontré la retine ; & que fe defuniffant
en fuitte, ils décrivent fur cette tunique une figure confufe ; Or le verre oculaire fe met fi à propos entre le
verre objectif & l'endroit où il difpofe les rayons à s'u-
nir, qu'il fait que ceux qui partent de chaque point de
l'objet deviennent de convergens paralleles, ou mefme fi l'on veut quelque peu divergens, fans pourtant
empêcher que les rayons qui viennent de divers points,
ne foient autant écartez qu'ils l'eftoient, aprés s'eftre
croifez en traverfant le verre objectif ; Ainfi, au lieu
que les Refractions que caufent neceffairement les
humeurs de l'œil eftoient nuifibles fans ce verre, elles
deviennent utiles, avec ce verre, parce qu'elles difpofent à réünir, ce que le verre oculaire avoit defu-
ny ; Et par ce moyen la peinture que l'objet trace fur
la retine, a la perfection d'eftre diftincte, en mefme
temps qu'elle eft fort grande ; D'où il fuit, que cet objet eft vû diftinctement, & d'autant plus grand, que
la divergence des rayons qui viennent en particulier de chacun de fes points, nous le fera juger plus
éloigné.

XXVIII.
Pourquoy ces lunettes font voir d'au-tant plus obfcurément qu'elles font longues.
La courbure de la fuperficie des verres de la lunette
de longue-veuë, la plus parfaite que l'on puiffe imaginer,
eft celle de l'hyperbole, ou de quelque autre figure
équivalente, & non pas la fpherique ; Cependant les
Ouvriers n'ont encore pû donner à leurs verres que la
courbure d'une fphere, dont ils prennent une fi petite
portion, qu'elle ne differe pas fenfiblement de l'hyperbole. Mais il arrive delà, qu'un point de l'objet n'en-

voye pas tant de rayons pour tracer son image dans le fond de l'œil, qu'il en envoyeroit si le verre estoit plus grand ; Et consequemment que tous les rayons qui partent de tous ses points, & qui sont épars dans une fort grande étenduë de la retine, n'ébranlent que tres-peu les filets du nerf optique ; ce qui cause une vision plus obscure que celle qu'on pourroit avoir en ne se servant point de cette lunette ; Et dautant que plus la lunette est longue, & moins la prunelle reçoit & embrasse de rayons de chaque point de l'objet, delà vient aussi que la vision en est d'autant plus foible, ou plus obscure.

CHAPITRE XXXIV.

Des Miroirs.

OUTRE les Miroirs plats, qui sont en usage à tout le Monde, il y en a encore de deux sortes, sçavoir, de convexes, & de concaves, sans compter ceux qui peuvent estre composez de ces trois, & qui se peuvent diversifier en une infinité de façons. *I. Des diverses sortes de Miroirs.*

Chaque sorte de miroir a bien à la verité sa proprieté particuliere, ou sa maniere de representer l'objet, mais tous les miroirs conviennent, en ce qu'ils reflechissent de telle sorte les rayons de lumiere, que l'angle de reflexion est égal à celuy d'incidence, & que le rayon reflechy ne se détourne en façon quelconque, soit à droite, soit à gauche, c'est à dire, que le rayon *II. Proprieté de tous les miroirs.*

d'incidence & celuy de reflexion font toûjours dans une fuperficie plane perpendiculaire à la furface du mi_roir ; D'où il fuit, qu'encore que chaque point d'un objet vifible envoye une grande multitude de rayons qui en couvrent toute la furface, il n'y en a cependant que quelques-uns qui puiffent parvenir à l'œil qui eft ar-refté dans un certain endroit.

III.
Comment le miroir plat fait voir un point de l'ob-jet.

En fuitte de cette remarque, fi nous fuppofons que A B foit un miroir plat, par le moyen duquel l'œil c voit l'objet D E ; Aprés avoir de tel point qu'on au-ra voulu choifir ,

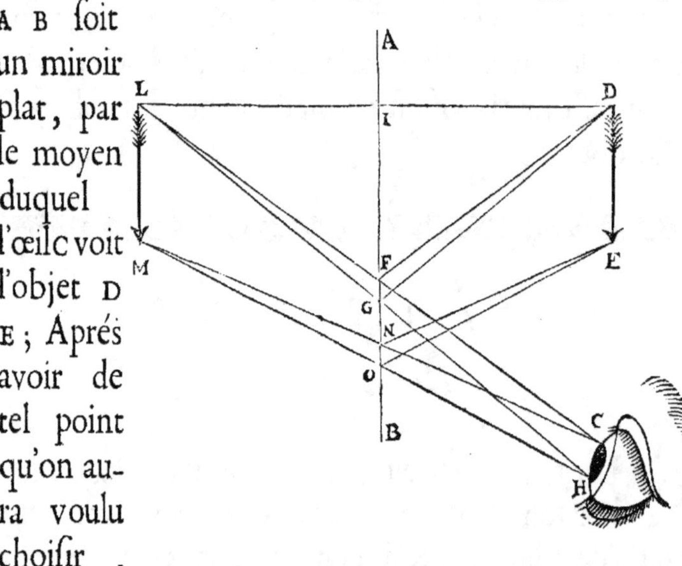

comme D , abaiffé la ligne D I L perpendiculaire à la furface du miroir , nous prouverons que ce point D, fera vû au point L de cette perpendiculaire ; En forte que la diftance I L, dont on l'imaginera éloigné au de-là du miroir , fera égale à la ligne I D, dont il eft veri-tablement éloigné en deçà : Car nous pouvons facile-ment montrer que les rayons D F , D G , par lefquels le point D fe fait fentir, fe reflechiffent de telle forte en F C , & G H , qu'ils fe prefentent pour entrer dans la prunelle C H , comme s'ils partoient veritablement du point L; Si-bien que cet œil est déterminé par la divergence de ces rayons, à prendre la figure qui donne occasion à l'Ame d'imaginer que ce qu'elle voit est veritablement en L.

Et comme le point D a esté pris à discretion, ce qui en a esté dit, se doit pareillement entendre de tous les autres points de l'objet; Et partant, il est évident que la sensation totale que l'on a, en regardant un objet dans un miroir plat, se doit rapporter au delà du miroir, autant que l'objet est au deçà.

IV. *Que l'objet entier se doit voir autant au delà du miroir plat, qu'il est en deçà.*

Il est encore évident que cet objet doit paroître aussi grand qu'on le verroit s'il estoit veritablement en L M : Car l'espace où on l'imagine , est borné de deux lignes paralleles, qui sont éloignées l'une de l'autre de l'intervalle qu'il y a entre ses extremitez.

V. *Que le miroir plat doit faire voir l'objet de sa juste grandeur.*

Enfin, cet objet doit estre tellement vû dans le miroir, que la partie haute paroisse haute, celle qui est à droite paroisse à droite, & ainsi du reste. Ainsi, la partie D , qui est plus haute que E , estant veuë par les rayons d'incidence D F, D G, & par les reflechis F C, G H, qui semblent venir de l'endroit L ; & la partie basse E , estant veuë par les rayons d'incidence E N, E O, & par les reflechis N C, O H, qui semblent venir de l'endroit M, l'on rapporte la sensation que l'on a du point D , à l'endroit L, & celle que l'on a du point E , à l'endroit M , qui est au dessous de L.

VI. *Qu'il le doit faire voir dans sa veritable situation.*

Ce qui a esté dit icy de l'un des yeux, se doit pareillement entendre de l'autre. Et mesme, si l'on supposoit que le spectateur fust principalement attentif à regarder

VII. *Que deux yeux voyent dans le mi-*

le point L , on prouveroit que ses deux axes optiques seroient tellement inclinez l'un vers l'autre, qu'ils sembleroient aboutir au point L. D'où il suit, que les rayons qui viennent de chaque point de l'objet pour entrer dans l'un de ses yeux, semblent partir des mesmes points au delà du miroir , d'où il semble que partent les rayons qui font voir à l'autre œil chaque point de l'objet.

Quant au miroir convexe, dont une partie du profil est icy A B C, par le moyen duquel l'œil D , voit l'objet E F, l'on prouvera qu'il reflechit de telle sorte les rayons qu'il reçoit de chaque point de l'objet , tels que sont E B , E G, que les rayons reflechis B D, G H, ont la mesme divergence qu'ils auroient s'ils partoient veritablement d'un point, comme I, qui est beaucoup moins au delà du miroir, que l'objet n'est au deçà;

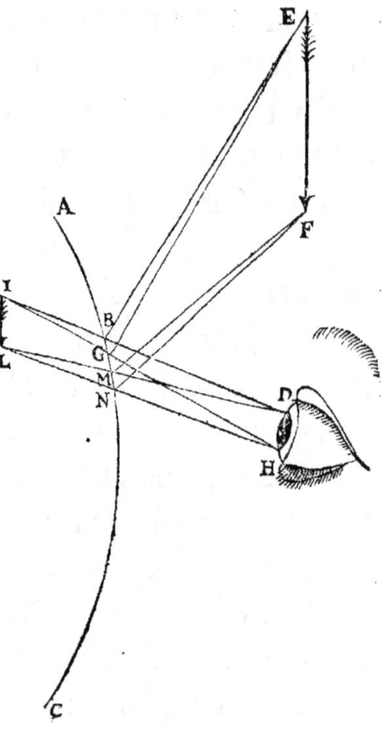

Ce qui est cause que l'on rapporte son image beaucoup plus prés que l'on ne fait en regardant dans un miroir plat.

IX.   Deplus le point L, d'où il semble que viennent les

rayons M D, N H, qui servent pour faire sentir l'endroit
F, est si prés du point I, que I L, paroist beaucoup plus
petit que E F, c'est à dire, que le miroir convexe fait
voir l'objet beaucoup plus petit qu'il n'est en effet.

Mais si en cela il differe du miroir plat, d'un autre
côté il luy ressemble, en ce que comme il luy fait voir
l'objet dans sa veritable situation ; ainsi qu'il paroist
en ce que les rayons E B D, E G H, par lesquels l'œil
sent le point E, qui est au haut de l'objet, sont au dessus des rayons F M D, F N H, par lesquels il sent le point
F, qui est en sa partie basse.

Pour la vision qui se fait en regardant dans un miroir concave, elle se peut diversifier en plusieurs manieres, selon que l'œil & l'objet en sont diversement é-
loignez. Supposons le miroir spherique concave, dont
le centre est environ le point T , & pensons premierement que l'œil D voye par son moyen l'objet E F,
qui est assez prés de sa superficie ; Cela supposé , les
rayons E B, E G, qui viennent du point E, sont tellement reflechis dans la prunelle, que B D, G K, n'ont
que tres-peu de divergence, & semblent venir du
point H , qui est beaucoup plus loin au delà du miroir que l'objet n'est au deçà. Ce qui fait qu'on rapporte son image beaucoup plus loin qu'on ne feroit
en regardant dans un miroir plat, & à plus forte raison
en regardant dans un miroir convexe.

Pour ce qui est des rayons qui partent de divers
points de l'objet, ils sont tellement reflechis dans cette
supposition, que ceux qui servent à faire sentir un endroit d'enhaut, se trouvent au dessus des rayons qui

font fentir un endroit plus bas; Ainfi, les rayons B D,
G K , qui font fentir le point E , font au deffus des

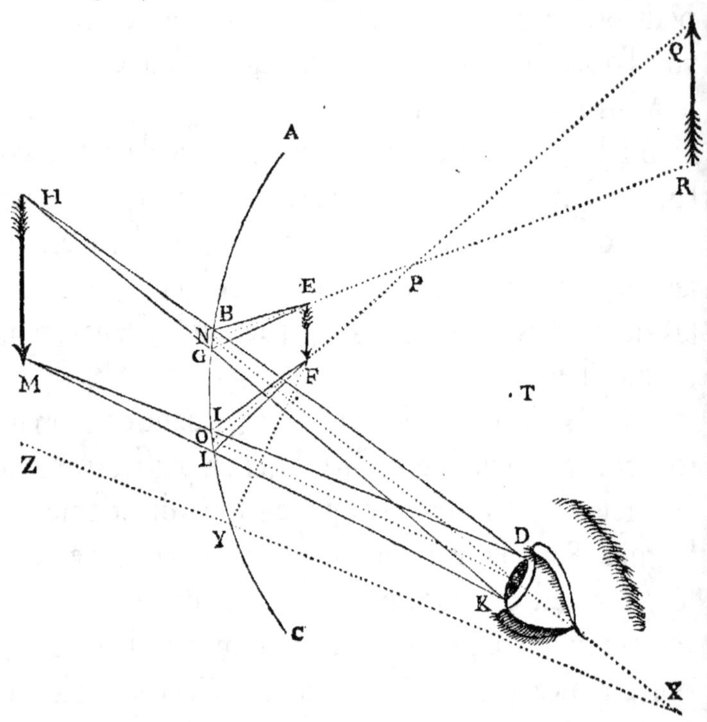

rayons I D , L K , qui font fentir le point F ; Et ces
rayons I D , L K , fe prefentant pour entrer dans la prunelle comme s'ils partoient du point M , font caufe
qu'on voit le point F en M ; Et dautant que H M , fur-
paffe de beaucoup E F en grandeur, il s'enfuit que
l'objet doit non feulement paroître dans fa veritable
fituation, mais auffi beaucoup plus grand.

XIII.
Comment il le peut faire voir renver-fé.

Comme les rayons E N , F O , vont en s'écartant
vers le miroir, il s'enfuit que fi on les continuë vers la
partie oppofée , ils fe recontreront en un point comme P , en fuitte dequoy , celuy qui eft au deffus fe
trouvera

trouvera au deffous,& celuy qui eft au deffous fe trouvera au deffus; Ce qui nous oblige de conclure que fi un objet eftoit en Q R, il feroit vû renverfé; Mais avec cela les rayons qui devroient fervir à faire fentir un feul de fes points, tomberoient de telle forte fur la fuperficie du miroir, qu'en fe reflechiffant vers l'œil, ils fe croiferoient à diverfes diftances entre l'œil & le miroir ; D'où il arriveroit qu'ils ne pourroient eftre réünis dans un feul point de la retine ; & par confequent que la vifion feroit fort confufe.

Si l'œil eftoit placé juftement au centre du miroir concave, il ne pourroit rien voir que la prunelle, à caufe qu'il n'y a que les rayons qui tombent perpendiculairement fur une fuperficie fpherique, qui fe reflechiffent vers le centre, & qu'il n'y a que ceux qui partent du centre mefme qui y tombent perpendiculairement ; Tellement que tous les rayons qui partiroient de la prunelle, & qui tomberoient fur toute la fuperficie du miroir, reviendroient delà dans l'œil; lequel par confequent verroit la prunelle grande comme le miroir.

Si l'objet E F demeurant en fa place, l'œil eftoit en X, placé entre les rayons B D, G K, continuez, il eft manifefte qu'il verroit encore le point E, par quelquesuns des rayons par lefquels il le voyoit auparavant; mais il ne verroit pas le point F, par les rayons I D, L K, qui luy venoient de la partie I L, du miroir; au lieu defquels, ceux qui tomberoient de F en Y, & qui delà tendroient vers X, ferviroient à faire fentir le point F, lequel confequemment feroit vû vers l'en-

A a a

droit z, & ainſi l'objet paroîtroit grand comme h z.
Que ſi cet objet s'éloignoit du miroir en tirant vers

XVI.

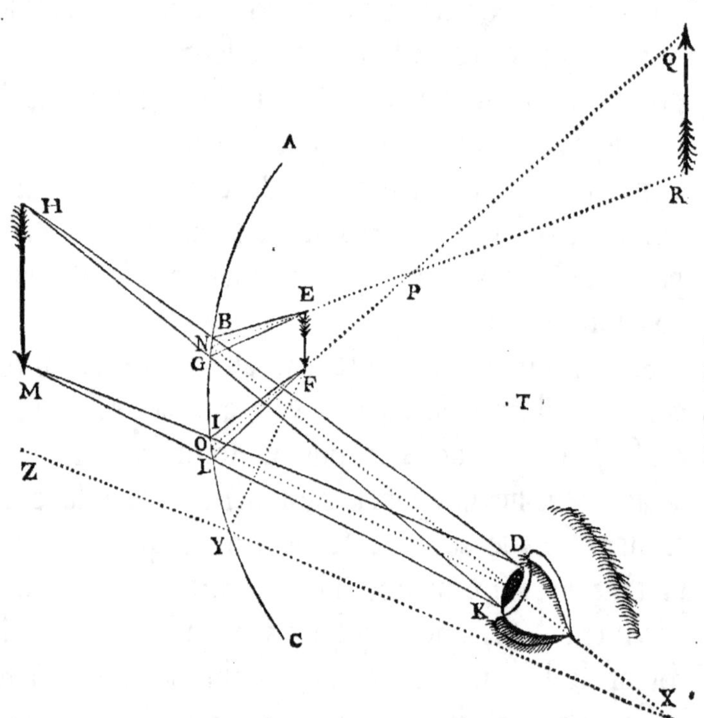

*Comment il
peut faire
voir tout
confus.*

p, l'œil demeurant à l'endroit d, les rayons qui partiroient de chaque point de l'objet, pour aboutir à quelque endroit du miroir, comme b g, y parviendroient
avec moins de divergence qu'ils ne faiſoient auparavant; De ſorte qu'en ſe reflechiſſant ils deviendroient
convergens; ce qui feroit que ſe preſentant pour entrer dans l'œil avec plus de diſpoſition à s'unir qu'à
l'ordinaire, ils ſe réüniroient en effet avant que d'atteindre la retine, & ainſi la viſion ſeroit confuſe; Et
elle le ſeroit encore davantage, ſi l'œil eſtoit placé à
l'endroit où ſe fait la réünion des rayons qui partent

de chaque point de l'objet ; à cause que les premieres
refractions de l'œil commenceroient à desunir ces
rayons, & que les suivantes continueroient à les écarter de plus en plus.

Maintenant si l'objet estant vers p, l'œil s'éloignoit
quelque peu de l'endroit où se fait la réünion des rayons
qui partent de chaque point, il recevroit alors ces
rayons avec trop de divergence ; C'est pourquoy faute
de se pouvoir assez alonger, la vision seroit encore confuse.

XVII. *Autre cas auquel la vision est encore confuse.*

Mais si l'œil se reculoit tellement de l'endroit où se
fait cette réünion des rayons, qu'il ne les receust plus
avec trop de divergence, la vision devroit estre distincte. Et ce qui est icy tres-digne de remarque, & qui
est le plus admirable effet du miroir concave, comme nous sommes accoûtumez à rapporter nostre sensation, à l'endroit d'où les rayons qui nous font sentir
chaque point de l'objet semblent partir, il nous doit
sembler que l'image est entre le miroir & nostre œil ;
si-bien que presentant une épée nuë devant ce miroir,
l'on croira en voir sortir une lame, qui s'alongera d'autant plus vers nous, que nous approcherons cette épée
de la glace ; à cause que les rayons qui partent de chaque point de l'objet venant à se reflechir, deviennent d'autant moins convergens, & s'unissent d'autant
plus loin.

XVIII. *Comment l'objet peut estre vû entre l'œil & le miroir concave.*

L'on peut icy remarquer que ceux-là n'ont pas bien
rencontré, qui ont dit, que les objets visibles traçoient
leurs images sur la surface des miroirs : Car ils y agissent avec telle confusion, qu'il n'y a aucune partie du

XIX. *Que les objets ne tracent pas leurs images sur la surface des miroirs.*

miroir qui ne reçoive en mesme temps des rayons de tous les endroits de l'objet; Et l'on peut assurer que tous les objets que l'on voit par le moyen d'un miroir, ne produisent point leurs images plûtost que dans le fond de l'œil; si ce n'est lors qu'on en voit quelqu'un par le moyen d'un miroir concave, & que l'on s'en sert avec les circonstances qui ont esté marquées dans l'article précedent; & mesme en ce cas il faut dire que l'image que l'objet produit n'est point sur la surface du miroir, mais bien dans l'air, à l'endroit où l'on croit voir l'objet, & où les rayons qui partent de chacun de ses points ont esté reünis en suitte de leur reflexion.

CHAPITRE DERNIER.

Solution de quelques problemes concernans la vision.

I.
Des rayons qu'on voit autour d'une chandelle.

BIEN que je me sois déja beaucoup étendu sur le sujet de la vision, je ne doute point que je n'aye manqué à traiter plusieurs questions curieuses, dont la solution seroit peut-estre un peu difficile pour ceux à qui nostre explication n'est pas encore assez familiere. Afin donc que ce Traité soit le moins defectueux qu'il est possible, & pour en faire connoître l'utilité, je proposeray icy quelques-unes de ces questions, & par la facilité qu'on verra qu'il y a à les resoudre, l'on jugera de la bonté, ou pour mieux dire, de la verité de nostre hypothese; Et premierement, je demande d'où vient

que lors que l'on regarde d'un peu loin une chandelle
allumée en clignant les yeux, l'on croit voir des rayons
de lumiere qui partent de la flamme de la chandelle,
& qui s'élancent dans l'air vers le haut & vers le bas;
& d'où vient aussi qu'interposant un corps opaque entre l'œil & le lieu où nous voyons les rayons d'enhaut,
on continuë de les voir, & qu'au contraire on cesse de
voir les rayons d'embas. Pour entendre la raison de ces
phénomenes, considerez l'œil A, dont les peaux H, I, qui

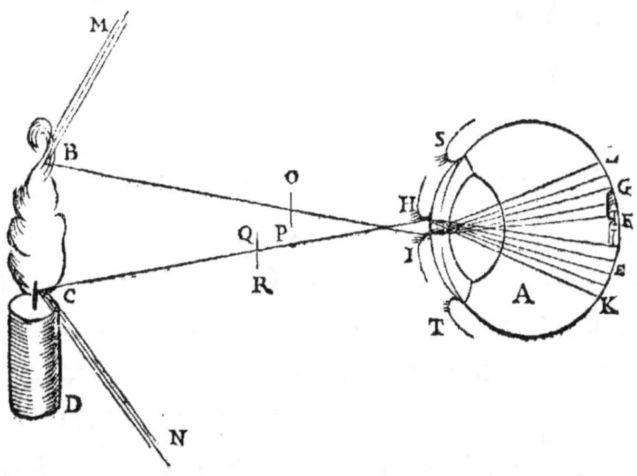

fervent à le fermer, font tellement approchées, qu'il reste
à peine une petite ouverture, par laquelle les rayons qui
partent de la chandelle B C D, vont tracer son image
dans l'endroit E F G de la retine, de la maniere qu'il a
esté cy-devant expliqué; Outre cela, remarquez que
les endroits H & I, qui ont coûtume de se toucher
quand l'œil est fermé tout-à-fait, font tellement lissez,
qu'ils ressemblent à deux petits miroirs convexes, qui
reflechissent les rayons de lumiere qu'ils reçoivent,
vers la retine, aux endroits E K, F L, qui fans cela ne

Aaa iij

pourroient eftre ébranlez que par des objets qui feroient
vers B M, & C N; Ainfi, l'impreffion qui fe fait en E K,

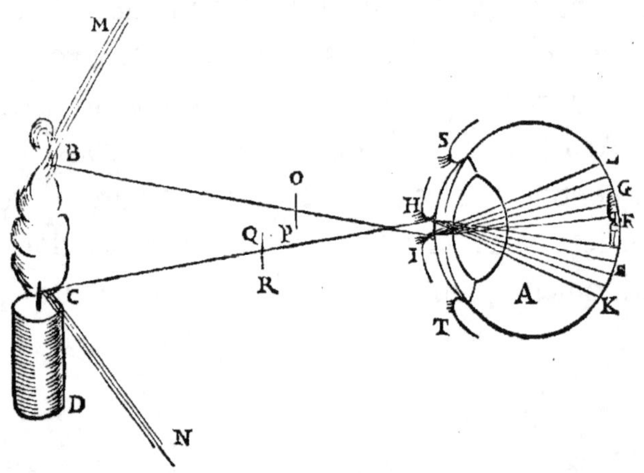

caufe l'apparence des rayons lumineux qu'on rapporte
en B M, & celle qui fe fait en F L caufe l'apparence
des rayons qu'on imagine en C N. Mais ce qui merite icy une obfervation particuliere, la partie B de la
flamme éclairant la paupiere baffe, marquée I, par des
rayons qui fe reflechiffent au haut de la retine, à l'endroit F L, caufe l'apparence des rayons d'embas C N;
Si donc on interpofe le corps opaque O P, entre l'œil
& le haut de la flamme, l'on ceffera de voir les rayons
d'embas, & l'on continuera de voir ceux d'enhaut, parce qu'ils font fentis par les rayons C H, qui partent du
bas de la flamme, & qui ne font point interceptez. Et
tout le changement qu'on experimentera en ces rayons
d'enhaut, fera qu'on n'imaginera plus ces rayons à
l'endroit B M, mais feulement fur le corps opaque O
P. Au refte, quand l'œil eft ouvert à l'ordinaire, c'eft
à dire, quand les paupieres n'avancent pas au delà de

s & de T, on ne doit point voir ces rayons lumineux,
parce que les rayons qui tombent fur ces endroits que
nous avons comparez à des miroirs, ne penetrent au
plus qu'une partie de l'humeur aqueufe , mais ils font
empêchez d'aller plus avant par la rencontre de la tunique uvée.

D'où vient qu'agitant en rond un tifon allumé, l'on
voit un cercle de feu aux endroits par où il a paffé?
C'eft parce que le tifon fait impreffion fur des parties
de la retine difpofées en rond, & que la viteffe du
mouvement fait que celle qui a efté ébranlée la premiere, conferve encore quelque peu de cette impreffion, quand le tifon agit fur la derniere.

II.
D'un tifon agité en rond.

De ce phénomene l'on peut conclure qu'encore que
la vifion fe faffe en un inftant, elle ne laiffe pourtant
pas de durer un petit efpace de temps.

III.
Que la vifion dure quel-que temps.

D'où vient qu'un boulet de canon, ou quelque autre corps noir , paffant extremement vîte au devant
d'une muraille blanche, n'eft point du tout apperceu?
C'eft parce qu'un corps noir ne faifant aucune impreffion fur les yeux, il interrompt alors fi peu l'action des
rayons de lumiere que la muraille reflechit, que l'œil
conferve pendant ce peu de temps l'ébranlement que
ces rayons ont fait immediatement auparavant.

IV.
Pourquoy on n'apperçoit pas certains corps qui fe meuvent fort vîte.

D'où vient que quelques perfonnes ne fçauroient
voir diftinctement qu'à une certaine diftance, & voyent
confufément de plus loin, ou de plus prés? C'eft parce
qu'à force de s'eftre accoûtumées à regarder à cette diftance, les mufcles qui devroient fervir à changer la figure de l'œil font comme engourdis, & incapables de

V.
Pourquoy certaines perfonnes ne voyent pas à toutes fortes de diftances.

faire leurs fonctions ; de mesme que les autres muscles du corps ne sçauroient servir à mouvoir les membres, quand ils ont esté long-temps sans exercice. L'on pourroit encore ajoûter que les peaux qui enferment les trois humeurs de l'œil se seroient tellement endurcies, qu'elles ne seroient plus flexibles comme auparavant.

VI.
De la vision au travers d'un trou d'épingle.

D'où vient qu'un objet qui paroist confus , parce qu'on le regarde de trop prés, peut estre vû assez distinctement à la mesme distance , en le regardant au travers du trou d'une épingle qu'on aura fait dans une carte fort mince , ou dans une feüille de papier ? C'est parce que l'œil recevant alors une moindre quantité de rayons de chaque point de l'objet, chacun d'eux ne peint son image que dans une fort petite étenduë , & ainsi ceux qui viennent de deux points voisins ne confondent presque point leurs actions.

VII.
Pourquoy ceux à qui l'on a osté des Cataractes ont besoin de loupes de verre.

D'où vient que ceux à qui l'on a osté des Cataractes ne sçauroient voir que confusément ; & d'où vient qu'ils ont besoin de lunettes fort convexes pour voir distinctement ? Pour resoudre cette question , il faut remarquer que la Cataracte n'est pas une taye qui se forme au devant de l'humeur cristaline , comme on l'a crû fort long-temps , mais bien une alteration de cette humeur mesme , qui a entierement perdu sa transparence, & est devenuë opaque , sinon dans toute sa masse, au moins dans une partie de son épaisseur ; Ce qui se peut faire fort aisément, à cause que cette humeur est composée de plusieurs pellicules appliquées les unes sur les autres, comme on peut voir quand elle est cuitte ; D'où il suit, que lors que l'on abat la Cataracte, l'on

oste

oſte toute l'humeur cryſtaline de ſa place, ou pour le moins on la rend bien plus plate, ou moins convexe, qu'elle n'eſtoit auparavant ; Or cette humeur n'eſtant plus auſſi convexe qu'elle doit eſtre , il arrive que les rayons que l'œil reçoit de chaque point de l'objet, ne ſont pas aſſez rompus, ou convergens, pour ſe pouvoir réünir lors qu'ils parviennent à la retine, ce qui fait que la viſion eſt confuſe ; Mais l'on y remedie par le moyen d'un verre fort convexe, qui fait que les rayons qui au-roient eſté divergens, deviennent convergens, & en-trent dans l'œil avec cette diſpoſition.

D'où vient que les Plongeurs voyent confuſément les objets qui ſont au fond de l'eau, à moins qu'ils ne ſe ſervent de lunettes fort convexes ? C'eſt parce que les rayons de lumiere qui leur viennent des objets, ne ſe rompent pas ſenſiblement lors qu'ils paſſent de l'eau dans l'humeur aqueuſe de l'œil ; & qu'ainſi ceux qui partent d'un meſme point, ne ſe réüniſſent pas en tombant ſur la retine ; à quoy les lunettes fort convexes remedient.

VIII.
Pourquoy l'on voit con-fuſément au fond de l'eau.

D'où vient enfin que fermant un œil, & que regar-dant attentivement avec l'autre un petit objet, qui eſt, par exemple, à ſix pieds de diſtance, l'on ne voit pas en meſme temps un autre petit objet qui eſt éloigné de luy d'un peu plus d'un pied & demy, & qu'on le voit s'il eſt un peu plus proche, ou un peu plus loin ? C'eſt parce que quand cet autre petit objet eſt à l'endroit où il n'eſt point apperceu, il arrive qu'il trace ſon image juſtement ſur la partie du fond de l'œil où le nerf opti-que le penetre, & où ſe fait le partage des filets de ce

IX.
Pourquoy re-gardant at-tentivement avec un œil un petit ob-jet, on n'en voit pas un autre pareil qui eſt aſſez proche.

Bbb

nerf, qui se renversent pour se coucher de part & d'autre ; si-bien que cette image devient inutile, à cause qu'elle ne tombe pas sur les extremitez des filets du nerf optique ; Ce qui pourtant est necessaire pour nous faire voir, ainsi que nous avons remarqué.

X.
Qu'il est a-
vantageux
de prendre
quelquefois
la peine de
chercher la
verité.

Il y a encore une infinité d'autres questions qu'on pourroit faire sur cette matiere ; mais ceux qui auront bien conceu toute l'œconomie de la Vision, n'auront pas grande peine à les resoudre d'eux-mesmes, & celle qu'ils se donneront à en chercher la solution, fera qu'ils la comprendront encore mieux, & se la rendront plus familiere ; Et pour ceux qui ne sont pas capables de l'entendre, ou qui ne s'en veulent pas donner la peine, il seroit inutile de tâcher de les contenter par l'explication d'un plus grand nombre de questions. C'est pourquoy je n'en diray pas davantage dans cette premiere partie ; Il y en a assez pour contenter les personnes raisonnables, & pour ouvrir l'esprit d'un chacun à se faire une methode pour découvrir la verité, & s'empêcher d'estre trompé, qui sont les deux choses que l'on doit principalement rechercher dans toutes les sciences humaines ; l'agrandissement & la justesse de la raison, & cette ouverture d'esprit qui le rend capable de juger sainement de tout, & de se demêler des questions les plus difficiles, estant incomparablement plus à estimer que toutes les sciences du monde.

Fin de la premiere Partie.

A
B
Premiere figure
qui doit estre à la fin
de la premiere partie
C
D
E
F
S
V
X
T
I
G
Y
H
M
O
Q
N
P
R
2
3

A
N
O
B
seconde figure
qui doit estre a la fin
de la premiere partie
C
V
D
X
E
H
G
F
L
I
Y
R
P
T
Z